中国科协学科发展研究系列报告

中国科学技术协会／主编

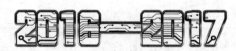

制浆造纸科学技术学科发展报告

中国造纸学会 ｜ 编著

REPORT ON ADVANCES IN
PULP AND PAPER SCIENCE AND TECHNOLOGY

中国科学技术出版社
·北京·

图书在版编目（CIP）数据

2016—2017 制浆造纸科学技术学科发展报告 / 中国科学
技术协会主编；中国造纸学会编著 . —北京：中国科学技术
出版社，2018.3

（中国科协学科发展研究系列报告）

ISBN 978-7-5046-7943-7

I. ① 2… Ⅱ. ①中… ②中… Ⅲ. ①制浆造纸工业—学科发
展—研究报告—中国—2016—2017 Ⅳ. ① TS7-12

中国版本图书馆 CIP 数据核字（2018）第 044693 号

策划编辑	吕建华　许　慧
责任编辑	李双北
装帧设计	中文天地
责任校对	杨京华
责任印制	马宇晨

出　　版	中国科学技术出版社
发　　行	中国科学技术出版社发行部
地　　址	北京市海淀区中关村南大街16号
邮　　编	100081
发行电话	010-62173865
传　　真	010-62179148
网　　址	http://www.cspbooks.com.cn

开　　本	787mm×1092mm　1/16
字　　数	265千字
印　　张	12.25
版　　次	2018年3月第1版
印　　次	2018年3月第1次印刷
印　　刷	北京盛通印刷股份有限公司
书　　号	ISBN 978-7-5046-7943-7 / TS·91
定　　价	68.00元

2016—2017

制浆造纸科学技术学科发展报告

首席科学家　曹春昱

顾问组　李忠正　李　耀　胡　楠　刘军钛　李友明

专家组

　　组　　长　曹振雷

　　副 组 长　邝仕均　付时雨　侯庆喜　张美云　张　辉
　　　　　　　　程言君　沈一丁

　　组　　员　田　超　詹怀宇　李海龙　张红杰　刘　苇
　　　　　　　　宋顺喜　杨　斌　程金兰　王　晨　王淑梅
　　　　　　　　王　洁　岳　冰　张　亮　费贵强

学术秘书　杜荣荣　雷　煌　杨　扬

党的十八大以来，以习近平同志为核心的党中央把科技创新摆在国家发展全局的核心位置，高度重视科技事业发展，我国科技事业取得举世瞩目的成就，科技创新水平加速迈向国际第一方阵。我国科技创新正在由跟跑为主转向更多领域并跑、领跑，成为全球瞩目的创新创业热土，新时代新征程对科技创新的战略需求前所未有。掌握学科发展态势和规律，明确学科发展的重点领域和方向，进一步优化科技资源分配，培育具有竞争新优势的战略支点和突破口，筹划学科布局，对我国创新体系建设具有重要意义。

2016 年，中国科协组织了化学、昆虫学、心理学等 30 个全国学会，分别就其学科或领域的发展现状、国内外发展趋势、最新动态等进行了系统梳理，编写了 30 卷《学科发展报告（2016—2017）》，以及 1 卷《学科发展报告综合卷（2016—2017）》。从本次出版的学科发展报告可以看出，近两年来我国学科发展取得了长足的进步：我国在量子通信、天文学、超级计算机等领域处于并跑甚至领跑态势，生命科学、脑科学、物理学、数学、先进核能等诸多学科领域研究取得了丰硕成果，面向深海、深地、深空、深蓝领域的重大研究以"顶天立地"之态服务国家重大需求，医学、农业、计算机、电子信息、材料等诸多学科领域也取得长足的进步。

在这些喜人成绩的背后，仍然存在一些制约科技发展的问题，如学科发展前瞻性不强，学科在区域、机构、学科之间发展不平衡，学科平台建设重复、缺少统筹规划与监管，科技创新仍然面临体制机制障碍，学术和人才评价体系不够完善等。因此，迫切需要破除体制机制障碍、突出重大需求和问题导向、完善学科发展布局、加强人才队伍建设，以推动学科持续良性发展。

近年来，中国科协组织所属全国学会发挥各自优势，聚集全国高质量学术资源和优秀人才队伍，持续开展学科发展研究。从 2006 年开始，通过每两年对不同的学科（领域）分批次地开展学科发展研究，形成了具有重要学术价值和持久学术影响力的《中国科协学科发展研究系列报告》。截至 2015 年，中国科协已经先后组织 110 个全国学会，开展了 220 次学科发展研究，编辑出版系列学科发展报告 220 卷，有 600 余位中国科学院和中国工程院院士、约 2 万位专家学者参与学科发展研讨，8000 余位专家执笔撰写学科发展报告，通过对学科整体发展态势、学术影响、国际合作、人才队伍建设、成果与动态等方面最新进展的梳理和分析，以及子学科领域国内外研究进展、子学科发展趋势与展望等的综述，提出了学科发展趋势和发展策略。因涉及学科众多、内容丰富、信息权威，不仅吸引了国内外科学界的广泛关注，更得到了国家有关决策部门的高度重视，为国家规划科技创新战略布局、制定学科发展路线图提供了重要参考。

十余年来，中国科协学科发展研究及发布已形成规模和特色，逐步形成了稳定的研究、编撰和服务管理团队。2016—2017 学科发展报告凝聚了 2000 位专家的潜心研究成果。在此我衷心感谢各相关学会的大力支持！衷心感谢各学科专家的积极参与！衷心感谢编写组、出版社、秘书处等全体人员的努力与付出！同时希望中国科协及其所属全国学会进一步加强学科发展研究，建立我国学科发展研究支撑体系，为我国科技创新提供有效的决策依据与智力支持！

当今全球科技环境正处于发展、变革和调整的关键时期，科学技术事业从来没有像今天这样肩负着如此重大的社会使命，科学家也从来没有像今天这样肩负着如此重大的社会责任。我们要准确把握世界科技发展新趋势，树立创新自信，把握世界新一轮科技革命和产业变革大势，深入实施创新驱动发展战略，不断增强经济创新力和竞争力，加快建设创新型国家，为实现中华民族伟大复兴的中国梦提供强有力的科技支撑，为建成全面小康社会和创新型国家做出更大的贡献，交出一份无愧于新时代新使命、无愧于党和广大科技工作者的合格答卷！

2018 年 3 月

前言
PREFACE

为充分发挥学科、专业优势，凝聚和整合科技资源，谋划学科布局、促进资源整合、推动协同创新方面发挥引领作用，增强服务自主创新能力，在中国科学技术协会的组织领导下，继2011年成功完成"制浆造纸科学技术学科发展研究"项目之后，中国造纸学会再次承担了这一连续性的研究项目，并根据近年来学科发展的新热点丰富了研究报告内容。

制浆造纸工业是国民经济和社会发展关系密切并具有可持续发展特点的重要基础原材料工业，是凸显循环经济特点的产业。现代制浆造纸工业是技术密集、学科交叉的现代化工业，制浆造纸科学技术学科的发展进步为现代化制浆造纸工业高速发展提供了重要的技术支撑。开展制浆造纸科学技术学科发展研究，旨在总结和分析近年我国本学科的进展，比较国内外本学科发展状况，明确未来几年内本学科发展趋势，并提出我国在本学科领域的发展策略和对策。对推动制浆造纸科学技术学科发展和学术建设、提升制浆造纸科技原始创新能力、促进制浆造纸工业技术进步有重要意义。

根据中国科协的部署，中国造纸学会于2016年9月28日在江苏省南京市召开了制浆造纸科学技术学科发展研究项目的启动会议；2017年6月22日，在浙江省杭州市召开了"制浆造纸科学技术学科发展报告研讨会"。业内著名专家、教授和有关领导出席了会议，就学科发展情况、学科发展国内外对比、学科发展存在问题及发展方向进行深入讨论，并对《2016—2017制浆造纸科学技术学科发展报告》初稿提出修改、补充意见。

《2016—2017制浆造纸科学技术学科发展报告》包括综合报告和制浆科学技术发展研究、造纸科学技术发展研究、纸基功能材料科学技术发展研究、制浆造纸装备科学技术发展研究、制浆造纸化学品科学技术发展研究及制浆造纸污染防治科学技术发展研究 6 个专题报告。综述了近年制浆造纸学科的研究成果和技术进步，分析比较了国内外学科发展情况，提出了学科发展存在的问题及发展对策。希望本报告能对关心制浆造纸科学技术发展的社会各界人士较全面地了解本学科发展情况有所帮助。

报告的编写工作承蒙华南理工大学、天津科技大学、陕西科技大学、南京林业大学、中国制浆造纸研究院和轻工业环境保护研究所等单位大力支持，使编写工作能如期完成。在此谨向参加编写、审定工作的专家、学者和编审等为本项目付出辛勤劳动的所有同志表示诚挚的谢意！由于时间和经验所限，报告肯定还存在诸多不足之处，敬请业内外专家、读者批评指正。

中国造纸学会

2017 年 11 月

专题报告

ABSTRACTS

Comprehensive Report

Reports on Special Topics

综 合 报 告

制浆造纸科学技术学科发展报告

一、引言

　　制浆造纸工业是与民生和社会事业发展关系密切的重要基础原材料产业，纸及纸板的消费水平在一定程度上反映着一个国家的现代化水平和文明程度。特别是在全球环境危机所催生的低碳经济和可持续发展理念背景下，基于制浆造纸产业的森林生物质产业链及其生物质燃料、生物质材料、纸基材料产品，已经成为化石能源和材料的重要替代资源，方兴未艾的制浆造纸工业转型升级有望成为绿色循环经济的重要推动力量。

　　纵观全球，欧美发达国家经过工业化、自动化、信息化几个阶段的发展，已经建立了成熟的制浆造纸工业体系和纸品消费理念，在人均消费水平保持领先的同时，本土生产能力趋于稳定或萎缩，逐渐向劳动力成本较低的国家和地区转移，并注重通过技术创新对发展中国家形成一定竞争优势。与此同时，中国、印尼、巴西等一些亚洲、拉美国家的制浆造纸工业也取得了巨大发展，在产销量、产品质量、装备水平、环保水平等方面均获得了不同程度的提升，对经济发展和人民生活水平的提高起到重要的拉动作用。

　　作为当代造纸技术的奠基者，我国东汉蔡伦所开创的造纸术及其在古丝绸之路沿线国家的发展壮大，为推动人类文明进步以及世界文化、科学和信息的传承发挥了极为重要的作用。我国现代制浆造纸工业则在经历工业时代前期的缓慢发展之后，于近 30 年间步入快速发展期，重新成为世界造纸大国。世界上生产量最大的制浆设备和幅宽最宽、车速最高和自动化水平最先进的纸机均在此期间落户我国，我国已经成为众多跨国造纸企业和关联产业的生产 / 研发基地和重要目标市场。

　　2011 年后，受国内外经济下行压力和行业自身发展规律影响，我国制浆造纸工业开始进入总生产量低速增长、行业竞争加剧、盈利空间不断压缩、产业集中度持续提高、产业结构深入优化调整的新发展阶段，并越发凸显资金技术密集、规模效益显著的行业特点。2000—2015 年我国造纸产业生产概况如图 1 所示。2011—2015 年，我国纸及纸板总生产量由 11034 万吨缓慢增长至 11774 万吨，年均增长率降至 3.3%；全国纸及纸板生产企业数量由 3500 多家下降至 2900 家左右，但规模以上造纸生产企业的数量由 2620 家增加至 2791 家，其中大中型造纸企业占比由 16.6% 增加至 18.52%，小型企业占比由 83.4% 降至 81.48%[1-6]。

我国造纸工业主要产品生产和消费情况如表 1 所示。2011—2015 年，产品结构热点随社会经济、文化的发展发生明显切换：新媒体的普及与新闻纸产销量的显著下降形成强烈印证，生活用纸超过 20% 的产销量增幅与民众生活品质的提高息息相关，电商、物流业的迅猛发展直接推动了包装纸及纸板的快速增长，特种纸及纸板超过 20% 的产销量增幅，直接反映了纸及纸板作为基础材料的功能外延以及产品日趋多元化的新趋势。

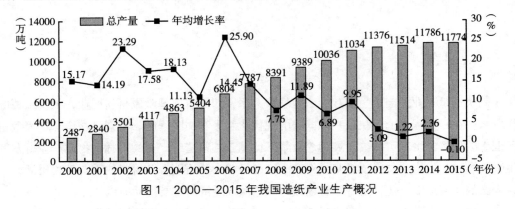

图 1　2000—2015 年我国造纸产业生产概况

表 1　我国造纸工业主要产品生产和消费情况　　　　　　　　单位：万吨

品种	2011 年		2015 年		同比（%）	
	生产量	消费量	生产量	消费量	生产量	消费量
1. 新闻纸	390	389	295	299	−24.4	−23.1
2. 未涂布印刷书写纸	1730	1687	1745	1680	0.9	−0.4
3. 涂布印刷纸	725	599	770	642	6.2	7.2
其中：铜版纸	640	532	680	596	6.3	12.0
4. 生活用纸	730	674	885	817	21.2	21.2
5. 包装用纸	620	632	665	681	7.3	7.8
6. 白纸板	1340	1322	1400	1299	4.5	−1.7
其中：涂布白纸板	1290	1272	1340	1238	3.9	−2.7
7. 箱纸板	1990	2073	2245	2297	12.8	10.8
8. 瓦楞原纸	1980	1991	2225	2228	12.4	11.9
9. 特种纸及纸板	210	179	265	217	26.2	21.2
10. 其他纸及纸板	215	206	215	192	0	−6.8

　　与此同时，在欧美发达国家率先推动的以生物质精炼为基础的制浆造纸工业升级转型、多元化盈利模式、智能制造等先进技术和理念，已经通过国际竞争给我国制浆造纸工业的产品开发能力、成本效率、综合盈利能力提出了更高的要求。而且，我国造纸产业体量庞大与纤维资源短缺，环保要求日趋严苛与生产成本控制压力加大，装备水平提高与核心机械设备开发、维护能力不足的矛盾仍然突出。这些现象都预示着我国制浆造纸工业即将进入以科技创新代替产能扩张成为驱动力、以可持续发展能力赢得生存空间的新时期，同时也为制浆造纸科学技术学科今后的发展指明了方向。

　　本报告主要论述制浆造纸科学技术学科近年来各领域的发展概况、最新进展、与国外先进技术水平的差距、未来的发展趋势等，提出了我国制浆造纸科学技术学科的研究方向建议。

二、近年发展概况

（一）学科建设概况

　　根据国务院学位委员会颁布的学科目录，制浆造纸工程学科隶属于工学门类一级学科，轻工技术与工程中的二级学科，具有相对独立、自成体系的理论和知识基础构成。目前，制浆造纸工程学科已形成了包括生产、科研、教学、设计、工程、机械、精细化工、书刊出版、媒体网络、行业服务在内的科目健全的现代化科学体系，并不断完善、发展。

1. 科研机构和科技资源概况

　　目前，我国从事造纸技术研究开发的主体是行业相关科研教育机构和企业技术研发部门。科研机构按设置方式、活动性质和业务重点可分为三类：①专业科研机构。全国性或地方性专业科研、设计机构。一般是具有独立法人资格的公司，主要面向国内或区域内的制浆造纸企业提供技术支持和服务，并逐步拓展海外业务。技术研发重点是新工艺、新产品的产业化。②教育科研机构。设置在高等院校内的制浆造纸技术中心或实验室。一般是依托于所在院系的造纸专业学科或相关专业学科，主要从事专业人才培养和专业基础理论技术研究，近年来也开始注重工程技术和产品的开发。③企业技术中心。设置在大中型制浆造纸企业的研究中心或实验室。一般是独立化运行或与企业技术开发部门相结合，主要根据企业发展需求从事技术研究开发并进行生产应用实施。

　　这三类科研机构作为行业技术创新和开发应用的主体，与林业、机械、化工、印刷、非金属矿等其他国内外相关行业的科研机构密切合作，共同推动着我国制浆造纸工业的技术水平的快速发展。

　　根据不完全的调查与统计，截至 2015 年末，制浆造纸行业内具有较高影响力的主要科研机构（不包括其他涉及造纸技术但不以制浆造纸技术为重点的相关行业科研机构）共有 37 家，其中行业性专业科研院 / 所和工程设计院 / 公司有 21 家，设有制浆造纸专业的高等院校 24 家，国家认定的制浆造纸企业技术中心 9 家。

大中型制浆造纸企业内部一般设立有技术开发部或技术中心，造纸设备制造企业或造纸化学品生产企业往往也有相应的技术开发或服务机构。此外，与制浆造纸行业相关的技术学科的研发机构，也针对制浆造纸行业技术需求进行研究开发，形成学科间的融合与交叉，共同推动着制浆造纸技术的发展。

2. 教育与人才培养

根据 1998 年教育部学科设置规定，制浆造纸工程方向人才培养分属于轻化工程和林产化工两个专业。目前，华南理工大学、天津科技大学、陕西科技大学、南京林业大学、北京林业大学等院校设有制浆造纸工程博士点。

据不完全统计，目前国内进行制浆造纸专业高等教育的机构有 26 家，其中本科大学 20 所、大专 4 所、研究院所 2 所。我国制浆造纸工程领域已形成了大专—本科—硕士—博士—博士后流动站的完整人才培养体系，是我国制浆造纸学科高层次人才的最重要来源，满足了制浆造纸工业的人才需求。2015 年在校学生共 8835 人，其中博士生 247 人、硕士生 1127 人、本科生 6229 人、专科生 1232 人。

目前，我国轻化工程专业制浆造纸工程方向现有专职教师 596 人，其中教授（研究员、教授级高级工程师）166 人、副教授（副研究员、高级工程师、高级实验师）244 人、讲师（工程师、实验师）145 人[1-6]。

（二）学科发展知识产权分析

1. 研究论文

通过中国知网（CNKI）制浆造纸中文科技文献资料的粗略统计分析，自 1985 年以来，我国造纸领域学术论文的发表逐年递增，并出现阶段性的跃升。特别是在 2010 年以后，学术论文的发表数量呈现井喷式增长，从侧面体现了我国制浆造纸工业规模与造纸科技的发展已经进入很高的水平，产业结构也正在产业科技的催动下孕育新的优化升级。

近 7 年（2010—2016 年），我国制浆造纸领域学术论文发表数量继续保持较高水平，年均文章发表数量接近 2005—2009 年的两倍。按惯用的制浆造纸技术领域进行统计分类，主要研究方向较 2005—2009 年有明显变化，除涂布技术、制浆技术、造纸装备和环保技术这些传统的研究热点之外，有关生物质精炼、纸基或纤维素基新材料的研究新军凸起，成为"其他"领域论文数量激增的主要因素；此外，特种纸技术领域的论文数量较 2005—2009 年也有非常显著的增长，从一定程度上印证了行业发展的新热点。

2. 技术专利

在学科技术发展的同时，我国制浆造纸专利技术继续呈现出深入强化的趋势。自 1985 年专利法实施后国家知识产权局开展专利申报、公开及授权工作以来，我国制浆造纸领域专利的申报和公开数量逐年递增。

1985 年以来，我国造纸领域发明专利和实用新型专利分别从 1985—1989 年的 149 项和 62 项迅速递增至 2010—2016 年的 11042 项和 3523 项。2005—2009 年申报和公开的专利是 2005 年以前专利总和的 2 倍多，而 2010—2016 年申报和公开的专利数量则再次达到 2005—2009 年期间的 2 倍多，这种持续爆发式增长说明在此期间我国制浆造纸行业在自主科技创新和知识产权保护方面均取得了长足的进步。随着传统行业技术的日渐成熟和专利审查制度的变化，预计未来几年我国制浆造纸技术专利的增速可能会有所放缓。

2010—2016 年，本专业的专利申报和公开具体情况，与论文发表情况相类似，计入"其他"领域的公开专利数量大幅增加，且超过了制浆技术、造纸技术等几大传统领域的专利数总和，此变化与传统产业技术日臻成熟、研究热点转移、跨领域研究逐渐增多等行业发展态势密切相关；在传统的行业领域中，制浆技术、造纸技术和造纸装备三个领域的专利数量居前，特种纸技术领域的专利数量较 2005—2009 年出现明显下滑，具体原因尚不明确。

3. 学科近年重点技术研究项目和成果

（1）"十二五"期间重点技术研究项目

"十二五"期间，针对纸张材料的功能化应用、造纸过程节能减排等方面的新发展趋势，国家科技主管部门设置和展开了多项科技计划重点项目的实施，包括国家科技支撑计划项目、863 计划项目、自然科学基金项目等，以制浆造纸技术领域为主题的研究项目超过 40 个。此外，各省级科技主管部门和企业也设立了大量的制浆造纸领域技术研发项目，有力推动着中国造纸技术水平的发展。

1）非石棉纤维复合密封材料开发及产业化示范

组织单位：中国轻工业联合会

项目内容：采取"研－产－用"一体的产业化项目实施模式，采用现代先进的清洁造纸技术，突破该产品领域在原材料化学改性、结构成型和专用化学品等方面的关键技术，开发高性能非石棉纤维密封材料系列产品。同时建成一条国际先进、国内领先的年产近 5000 吨高性能产品的长网连续化生产示范生产线，有力提升了我国发动机用非石棉纤维密封材料产品的制造技术水平。项目产品技术指标达到国际先进水平，可在市场上替代进口同类产品，从而促进我国汽车工业的自主化发展进程。项目设置了 8 个研究课题：①材料结构设计与成形技术的研究与开发；②材料密封性能和耐热性能的研究及优化；③矿物纤维和填料的化学改性技术的研究与开发；④专用化学品的开发及应用；⑤白水循环和废水回收技术的开发及应用；⑥耐油、耐水以及压缩机 3 个系列的通用型、高密型和超密型等至少 8 个新产品的研发；⑦产业化示范生产线的建设、调试及新产品的试制实验；⑧新产品的应用技术研究。

2）造纸、发酵行业污染物减排与废弃物高值化利用技术研究与示范

组织单位：中国轻工业联合会

项目内容：围绕造纸行业污染物产生和排放的关键环节，开展麦草制浆过程污染减

量化技术、机械浆制浆废水零排放技术、造纸终端废水再生回用技术、碱回收白泥精制碳酸钙技术的研发，通过研发技术的应用，建立造纸行业污染物减排与资源化利用的工程示范，形成支撑造纸行业大幅度节能减排集成技术体系，促进造纸工业的可持续发展。项目共设置8个课题，造纸方向有4个课题：① 5万吨/年麦草碱法漂白化学浆制浆过程污染减排集成技术及示范；② 15万吨/年碱性过氧化氢化学机械制浆全过程废液零排放技术与示范；③ 30000m³/d 造纸终端混合废水再生回用技术及示范；④ 3万吨/年草浆碱回收白泥精制碳酸钙技术及示范。

（2）近年主要技术成果

2011年，山东轻工业学院秦梦华等人的项目"造纸纤维组分的选择性酶解技术及其应用"项目获得国家科学技术进步奖二等奖。

2014年，福建农林大学陈礼辉牵头的项目"竹纤维制备关键技术及功能化应用"获得国家技术发明奖二等奖。

2015年，齐鲁工业大学陈嘉川的项目"速生阔叶材制浆造纸过程酶催化关键技术及应用"及华南理工大学邱学青的项目"碱木质素的改性及造纸黑液的资源化高效利用"均获得国家技术发明奖二等奖。

2016年，广西大学王双飞的项目"造纸与发酵典型废水资源化和超低排放关键技术及应用"获得国家科技进步奖二等奖；北京林业大学孙润仓的项目"木质纤维生物质多级资源化利用关键技术及应用"获得国家技术发明奖二等奖。

2012年9月，由河南江河纸业股份有限公司、华南理工大学、轻工业杭州机电设计研究院等联合研发的5600/1500高速文化用纸机通过科技部验收，建成纸机工作车速1200～1500m/min，净纸幅宽5740mm，实现了国产高速纸机零的突破。

非植物纤维的高性能合成纤维湿法造纸技术实现了较大突破，以芳纶绝缘纸为代表的一些产品质量逐步得到市场的认可，使国家急需的一批重大工程基础材料实现了国产化，成为特种纸发展的一个重要方面。

2014年，由山东泉林纸业有限责任公司完成的"秸秆清洁制浆造纸循环经济示范项目"，获得2014年第三届中国工业大奖表彰奖。

2015年，由华南理工大学、深圳诺普信农化股份有限公司完成的"碱木质素的改性及造纸黑液的资源化高效利用"项目获得2015年国家技术发明奖二等奖。

三、近年研究进展

（一）制浆科学技术

"十二五"期间，制浆科学技术进一步朝着植物纤维利用高效率，资源高值化方向发展。

1. 纳米纤维素

从植物纤维原料制备的纳米纤维素是含有纤维素结晶的微纤丝或者纤维素结晶体。由于制备方法不同，获得产品性质不同，前者通过纤维微纤化解纤而获得（有时需要化学预处理），后者主要通过化学处理，将纤维中的无定形纤维素除去后获得。用于制备纳米纤维素的植物纤维原料有树木、枝桠材和农业副产物。

微纤化解纤的方法有化学法、机械研磨、高频超声等处理方法。目前最为常用的是化学预处理与机械处理相结合的解纤方法，有利于使获得的纳米纤维素更加稳定，也降低了机械解纤的能耗。目前最有效的化学预处理是 TEMPO 催化氧化体系（TEMPO/NaClO/NaBr），又称 TEMPO 氧化。棉短绒、微晶纤维素、溶解浆，甚至漂白纸浆经过 TEMPO 氧化后，均质机械处理就能获得纳米纤维素（CNF）。纳米纤维素结晶体的制备主要依靠化学处理，或者辅以超声或机械研磨。其中硫酸是最早和最常用的化学处理试剂，主要依靠硫酸对纤维素分子链的水解作用，优先去除易于触及的纤维素无定形区，从而获得纤维素结晶体。

应用方面，纳米纤维素具有生物相容性、生物可降解性、优良的力学性能、光学性能以及阻隔性能，在纳米纸、气凝胶、复合材料、造纸、医药等诸多领域具有广阔的应用前景。以阳离子淀粉（CS）与纳米纤维素（CNC）复合使用对纸张的增强效果明显，同时也具有助留助滤效果。CNC 与聚乙烯醇（PVA）复合成薄膜，当 CNC 的加入量为 0.5%，复合 CNC/ 聚乙烯醇薄膜的强度较好，吸水率较低。纤维素纳米晶体通过表面化学功能改性，与无机功能化纳米材料复合，可赋予材料更多的性能。

2. 化学法制浆

化学法制浆的主要目的是利用化学药剂将造纸原料中的木素溶出，并且使纤维素和半纤维素尽可能少地降解，来提高纸浆的得率和强度。生产上，提高纸浆的得率，降低制浆能耗是关键。因此，近几年，在降低蒸煮温度、提前蒸煮终点、强化氧脱木素等方面的技术取得了一些进展[7-10]。

紧凑连续蒸煮，具有连续、低温蒸煮、液比高、脱木素选择性好，系统启动迅速、生产消耗低和产品质量稳定等优点，适合木材和竹子原料制浆，成为大型制浆厂采用的主流技术。2015 年，山东晨鸣纸业集团股份有限公司在总部建成 40 万吨 / 年硫酸盐化学木浆生产线，安徽华泰林浆纸股份有限公司建成 30 万吨 / 年木浆生产线；2011 年，湛江晨鸣浆纸有限公司以桉木为原料生产 50 万吨 / 年的商品浆。

置换蒸煮对制浆厂来说具有较好的适应性，目前主要有 RDH（Rapid Displacement Heating，快速置换加热）间歇蒸煮、Super-Batch（超级间歇蒸煮）和 DDS（DisplacementDigester System，置换蒸煮系统）三种形式，操作基本相同。DDS 是低能耗置换间歇蒸煮技术，蒸煮均匀，浆料质量稳定。该技术扩展了初级蒸煮（温黑液 + 白液）的作用，提高了纸浆得率，能够得到卡伯值低、强度高的纸浆，项目投资要比塔式连续蒸煮系统少，适合中小规模木（竹）纸浆的生产。绿液蒸煮 – 氧脱木素联合制浆、乙醇制浆和甲酸法制浆，目前尚处于研究阶段。草类原料制浆，最大的难题在于硅含量高。采用绿液蒸煮结合氧脱木素可以缩短制浆时间，并减少原料中硅对制浆过程的影响。乙醇制浆对纤维素破坏比传统蒸煮小、得率比硫酸盐法高，是目前研究最广泛、最有成效的一种制浆方法。优点在于无需建碱回收系统，木素具有高活性，是制备碳纤维、树脂等高值化产品的原料。

为缓解木材原料短缺的压力，新的木材原料，如枸树、枫香树等被开发用于制浆。其中，枸树被认为是一个有前景的树种，与常规原料进行混煮制浆表明，以 20% 比例的枸树与马尾松混合制浆可得到较好的结果，成浆各项物理指标接近于纯马尾松浆。此外，不同材种的木片混煮工艺探索的进展也缓解了木材资源的不足。

秸秆经过大液比立锅置换蒸煮（立锅中央置循环管），大幅降低用碱量，蒸煮终点提前，滤水性改善，可大幅提高黑液提取浓度，提取的草浆进行氧脱木素，形成秸秆清洁制浆新技术。制备半漂白草浆，纸浆的纤维长度、纤维强度等关键指标优于阔叶木浆。生产过程没有传统的漂白环节，还从源头上杜绝可吸附性有机卤化物（AOX）的产生，成本优势和环保优势明显。

3. 化学机械法制浆

近年来，主要研究和使用的制浆方法有：BCTMP 和 APMP/P–RCAPMP。

BCTMP 作为世界上先进的化学机械浆生产工艺被广泛应用于我国各大企业中。目前，主要的研究在于纸浆质量优化和污染物控制，竹材和混合木片的 CTMP 法制浆研究也受到关注。APMP/P–RCAPMP 作为主要的化学机械浆制浆技术，其技术改进和优化适用于各种造纸纤维原料，是我国化学机械浆生产所采用的最主要工艺。

在化学机械浆生产中，添加渗透剂（或者称渗透软化剂）可以提高制浆效率。当高分子表面活性物类渗透软化剂被木片吸收后，木片更加疏松，更有利于药液浸透到木片内部而润胀纤维，从而有利于磨浆，降低电耗，节约能源和其化学品的耗量。

在资源与保护环境的压力下，"三高"（90% 高得率、90%ISO 高白度和 90N·m/g 高抗张强度）的化学机械法制浆技术将成为制浆技术的努力方向。以 $Mg(OH)_2$ 或 MgO 为碱源的过氧化氢漂白，改良 PM 过氧化氢漂白，提高白度的 RT 预处理，植入 OBA 增白的过氧化氢漂白技术及可回用 H_2O_2 的中浓 – 高浓组合漂白技术成为技术改进和发展的方向。

4. 废纸制浆

2015 年，我国废纸浆产量达到 6338 万吨，占我国纸浆消费量的 65%，在节约资源方面发挥了巨大作用。

提高废纸回收利用率的关键是脱墨技术，其中脱墨剂的研究和应用成为关键。随着新型油墨品种不断增多，新的纸张表面化学助剂不断应用，一些新型、高效、广谱的脱墨剂势在不断开发和应用。在脱墨剂中加入表面活性剂，会提高废纸的脱墨效果。聚合度较低的孪链表面活性剂（$n < 6$）用于废书刊纸脱墨时，具有泡沫丰富、脱墨浆白度高、尘埃度低的特点，脱墨性能良好。

提高脱墨效率方面，有研究证明用臭氧和氧气的混合气体代替空气进行浮选脱墨，可以提高废纸的回收利用率，并且能使损耗率下降。生物酶常用于废纸制浆的预处理，以增强后续脱墨效果。

废纸造纸很重要的问题是除去废纸浆中的胶黏物。改进压力筛、改变多级净化级间温度来配置除渣器、采用热分散、改进浮选设备等方法可以有效除去浆料中的胶黏物。新型EcoCell 浮选槽，选用两段浮选能有效地去除较大范围的油墨颗粒、胶黏物和填料等疏水性物质。在一定条件下，两段的胶黏物去除率均可达到 70%，且总排渣率没有增加。采用改变表面电荷的固着剂，可有效降低 DCS，中冶美利纸业股份有限公司采用微胶黏物控制剂，可以提高留着率 11% 左右，而且将成纸表面的杂质和黑点降低约 38%。华泰集团有限公司在大型废报纸脱墨浆生产线 3 个重点部位（后浮选后、DIP 贮浆塔和流浆箱前）施加了两种胶黏物定着剂，有效地控制了废报纸脱墨浆中潜在的次生胶黏物。

5. 纸浆漂白

经过多年的产业调整和政府部门重视，纸浆的漂白在大踏步向无元素氯漂白（ECF）和全无氯漂白（TCF）技术迈进。以前，我国的 ClO_2 生产受到国外技术的垄断，发展 ECF漂白受到一定制约，随着该技术的国产化，ECF 漂白再不是障碍。中冶美利峡山纸业有限公司 9.5 万吨 / 年竹浆生产线采用国产 ClO_2 的 ECF 漂白；2015 年，我国 ClO_2 生产技术打开国际市场，承建了印度尼西亚 APP 金光集团 35 吨 / 天综合法 ClO_2 项目。对于木浆厂，采用 ECF 是主流生产工艺，但是也有向 TCF 发展的趋势。海南金海浆纸业有限公司一期工程年产 100 万吨化学漂白硫酸盐桉木浆，采用 $OD_0E_{OP}D_1$ 漂白工艺，2015 年纸浆生产量达到 150 万吨。山东晨鸣纸业集团股份有限公司新建设年产 40 万吨漂白硫酸盐化学木浆生产线，采用国际上最先进成熟的 ECF+ 臭氧漂白工艺。臭氧漂白的使用标志着我国的纸浆漂白走向 TCF 漂白，为进一步减少环境污染打下坚实基础。

2011 年出台的《产业结构调整指导目录（2011 年版）》明确将 "采用清洁生产工艺，以非木材纤维为原料，单条 10 万吨 / 年及以上的纸浆生产线建设" 列入 "鼓励类" 内容。氧脱木素正以其独特的优势被认为是蒸煮后浆料进一步脱除残余木素最经济、最有效的方法。氧脱木素后，结合 ECF 或者 TCF 漂白。驻马店市白云纸业有限公司采用 D_0（E_{OP}）D_1漂白工艺，成功将麦草终漂浆白度提高至 83% ISO。河南省仙鹤纸业有限公司建成了年产 6 万吨麦草浆中浓全无氯漂白生产线，采用 O–Q–（PO）三段漂白，实现了麦草浆全无氯漂白工业化。

6. 溶解浆和精制棉

溶解浆是高纯度精制浆，α- 纤维素含量 90% ~ 98%，半纤维素、木素与树脂含量＜2%。溶解浆对纤维形态与强度要求不高，对纤维的聚合度、α- 纤维素含量及白度要求严格，浆粕质量均一、白度高，半纤维素、树脂、金属离子含量低。

溶解浆的制备方法分为两种：亚硫酸盐法和预水解硫酸盐法。早期的溶解浆生产多采用钙盐基亚硫酸盐蒸煮，由于化学品回收困难、环境污染严重，多数生产线都已关闭或改用其他盐基生产；亚硫酸盐法溶解浆，α-纤维素一般能达到90%~92%，浆粕反应性能好。预水解硫酸盐法工艺对原料、树种、浆种的适应性强，适于生产高质量浆粕，成浆α-纤维素可达到95%~98%，黑液碱回收效率高，环境污染小。

目前，溶解浆生产仍以间歇蒸煮为主，随着技术的进步、设备的改良与自动化控制系统的不断升级，加之间歇蒸煮系统工艺控制的灵活性与浆种、原料适用的广泛性、成浆质量的良好特性，预水解硫酸盐法置换间歇蒸煮技术在溶解浆生产中具有独特的优越性而得以广泛应用。

精制棉（棉浆粕）的制造过程中能耗、物耗高，产废水量巨大，浆粕质量均一性差，漂白的工艺落后，环保压力大，企业经济效益差。采用氢氧化钾取代氢氧化钠对棉短绒进行蒸煮制浆，黑液经磷酸中和后转化为有机复合钾肥，减轻了棉浆生产对环境的污染。

7. 木素的高值化利用

碱木素直接利用具有一定的局限性，通过磺化以及接枝聚合物链后，形成具有两亲性的物质则具有较好的应用价值。

利用黑液直接磺化接枝丙烯酰胺制备出水煤浆添加剂（BLSA），提高无烟煤煤浆焦CO_2转化率；以木素磺酸钠（LA）为基体，接枝烯丙基聚氧乙烯醚（APEG）制备的接枝共聚物，可用于水煤浆分散剂，增强水煤浆的稳定性和流动性；利用聚羧酸减水剂及木素减水剂复配研制出一种新的聚羧酸-木素复合型外加剂，可应用于工业与民用建筑、水利、道路交通、核电工程等领域。木素经催化加氢处理，转化为低聚木素、酚类等有价值的化学品和制备烃类燃料，是学科研究的另一热点。但是，催化剂失活和解聚产物产率不高，是需要进一步解决的问题。

（二）造纸科学技术

近年来，制浆造纸工业的技术进步主要体现在压缩成本和提高产品品质上。以数字化、网络化、智能化为主要特征的"工业4.0"时代对造纸科学技术的发展产生了积极的推动作用。全面提升资源、人力和能源的利用率，合理配置生产过程各要素，达到节约成本、提高效率、增强竞争力，将成为造纸科学技术未来的努力方向。

1. 纸料制备

（1）浆料处理

经过洗涤、筛选和净化的纸浆纤维，一般需经打浆处理，不同的纸和纸板产品，不同的纸浆纤维原料，需采用不同的打浆方式和打浆工艺。

木材中浓打浆技术日趋成熟。经过中浓打浆的阔叶木浆纤维所抄造出来的纸张强度指标有较大幅度的提高，裂断长、撕裂指数提高范围为 15% ~ 50%，比低浓打浆能耗降低 30% 以上。针对厚壁纤维的针叶木浆打浆，造纸厂采用低浓预处理和中浓打浆相结合的打浆方式。

草类原料因其纤维特点，打浆时容易产生吸水润胀，难发生细纤维化。近年来，科技工作者不断地对中浓打浆（8% ~ 20%）技术进行了研究探讨和实践，并证明非木材纤维的中高浓打浆有许多优点，但目前生产中仍以低浓（3% ~ 4%）打浆为主。

对于废纸浆而言，同样需要通过适当的打浆处理提升浆料纤维的品质。许慧敏等研究了优化磨片齿形设计对废纸回用性能的影响。结果表明，在磨片选型优化中采用比刀缘负荷理论进行评价，利用优化磨片齿形设计可以有效提高盘磨打浆的效率，同时最大限度地保留纤维强度、提高成浆品质，并大幅降低打浆电耗。

近年来，打浆技术装备出现如下的发展趋势：传统的圆盘磨浆机向着锥形磨浆机和圆柱形磨浆机方向过渡。

（2）造纸化学品应用

近几年，随着中碱性抄纸和涂布加工技术的发展，碳酸钙（$CaCO_3$）得到了广泛的应用。碳酸钙主要分为沉淀碳酸钙（PCC）和研磨碳酸钙（GCC），在加填应用方面各有其优点。也有些造纸企业采用 GCC 和 PCC 混合型加填的方式，比例为 1∶1 的情况比较常见。同时新型造纸填料也相继出现，如粉煤灰基硅酸钙填料（FACS）、硅灰石、水滑石、白云石、硅藻土等。

近年来，助留体系已从简单的单元和双元系统逐渐过渡到微粒和超微粒系统。微粒助留系统在造纸湿部的使用可以提高网部的滤水性，并大幅度改善真空部分的脱水性能，使提高纸机车速或者降低干燥成本成为可能。

从目前我国制浆造纸行业的施胶剂市场分析，松香施胶剂还占据较大市场。现代施胶技术的重大进步是采用中性施胶技术，减少白水中的有害物质的含量，提高白水的循环利用率，因此得到迅速推广，但国内外大多数造纸企业依然采用表面施胶代替浆内施胶。

在造纸湿部助剂添加工艺方面，近几年不同高效的生物酶制剂得到较为广泛的应用，通过使用各种不同的高效复合生物酶，达到节省能耗、过程优化和提高品质的目的。

近些年，出现了一种新型的化学品高效添加技术——湿部化学品混合添加技术，能使纸机的运行更加平稳、纸张质量更高、化学品消耗更低，并减少温室气体排放。

（3）纸料流送系统

最新型的纸料流送系统取消了机外白水槽，分别采用了 Lobemix 和 Hydromix™ 系统，使工艺稳定性得到改善，并显著降低纸机纵向和横向参数的变化。湖南岳阳纸业集团 18 万吨 / 年的 LWC 项目和华泰集团有限公司 18 万吨 / 年的 LWC 分别采用了 Lobemix 和 Hydronmix™ 系统，纸机运转高效，产品质量稳定。

2. 纸幅成形

（1）纸幅成形技术

稀释水流浆箱一直在不断完善和优化中，目前又出现了一种水分层流浆箱技术。该技术白水中的细小纤维用在水分层中，可以优化分级 OCC 纤维的应用。目前，主要应用于维美德公司的 OptiFormer Hybrid 混合成形网部技术和 OptiFormer SB 真空靴板成形网部技术。

近十几年来，高速文化用纸机采用的成形技术，根据车速的不同，多采用长网 + 顶网成形器，混合型（也称卧式）夹网成形技术，立式夹网成形技术。顶网成形和夹网成形都属于双面脱水，可以改善纸张的两面差和 Z 向结构，包括填料的分布，顶网的脱水量为网部总脱水量的 30% ~ 50%。立式夹网成形技术的最新发展是采用真空脱水靴替代真空成形辊，进一步提高纸张匀度，降低能耗和减少投资。由维美德公司提供的这样新一代立式夹网成形（OptiFormer SB）的大型文化用纸机，已被山东晨鸣纸业集团股份有限公司 PM6 率先采用，网宽 11150mm，设计车速 2000m/min，用于生产中、低定量铜版纸。

近几年，维美德公司新推出的 iRoll 分析工具，可以分析纸幅的水分和温度、纸幅的张力和纸机运行性等[11]。这种系统与维美德公司最新的辊面包覆配套使用，可适用于纸浆、纸和纸板生产的各种不同工艺位置。装配 iRoll 辊子后能够显著改善纸机运行性，提高纸张质量，将横向张力分布差异控制在可接受范围内。

（2）压榨技术

与普通压榨技术相比，新型压榨具有较长的压区滞留时间、较高的脉冲能力和脱水能力。新型压榨在大大提高纸幅干度的同时，能够保持纸张的一些特性。新型压榨主要包括大辊压榨、靴式压榨以及组合压榨。目前，我国已有多条书写印刷纸生产线采用了靴式压榨，如泰格林纸集团股份有限公司的 40 万吨项目、中冶纸业银河有限公司的 20 万吨项目和福建省南平造纸股份有限公司的 20 万吨项目等。

（3）干燥技术

近年来，我国大型造纸企业建设新纸机生产线时主要倾向于高车速、宽纸幅和高自动化程度的纸机，已经投产有 10 多条幅宽 6000 ~ 12000mm、设计车速 1600 ~ 2000m/min 的纸机。纸机的高车速意味着要把纸幅在干燥部以更快的速率烘干，这对纸机干燥部提出了更高的要求，即要求更高的蒸发效率、更高的运行性能、更低的能量消耗、更高的纸张质量和尽可能低的生产成本。为了满足这些要求，现代高速纸机的干燥部出现了许多新技术：为了解决断头、损纸难以清除的问题，采用单排烘缸组代替传统的双排烘缸组；为确保纸幅在干燥部能稳定运行及顺利传递，烘缸之间增设了纸幅稳定器、无绳引纸系统、真空引纸传送带；为提高蒸汽利用效率，且改善纸机运行性能，加强了气罩通风；为改善纸幅在干燥部的烘干效果，采用了热吹风管与袋式通风装置。

（4）压光整饰技术

新近投产的纸机生产线中，压光整饰设备一般首选软压光机。近几年，软压光技术不断完善和发展，特别是机内软压光技术，该技术应用喷水冷却的压光工艺，能有效提高纸板产品 2% ~ 4% 的松厚度，在提高生产能力的同时，设备投资成本也较低。

近几年出现的新型压光整饰技术，主要包括带式压光机和靴式压光机，目前还处于推广和发展阶段。我国引进的带式压光机基本上都用于白卡纸板涂布前的原纸整饰，替代传统的两辊硬压光机，以保留纸张的松厚度。对于生产文化用纸来说，带式压光技术还不够成熟。

3. 纸加工技术

现代涂布技术主要包括计量式膜转移施胶式预涂布、喷雾涂布和帘式涂布等。近几年，国外出现了一系列先进的涂布方式与设备，维美德公司相继开发的 OptiCoater 涂布机、OptiCoater Jet 喷射式涂布、OptiBlade 新概念刮刀涂布、OptiCoat Duo 涂布、OptiSpray 新型喷雾式涂布等。纸质涂布基材是涂布基材的主体，改良的纸质基材或者合成材料主要用于特种纸的涂布原纸。随着涂布纸质量的提升，对纸质涂布基材的性能指标，如横幅定量、表面平整性和物理强度等有了更高的要求，这也是纸质涂布基材发展的必然趋势。

（三）纸基功能材料科学技术

纸基功能材料是指以纸为基材，经过某种加工或特殊处理，具有一定功能性的薄张材料。这种材料具有技术含量高、附加值高、生产量小、品种多、应用范围广的特点，是造纸与化学、高分子材料、复合材料、生物、微电子等多学科交叉融合的高新技术产品。

近年来，纸基功能材料领域的技术创新和产品开发取得突破性进展，一些技术含量高的产品填补了国内空白，如芳纶纸、空气换热器纸、热固性汽车滤纸、高性能密封材料、皮革离型纸、热转移印花纸等。纸基功能材料科学研究正向着学科交叉、高新技术方向发展。

纸基功能材料制造与技术创新主要分三类：①以纸张作为载体，在生产过程中加入具有热、电、光、磁等功能化学品，使材料具有特殊功能；②采用特殊纤维原材料，如芳纶纤维、碳纤维、陶瓷纤维等，通过特殊制造工艺赋予纸基材料新的性能；③对植物纤维进行物理或化学改性，使材料具有特殊使用性能。近年来，受市场需求牵引与技术推动，我国纸基功能材料领域发展迅速，在基础研究与应用研究方面开展了大量工作，制造技术在传统的流送成形、湿部化学技术为主导基础上，融入表面化学和生物化学相关技术，有力推动了该领域技术进步与行业发展。

随着纳米纤维素及纳米技术的发展，其在制浆造纸工业展现出了广阔的应用前景。例如，对纸浆的增强作用、减少打浆能耗、对细小纤维及填料的留着作用、对食品包装材料空气和水汽阻隔性的改善作用等。同时，以纳米纤维素为原材料，通过化学、生物、物理、复合等方式可以制备附加值更高、性能更加优异、生物可降解性与生物相容性极佳的纳米纤维素基功能材料，是纳米纤维素未来发展的一大热点。

（四）制浆造纸装备科学技术

近年来，我国通过成套引进或引进关键部件的方法，促进了我国制浆造纸设备制造能力和科技水平的提高。世界先进装备厂商在中国的落户和国产化设备制造水平的提高，缩小了我国制浆造纸装备与国际先进水平的差距，同时也引入了先进的管理和技术人才，提高了产品研发能力和自主创新能力。整体水平具有以下特点：①已拥有世界上领先的制浆造纸技术和装备，如连续蒸煮、氧脱木素、二氧化氯制备及漂白等配置的高速纸机，深度废水处理系统，QCS、DCS、MCC、PLC 等运行自动控制和机械故障自诊系统。②成套装备的规模扩大，稳定性、可靠性提升，如 20 万～30 万吨/年的废纸处理成套设备；10 万～15 万吨/年废纸脱墨成套设备；10 万～30 万吨/年非木材原料成套制浆生产线等。我国国产制浆造纸装备已发展成为工艺适应性强，技术复杂，品种繁多，具有机、电、仪、计算机相结合的高新技术配套产品，不少产品已接近甚至达到国际先进水平。③开始国际化布局，"走出去"稳步推进。我国的制浆造纸装备具有优良的性价比，因而在国际竞争中凸显其良好的竞争力，近几年出口速度以每年 20% 左右的速度增长。国产造纸装备出口已实现从小型单台到成套设备、从为外国大公司配套低附加值零部件到大中型整机出口的转变。"中国技术""中国制造"越来越受到国外制浆造纸企业的青睐[12-17]。

"十二五"期间，制浆造纸装备行业研制出一批达到或接近国际先进水平的自主创新成果：山东泉林纸业有限责任公司研制出世界第一条 10 万吨/年草浆立式连续蒸煮生产线，已稳定运行，经鉴定为国际领先水平。汶瑞机械（山东）有限公司研制的 SJA2272 型、SJA2284 型置换压榨双辊挤浆机，设计产能达 4000～4500adt/d，经鉴定在性能规格、运行可靠性、能耗及效率方面已达国际先进水平。河南江河纸业股份有限公司和河南大指造纸装备集成工程有限公司等单位研制的幅宽 5600mm、运行车速 1350m/min 的现代文化用纸机，经鉴定，主要技术指标达到国际同类装备先进水平，其整体技术水平国内领先。

随着"造纸工业 4.0"的提出，制浆造纸业界结合行业现状广泛地进行了探讨。明确其概念的目标就是为了降低运营成本，提升纸机生产效率和产品品质，通过智能化、网络化来提升所有设备可操作的便利性和灵活性，为现在的纸机提供数据支持，一个庞大的数据库可以引导纸机永远运行在一个非常完善的水平上。在提高生产效率方面，"造纸工业 4.0"的重点是：①减少非计划停机时间；②降低不合格产品率；③减少断纸及改产时间。在降低运营成本方面，"造纸工业 4.0"的重点是：①节省浆料纤维、化工等原材料；②节省能源消耗；③节省人力成本；④节省维护费用。

（五）制浆造纸化学品科学技术

1. 制浆化学品

蒸煮助剂仍以蒽醌（AQ）及其改性物为主。目前报道较多的是采用十二烷基苯磺酸钠、聚氧乙烯氧丙烯醚高分子表面活性剂作为增溶剂和分散剂。多硫化钠（PS）与 AQ 协同作用具有显著的增效作用。添加羟胺、氨基磺酸或蒽醌与甲醇配合对于碱性亚硫酸盐蒸煮过程具有十分明显的增效作用。在深度脱木素技术中，蒸煮助剂正在由使用单一的蒸煮助剂向使用性能优良的复配型蒸煮助剂的方向发展。离子液体独特的性能及其良好的溶解和分离能力决定了其在纤维素工业和制浆造纸领域必将发挥越来越重要的作用。目前，在实验室研究中离子液体能达到较高的反应分离性能，在现代纤维素工业应用方面显示出较强的优势，但价格较为昂贵。有机溶剂制浆是一种低污染、高得率和较高强度的制浆方法，虽然就目前来看，有机溶剂制浆要取代传统的硫酸盐制浆几乎是不可能的，但以后该制浆方法可能具有较好的前景。

近年来，制浆造纸工业主要采用氧元素漂白剂，尽可能采用无氯或少氯漂白纸浆新技术。目前，臭氧漂白在发达国家已经实现了工业化。用氧漂白活化剂进行漂白是对传统双氧水漂白的一个重大革新。漂白活化剂四乙酰乙二胺（TAED），能与过氧化氢负离子作用生成漂白能力明显强于双氧水的过氧乙酸，从而具有较好的低温漂白能力。甲脒亚磺酸（FAS），对环境危害小，而且漂白废水可以回用，近几年的研究表明，FAS 作为一种新型的纸浆还原性漂白剂具有广阔的开发应用前景。木素降解酶可以直接与浆料中的木素作用，氧化降解残余木素，降低浆料的卡伯值，达到脱木素和漂白浆料的效果，研究较多的主要有木素过氧化物酶，锰过氧化物酶和漆酶。

目前，在工业上使用的脱墨剂主要为阴离子表面活性剂、非离子表面活性剂以及不同离子表面活性剂复配物，传统的废纸脱墨工艺对纤维有损伤，致使成纸的强度下降，废液的污染负荷高。鉴于此，开发具有特定结构的高分子表面活性剂类中性脱墨剂，是脱墨技术发展的重要途径。另外，也可以利用离子液体脱墨和生物酶脱墨。消泡剂一般采用二甲基硅油与其他消泡成分的复配物，也可通过硅油改性引入适量的亲水基以达到增效作用。生物酶制浆目前在国内仍在研究之中。目前生物漂白用酶研究和应用较多的主要是半纤维素酶和利用白腐菌分泌的木素降解酶。

2. 抄纸化学品

目前，中性施胶已经得到广泛推广。为了实现在近中性条件下的施胶，国内很多科研机构和院校一直在研制中性施胶剂及相应配套助剂。松香胶中性施胶剂也在这些年得到较快的发展。阳离子松香胶中性施胶剂的开发近年来主要集中在两个方向：①采用聚酰胺多胺环氧氯丙烷（PAE）作为阳离子大分子乳化剂，辅以一定量的阳离子和非离子表面活性剂，在高压均质作用下进行分散乳化，得到稳定乳液。颗粒带有较强的阳电性，可极大提高留着率。同时具有防水性能，是一类较为优异的阳离子松香胶。②采用合成的高分子表面活性剂进行乳化，其防水性能优异，用量较少，且不用高压均质设备，降低了企业的固定资产投入。高效高分子乳化剂 /AKD 中性施胶剂近年来主要集中在合成高分子聚合物表面活性剂用来作为 AKD 乳化剂的研究和应用方面。近年来，由于阳离子 AKD 施胶的综合成本不断上升，因此，部分厂家将目光投向施胶成本更低的 ASA 中性施胶剂。

近年来，增干强剂受到重视。研究主要集中在优异滤水性能的聚丙烯酰胺（PAM）增干强剂，阳离子聚丙烯酸酯共聚物增干强剂、表面施胶用增干强剂。脲醛树脂（UF）和三聚氰胺甲醛树脂（MF）作为增湿强剂的效果十分明显。但由于对环境污染严重，产品稳定性不好，使得新型增湿强剂的研究和开发变得十分迫切。碱性熟化的增湿强剂聚酰胺聚胺环氧氯丙烷树脂（PAE）作为增湿强剂目前仍是主流产品，但其增湿强能力有限，且导致废水中 AOX 含量增加。选择合适的交联剂，可以改善增湿强的效果。近年来，开展了改性 PAE 的研究。通过环氧化聚乙烯醇（PVA）对 PAE 湿增强剂进行改性，湿增强指数、耐折次数、撕裂度等性能提高。阳离子异氰酸酯乳液增湿强剂在国外的科学研究和专利中有所报道，在一些特种纸张方面已开始有应用。近年来，化学品的研究重点也包括表面施胶用增湿强剂、暂时性增湿强剂以及无氯无甲醛增湿强剂。

随着国内外纸机向着高速化、封闭化、夹网型的方向发展，出现了许多针对于高速纸机而开发和发展的助留助滤剂体系，包括 EI/CPAM 助留助滤体系、PEO/PFR 助留助滤系统、水包水型阳离子聚丙烯酰胺助留助滤剂、阳离子淀粉助留助滤剂、壳聚糖改性物助留助滤剂、阳离子纤维素助留助滤剂。

近年来，表面活性剂作为树脂障碍控制剂受到重视。表面活性剂的主要作用是脱除树脂。非离子表面活性剂脱除树脂的效果明显高于阴离子表面活性剂。碱性脂肪酶也可用于解决树脂障碍，这种酶可显著降低树脂在滚筒和其他设备上的沉积，并能够分解纸浆中树脂所含的甘油三酯。

阳离子有机硅柔软剂已经成为主要产品。新型双酰胺阳离子乳液型纸张柔软剂可与纸浆纤维发生较好的吸附。聚合型荧光增白剂由荧光单体与其他单体聚合而成，可解决传统荧光增白剂耐光性差等缺点。开发环保型高性能新产品、不同类型增白剂共混与复配以及多个含不同发色团单体间的聚合有可能成为新的研究热点。

3.加工纸用化学品

合成高分子胶乳在制浆造纸工业中的应用日益得到发展。胶乳采用乙烯基吡啶共聚改性，可得到三元共聚物胶乳，具有更好的适印性。在高档纸张的涂料配方中普遍采用丙烯酸酯及其共聚物作为黏合剂，所生产的纸张具有表面平滑、白度高、抗老化性能好、可印刷性好等优点。

随着制浆造纸工业技术的高速发展，减少纸张的内部施胶，通过表面处理提高纸张施胶度的趋势会愈来愈明显。传统表面施胶剂的改性包括淀粉基表面施胶剂，采用阳离子淀粉进行氧化、氰乙基化，加入 AM、DMC 进行接枝共聚，制备出两性接枝共聚淀粉表面增强剂；以及明胶接枝改性丙烯酸酯共聚物乳液表面施胶剂。近年来，合成高分子表面施胶剂的研究主要集中在对胶乳表面施胶性能和增强性能的提高上。

目前使用的抗水剂主要有交联型聚丙烯酰胺及聚乙烯醇、三聚氰胺甲醛树脂及其改性物、聚酰胺聚脲树脂和自交联丙烯酸树脂等。

4. 工业废水处理剂

目前，制浆造纸工业废水排放量占全国废水排放总量第一位，制浆造纸行业环保技术升级迫切。近年来，水处理絮凝剂在我国发展十分迅速，从低分子到高分子，从无机到有机，从单一到复合，形成了系列化和多样化产品。

（六）制浆造纸污染防治科学技术

制浆造纸行业对自然环境所造成的污染仍比较严重，尤其是对水环境的污染，一直是工业污染防治的重点。

1. 化学制浆废液处理技术

化学制浆废液主要分为碱法化学制浆黑液和亚硫酸盐法制浆红液。

国内外目前对制浆黑液的主流处理技术是采用碱回收法。通常情况下，黑液初始浓度为 9% ~ 16%，多效蒸发后黑液浓度达 40% ~ 80%，苛化产生的白液苛化度 80% ~ 85%。红液处理方法多是将红液浓缩后，作为黏合剂产品外售或进行喷雾干燥。近年来亚硫酸盐法制浆工艺在制浆造纸行业应用甚少，红液处理新技术亦少见。

2. 制浆造纸工业废水处理技术

制浆造纸过程产生的废水包括除黑液、红液等制浆废液以外的化学法制浆（中段）废水、高得率制浆废水、废纸制浆废水、造纸白水等。制浆造纸废水排放量大，主要污染物为各种木素、纤维素、半纤维素降解产物和含氯漂白过程中产生的污染物质，是目前造纸企业污染治理的重点。制浆造纸工业水污染防治技术可分为源头控制和末端治理两方面。

源头控制方面，目前国内制浆造纸废水的清洁生产技术主要包括高效黑液提取、深度脱木素、氧脱木素、无元素氯漂白（ECF）、全无氯漂白（TCF）、本色纸浆、低白度漂白等。采用高效洗涤、多段逆流真空洗浆或多段逆流真空洗浆、封闭筛选技术可以有效提高黑液提取率。采用多段逆流洗涤系统，黑液提取率可达 96% ~ 98%。采用挤浆 + 多段逆流真空洗浆技术黑液提取率可达 85% 以上。采用封闭筛选系统可以实现洗涤水完全封闭，筛选系统无清水加入，无废水排放。深度脱木素技术主要应用于硫酸盐法化学木（竹）制浆的蒸煮工段，蒸煮深度脱木素可降低浆料中残余木素含量，减少漂白化学药品的消耗，进而降低漂白废水的污染负荷。氧脱木素技术是在蒸煮后，为保持纸浆强度而选择性脱除木素的一种工艺。氧脱木素通常采用一段或两段氧脱木素，可减少漂白工段化学品用量，漂白工段 COD_{Cr} 产生负荷可减少约 50%。

末端治理方面，目前国内制浆造纸废水的处理技术一般分为一级处理技术、二级处理技术、三级处理技术，其中，一级处理技术主要包括过滤、沉淀、混凝气浮和混凝沉淀等技术，二级处理技术主要包括厌氧生化技术〔水解酸化、上流式厌氧污泥床（UASB）、内循环升流式厌氧（IC）、厌氧膨胀颗粒污泥床（EGSB）等技术]和好氧生化技术（完全混合曝气、氧化沟、生物接触氧化、序批式活性污泥（SBR）法、厌氧/好氧（A/O）工艺等），三级处理技术主要包括高级氧化、混凝气浮、混凝沉淀等技术。

3. 固体废物处理及资源化利用技术

制浆造纸行业的固体废弃物包括备料废渣（树皮、木屑、竹屑、草屑）、废纸浆原料中的废渣、浆渣、碱回收工段废渣（绿泥、白泥、石灰渣）、脱墨污泥、废水处理站污泥等。通常的处理方式是焚烧、热解、堆肥和回用。

4. 废气治理技术

制浆造纸行业的废气主要包括工艺过程恶臭气体、碱回收炉废气、石灰窑废气、焚烧炉废气、原料堆场及备料工段的扬尘、厌氧沼气等。主要治理技术包括碱回收炉燃烧、石灰窑燃烧、火炬燃烧、专用焚烧炉燃烧等。

5. 持久性有机污染物消减技术

人类活动向环境排放的污染物中，持久性有机污染物（POPS）是对人类生存威胁最大的污染物之一。造纸行业中的持久性有机污染物主要包括 AOX 和二噁英。目前，制浆造纸行业对持久性有机污染物的消减技术以源头控制为主，末端治理为辅助手段。通过提高黑液提取率、蒸煮深度脱木素和减少含氯漂剂的用量等方式，从源头把控 AOX 的产生。漂白前增加氧脱木素工段对降低 AOX 产生量的作用很大，AOX 产生量约减少 50%。该技术目前在制浆造纸企业中得到了广泛应用。AOX 末端治理技术主要包括活性污泥法、厌氧法、物化法等。相关研究成果表明，本色纸浆不采用漂白处理，废液中没有 AOX 产生，在一些非木材浆企业得到了很好的应用。

目前，制浆造纸行业二噁英消减技术主要包括：①原辅料的选取方面，不使用被多氯化物污染的原料生产纸浆，不使用含多氯酚类物质的防腐剂，不使用含二苯基二噁英和二苯基呋喃的消泡剂。②蒸煮过程中，添加蒽醌或多硫化物、改良连续蒸煮工艺，深度脱除木素以减少二噁英的形成；采用高效黑液提取技术，提高黑液提取率。③洗浆环节，强化漂前洗浆，提高纸浆的洗净度，降低水相中有机物的含量。④黑液提取环节，增加螺旋挤浆设备等提高黑液提取率，减少中段水中的 COD_{Cr}、BOD、SS 等污染物，降低氯化过程中二噁英的形成风险。⑤漂白环节，采用无元素氯漂白工艺，消减后续工段二噁英的生成量。⑥合理控制碱回收燃烧工艺。⑦对废纸脱墨污泥进行有效处置。

四、国内外研究进展比较

我国现已发展成为世界上纸和纸板的生产大国，但却不是世界上的造纸强国，我们与世界发达国家的制浆造纸技术水平，特别是制浆造纸装备水平相差仍然较大。

（一）制浆科学技术

对于化学法制浆，当前最重要的就是提高制浆效率，达到提高制浆得率，减少污染物排放。目前大型木浆厂的新增制浆生产线均采用紧凑连续蒸煮技术。国内企业采用的该技术都是国外公司提供的。对于小型的制浆厂，无论是木材还是竹材，采用 DDS 置换蒸煮成为趋势。在研究制浆工艺方面，为了提高脱木素选择性，保持较高纸浆得率，国外采用多硫化物为蒸煮剂，芬兰 Joutseno 浆厂建设了世界最大的单一多硫化物制浆生产线。而国内在蒸煮时为了提高选择性，脱除加入 AQ 或者渗透剂为蒸煮助剂。实现较大液比蒸煮也是提高蒸煮效率的方法之一，国内外有同类报道。

在化学机械制浆方面，BCTMP 和 P-RCAPMP 制浆技术已经成为主流技术，后者更加适合于非木材原料的制浆。国内外采用的技术处于同等水平。但是在混杂原料制浆方面，我国正尝试杨木与桉木的混合制浆，多种杨木、多种桉木或者相思木与桉木的混合制浆。

废纸制浆，由于废纸纸浆占我国纸浆消费量的比例较高，近年来，发展基本稳定，大型纸厂采用转鼓碎浆、高浓除渣、粗筛、浮选脱墨、热分散和漂白等工序，有的采用两次热分散和两次浮选，得到的脱墨废纸浆具有较高白度。新的脱墨剂和胶黏物控制剂是废纸制浆有待探索的领域。

非木材原料化学法制浆技术十分成熟，但麦草、芦苇、蔗渣等纸浆的漂白技术进步较慢，除少数浆厂采用少氯或无氯漂白工艺外，多数浆厂仍采用传统的含氯漂白技术，这是国内纸浆漂白技术与国外的最大差距。如何进一步优化高得率浆生产工艺、降低能耗、提高质量、扩大高得率化学浆适用范围，及高效处理和利用化学机械法制浆废水仍是发展高得率浆的重要课题。

纳米纤维素研究方面，瑞典 Innventia 和 BillerudKorsnäs 合作建立了一家纳米纤维素示范工厂，材料制备完全按照造纸生产流程进行。

（二）造纸科学技术

国内纸浆的输送设备和打浆设备的性能还较难适应现化纸机高产能的需要。磨盘硬度及耐磨性较国外设备还有差距，泵输送浓度和压头较低。尽管近年来在吸收消化国外技术的基础上开发出了一些替代进口设备的产品，但实际应用时还存在一定的问题。

目前，国际上纸机正向宽幅、高速、高效、低耗的方向发展。如新闻纸机设计幅宽 10000mm 以上，车速 1800 ~ 2000m/min；文化用纸机设计幅宽 10000mm 以上，车速 1500 ~ 1800m/min；薄页纸机设计幅宽 4000mm 以上，车速 2000 ~ 2500m/min；纸板机设计幅宽 6000mm 以上，车速 1000m/min。国产书写印刷纸机的幅宽仅为 4000mm，车速 850m/min；纸板机的幅宽 5600mm，车速 700m/min；生活用纸机幅宽 2700mm，车速 1200m/min，生产能力 1.5 万吨/年，距国外水平仍有较大差距。纸浆流送系统的能力国外已做到 80 万吨 / 年，我国目前大约在 20 万吨 / 年。纸机中一些重要的单元设备，如带有稀释水的水力式流浆箱正处在开发试用中；网部成形系统目前尚处在长网 + 水平式夹网成形器的阶段，对改善两面的脱水均匀性方面不及国外立式夹网成形器；国外压榨部系统已将靴式压榨成功运用到纸机中，而我国国产纸机仍以复合压榨为主，纸板机以大辊压榨为主，靴式压榨技术正处在研究开发阶段；对于膜转移式表面施胶技术，我国尚处于根据国外技术仿制当中；国外在纸机烘干部已采用了纸幅稳定器、冲击式干燥器、穿透干燥器等，国内还较少开发；尽管开发出了软压光技术，但车速尚低于 1000m/min，且产品质量需要不断改善。

国外机外整饰用的超级压光机近年来发展十分迅速，先后推出了悬挂式或斜列式的多辊（如 10 辊）超级压光机，其幅宽达到 11000mm、设计车速 1700m/min 以上，压辊的重力不会影响压区的线压力，而我国目前尚无这样的国产化技术。机内双面涂布、膜转移施胶式预涂布、喷雾涂布（射流技术）和帘式涂布等现代涂布技术国外都已投入使用，而我国尚处在吸收和消化国外先进技术的阶段，国产涂布机的涂布方式还仍以刮刀涂布为主。

（三）纸基功能材料科学技术

近年来，我国纸基功能材料（特种纸）产业高速发展。作为制浆造纸工业的一个重要分支，多数国产特种纸质量已得到国际认可。与国外相比，我国特种纸产业的发展还有一定差距。

1. 自主创新能力仍需进一步增强

特种纸作为一种高附加值纸基功能材料，其技术含量的高低直接影响着产品的市场竞争力。我国特种纸生产企业主要以中小型企业为主，其技术研发水平和综合实力与国外还有一定的差距，产品技术创新主要停留在模仿阶段，原创技术与产品偏少，导致国产自主品牌缺乏，削弱了国际市场竞争力。

2. 知识产权保护意识仍需进一步提高

近年来，我国在特种纸领域的知识产权保护意识有所增强，但与发达国家相比，仍有较大差距。我国特种纸企业在申请专利方面积极性不高，有的具有原始创新的产品并没有利用专利保护科技创新成果。与企业相比，科研院所更加重视知识产权保护，很多企业虽认识到与科研院所产学研合作的重要性，但往往合作的持续性不强，导致专利技术储备缺乏，竞争后劲不足。

3. 诸多关键科学与技术问题亟待解决

特种纸作为目前国际上竞争最为激烈的高新技术材料之一，其原料的制备、专用化学品开发、材料设计和制备工艺的开发仍是技术创新的核心环节。有些特种纸的功能来自于纤维原料，如美国杜邦方面的 Nomax 纸专利产品，一直垄断以芳纶纤维为原料的绝缘纸和航空航天等领域的芳纶纸市场。此外，特种纸在制造过程中还需特殊工艺和装备以实现性能的提升。在纤维原料、专用化学品和制备工艺开发过程中，亟待突破分子结构设计、流体动力学、界面化学以及纤维分散、材料成形与增强等诸多科学与技术问题，提升我国特种纸领域的自主创新和国际竞争力。

4. 产业规模偏小，产业链仍需进一步完善

我国特种纸企业多以中小型企业为主，产业规模集中度不高。近5年在装饰纸、离型纸、食品包装纸和信息记录类特种纸方面投资较大，规模集中度有所提高，但总体而言企业规模小、数量多，这样的现状导致我国特种纸领域技术创新投入不足，技术流失严重，制约了我国特种纸领域的良性发展。

（四）制浆造纸装备科学技术

近十几年来，我国制浆造纸工业的快速发展，在客观上对制浆造纸装备的技术研发与进步提出了更高要求，但事实上并没有同步发展，与国外仍有很大差异。

与国外相比，国内制浆造纸装备制造企业数量较多但规模小，产品趋同，缺乏特色，没有形成长期的新产品研发机制。国内装备制造企业自主研发的投入少，缺乏自己的研发机构、实验装置和手段，缺乏跨学科多专业等配套的团队，缺乏对基础理论研究以及从工艺到装备和控制等的系统性、成套性研究，设备运行参数只能从产品试车或生产中获得。与国外相比，无法针对制浆造纸行业的发展研究提出适合新工艺的高效、可靠的设备，更不能为用户提供前期工艺技术参数的支持。对装备的关键部件使用的材质和加工工艺的研究较少，用户有很大的装备选用风险，从而造成了被动的跟踪模仿，无法形成有自主知识产权的产品和核心技术。

另外，我国设备技术开发与工艺技术的发展相脱节，设备技术开发总是落后于工艺技术，相互间不能形成有机联系和合作。除此之外，国内研发机构与装备制造企业以及造纸生产企业之间缺乏有效沟通和合作，装备制造企业总是期待着将成熟的研究成果直接产业化。科研院所因科研经费和研究设备的缺乏，很难与生产企业开展深入的合作研发，产学研合作在一定程度上流于形式。

（五）制浆造纸化学品科学技术

纸厂生产规模的迅速扩大对我国制浆造纸化学品领域的研究提出了新的更高的要求。我国造纸化学品厂家规模化、系列化不够，难以适应我国制浆造纸行业集约化、大型化的发展。虽然近几年我国制浆造纸化学品发展速度加快，但高效专用型产品的开发和应用技术的研究仍十分缺乏，表面施胶、浆内增强、中性施胶、高效脱墨、新型填料等方面，与国际水平差距仍然较大。国外的产品在类型、环保等方面上均处于领先水平，我国制浆造纸化学品目前仍处于低端产品生产，中高档产品少，特别是绿色化学品合成及应用方面落后较多的状态。生物技术，如对环境无害的酶制剂等，在制浆造纸工业中的应用还有待进一步推广。此外特种纸专用化学品品种较少，而特种高分子表面活性剂、纳米无机材料、纳米有机材料、无机合成纤维、新型高分子填料、具有热、电、光、磁及力学性能的助剂等，都可以应用于生产具有特殊用途的高附加值纸种，但我国在这方面还少有研究和应用。

（六）制浆造纸污染防治科学技术

与国外相比，我国制浆造纸原料结构存在差异。由于我国造纸原料木材所占比例低，对于制浆造纸企业扩大经济规模，发展中高档产品，提高产品质量及有效控制环境污染都带来了较大困难。

我国制浆造纸污染治理技术研发还缺乏前瞻性、创新性和实用性。近年来，相对于国外发展水平，我国制浆造纸企业和科研院所对专利的申请数量明显增加，但申请技术的前瞻性和实用性还有待进一步提高，制浆造纸企业缺乏拥有自主知识产权的高水平、实用性的污染治理新技术，导致污染处理过程能耗高、效率低、效果不佳。

与国外相比，我国制浆造纸污染治理技术研发体系还不完善。制浆造纸企业对科技进步，特别是自主创新研究重视不足，提高产品质量和减少污染排放主要依赖国外先进技术和设备。在制浆造纸污染治理科技创新体系和运行机制方面，仍存在较多问题。技术创新机制方面存在的问题，影响了科研院所科技力量的发挥，也使我国制浆造纸企业的污染治理工作难以得到强而有力的科技力量支持。一些科研项目和技术攻关课题，虽然采用了产学研相结合的形式，但操作过程中存在诸多问题，缺乏制度性科学设计，没能形成分工明确、权责清晰、互利共赢、充分调动积极性的运行机制。

（七）人才培养

国外对于制浆科学研究与人才培养非常重视，人才培养形式不同于我国，本科生除了美国北卡州立大学有专门的系招生外，其他院校的本科生基本上设在化学工程系，高年级学生选修制浆造纸工程专业。更多的学校只有研究生设有制浆造纸专业，并且能够获得来自造纸企业的资助，因此，国外制浆造纸专业的研究生毕业后多去相应的企业工作。

我国的制浆造纸专业，是轻工技术与工程一级学科下的二级学科。经过半个多世纪的发展，据不完全统计，目前我国已有 22 所高校或科研机构招收制浆造纸专业的研究生，其中 9 所具有博士培养资格。在 20 所招收制浆造纸专业研究生的高校和 2 所研究院中，有 6 所工科院校、2 所林业院校、6 所综合院校、3 所理工院校、2 所农林院校、2 所工科综合院校和 1 所农业院校。其中，理工类院校占到 50%，这些院校中都有浓厚基础学科底蕴，特别是化学学科，为制浆造纸专业建设和发展奠定了坚实的基础。

国外高等院校各学科专业分得较大较宽，制浆造纸工艺专业方向设在与化工学科或农林资源利用学科下；没有专门制浆造纸机械与设备专业方向，相关的人才培养和科学研究在机械工程和化工机械等专业下，但在制浆造纸装备制造企业有自身的各门类专业人才合作的研发团队。同时，需要高校、科研院所合作开发时，由企业提出并主动与高校配合对接，开展包括基础理论和装备运行机理在内的研究，通过发挥各学科专业特长的联合研究达到和实现制浆造纸新装备的研发与推广应用。

国外的研发机制和人才培养模式在国内无法形成。在我国，有专门的制浆造纸学科，又分制浆造纸工艺和制浆造纸装备与控制两个方向。目前，大部分有制浆造纸工程学科的高校只设工艺方向，而设制浆造纸装备与控制方向的极少。在制浆造纸工程学科高校中，缺乏对装备开发所需基础理论和装备运行机理的研究，没有研发投入而仅依靠高校本身的平台不可能开展制浆造纸装备高新技术的研发；而企业又没有相关的基础机理和应用基础研究，不能适应制浆造纸工业新装备发展需要。

五、发展趋势及展望

（一）学科发展目标和前景

国家"一带一路"战略的贯彻与实施，为制浆造纸行业"走出去"提供了发展的契机。"中国智造""工业4.0"以及"大数据"等新概念的引入，为制浆造纸行业的发展注入了新的活力。《轻工业发展规划（2016—2020年）》中指出，"十三五"期间，我国造纸工业的主要任务是结构调整、提质增效和节能减排。在产品结构调整中，高性能纸基功能材料是重点之一，要大力发展。产业结构优化、行业技术水平提升、提高纤维资源利用率、实现节能减排是学科发展的重要方向。面对资源和环境制约，学科的发展将以"减量化、再利用、资源化"为目标，以发展循环经济、创新发展模式、建设资源节约型造纸工业为核心，重点开展资源的高效利用和循环利用、污染治理、节能减排技术与装备研究，促进造纸工业实现产业发展与环境、社会效益的完美统一。

随着制浆造纸企业调整、重组和发展建设的力度进一步加强，大型制浆造纸企业的集中度和竞争力将进一步提高，中小型企业向专、精、特、新方向发展的趋势将更加明显，企业的规模结构和资本结构将更趋于合理。按照纸及纸板消费量指数与GDP的相关性，并综合考虑影响国内外经济发展的总体发展趋势和相关产业的发展前景，可以预见我国制浆造纸工业将会继续伴随我国国民经济保持平稳较快地发展。在产需格局发生变化后，"调结构、上质量、上水平"以及"国际化"将仍然是未来纸业发展面临的重要研究课题，国家支持制浆造纸工业发展的各项政策的延续性和叠加效应将进一步显现。

学科发展将进一步促进纸及纸板向多元化、低定量、功能化、环保、质优、价廉的方向调整，使优势产品的竞争力，品牌、名牌的创新力度将进一步加强，配用高得率浆和废纸浆的新品种将得到进一步增加。随着相关产业发展格局的变化，通过加强引导理性消费的观念和措施，部分造纸产品品种将得到适当调整。在学科发展的带动下，节浆、节水、节能和高效率的生产模式将进一步推广，现代纸机车速将进一步提高。

学科研究成果的推广应用将进一步扩大制浆造纸生产线规模和简化工艺系统，降低纤维资源和能源的消耗，减少污染负荷，使系统更加封闭和完善。

未来的制浆厂将是一个植物纤维产品生物提炼厂，可得到纸浆、能源和多种化工产品。制浆造纸工程学科的发展将为我国制浆造纸工业发展成资源节约型、环境友好型的绿色产业提供有力的技术支撑。

（二）学科未来发展趋势

近年来，我国制浆造纸工业在高速、持续增长的过程中面临愈来愈严峻的压力和挑战，纤维资源短缺、水资源匮乏、污染排放负荷高、产品结构低端化、重大技术装备依赖进口等问题越来越突出。由于原料结构复杂，中小企业众多，行业总体技术层次仍然相对低于国际先进水平，在纤维资源高效利用技术、清洁生产和污染减排技术、固体废弃物资源化利用技术、高性能纸基功能产品、大型成套技术装备等方面，具有迫切的技术和市场需求。制浆造纸工程学科必将结合我国造纸原料的特点、制浆工业的现状，通过继续强化产学研紧密有机结合，进一步加大科学研究与技术开发力度，通过跟踪研究国际前沿技术，发展自主创新的先进技术，加快制浆造纸科技进步的步伐，促进我国制浆造纸工业的持续发展。

1. 生物质炼制的探索与循环经济的实施

制浆造纸工业承载了"生物质精炼"发展的希望，造纸工业作为目前的生物质材料的大户，自然担当起了探索生物质精炼未来的任务。黑液作为碱法制浆中重要的组成部分，它的成分中含有很多可利用的生物质能源，如果能将黑液很好地利用与处理，例如制造木素基黏合剂、油田化学品等。这对于制浆造纸甚至制浆造纸废水处理将是一次飞跃式的进步。碱法制浆中黑液与生物质精炼相结合对未来生物质精炼技术在制浆造纸行业的循环经济大有帮助。

木质生物质不仅可应用于制浆造纸工业，也可替代有限的石化资源用于生产化学品、合成材料和再生能源等。然而其结构的复杂性限制了其高效转化。预处理技术作为生物质精炼高效转化的关键步骤，已成为世界各国的研究热点。

2. 制浆新技术理论的研究与应用

速生材、非木材和废纸原料的纤维特征和品质有很大的不同，需要研究开发资源利用率高、各种消耗低、产品品质好的制浆关键技术及其原理，包括高效节能的深度脱木素改良蒸煮技术、速生材高得率浆高值化利用技术、非木材原料的清洁制浆和漂白技术、废纸高效再生利用和品质改善技术，以及制浆过程清洁生产集成技术。

3. 制浆过程节能、节水及废弃物资源利用新技术

制浆过程的节能、节水与制浆技术和设备先进性有非常大的关系，因此必须坚持开发新技术才能够革命性进行制浆过程的节能和节水。废弃物的资源利用，实际上是实施纤维

原料的全组分利用。目前，关于造纸原料的全组分利用已经成为研究的热点。

4. 制浆漂白生物技术的研究与应用

随着生物科学技术的发展，生物技术在制浆过程的应用将会越来越多。制浆工业应跟上生物科学技术的发展步伐，将更先进、更合适的生物技术应用于制浆过程的各个环节，包括生物化学制浆、生物高得率制浆、纸浆生物漂白、废纸的酶法脱墨与纤维酶法改性以及废纸回用过程胶黏物的生物控制，以达到提高效率、改善品质、节水节能、降污减排的目的。

5. 高性能纸基功能材料的研究与应用

随着我国"一带一路"战略的推进，国家在高速列车、国产飞机、空间实验室、新能源汽车等领域投入加大，高性能纤维纸基复合材料与轨道交通、航空航天等高端制造业的依存度越来越高。我国高速轨道交通、飞机制造所需国产先进绝缘、结构减重等功能材料的需求会越来越大。如优异耐电晕性的芳纶云母纸基绝缘材料，高强轻质纸基结构减重材料，高性能、长寿命纸基摩擦材料，具有优异耐温性的聚酰亚胺纤维纸基蜂窝材料等中高端产品。实现这些典型纸基复合材料产业化，加快替代进口并参与国际竞争，将推动相关行业的可持续发展，促进我国传统制浆造纸行业的转型升级。

（三）学科研究方向建议

为加快制浆造纸科技进步的步伐，跟踪国际前沿技术，产学研紧密结合，实现工艺最优化、生产清洁化、资源节约化、环境友好化，促进制浆造纸工业的持续发展，从我国制浆造纸工业现状和发展需求以及行业政策导向出发，结合我国制浆造纸原料的特点和制浆科学技术学科及制浆工业的现状，建议今后重点开展以下几个方面的制浆科学研究和技术开发。

1. 植物纤维资源高效和循环利用技术

围绕我国制浆造纸工业纤维原料需求量大、原料品种多、结构复杂的特点，针对废纸、非木材和速生材的品质缺陷，研究开发资源利用率高、产品性能好的低消耗、高值化适用关键技术，提高纤维资源的利用价值。包括植物纤维资源新型分离 - 转化技术及应用，应用生物技术探索纤维原料的高效预处理方法，木素的高值化利用途径与技术；速生材高得率浆高值化利用技术；优质非木材原料的高得率制浆及清洁漂白技术；废纸高效再生利用和品质改善技术。注重研发减量化、再利用和资源化的新技术，为实施循环经济提供技术支持。

2. 制浆过程节能减排及废弃物资源化利用新技术

研究开发环境友好型制浆造纸关键技术，并产业化应用于制浆造纸工业生产，促进造纸工业的科学发展。包括进一步开发蒸煮以及洗筛漂过程的节能与热能回收新工艺新技术；开发制浆过程节约用水、提高水循环利用率的工艺与技术；开发制浆过程废弃物资源化利用技术。

3. 高性能纸基功能材料的研发与产品化

开发高性能纸基功能材料重点产品，提升纸基材料产品的技术含量和功能特征，满足高技术领域对纸基材料的需求。主要研究方向包括：纸基高性能功能材料生产的特种原料的制备、结构与性能；纸基高性能功能材料设计、制造及产业化；纸基高性能功能材料专用新型、高效化学品的制备及应用；高性能纸基材料专用生产设备的设计及制备。

4. 大型先进制浆造纸成套装备

以市场需求为导向，研制开发高度集成和性能明显提升的国产化制浆造纸成套装备。主要研究方向包括：高得率化学机械浆制浆设备；废纸和非木材节能型清洁制浆成套设备；ECF/TCF 漂白关键设备；宽幅、高速造纸机；高度集成的制浆造纸生产线自动化控制系统。

5. 制浆造纸生物技术的研究与应用

围绕清洁生产和节能减排的生产要求，将先进的生物技术应用于制浆过程的各个环节，包括生物化学制浆、生物高得率制浆、纸浆生物漂白、废纸的酶法脱墨与纤维酶法改性以及废纸回用过程胶黏物的生物控制，以达到提高效率，改善品质，节水节能，降污减排的目的。

6. 制浆造纸行业循环经济和低碳经济模式的开发

围绕高效利用资源、达标废水的外排减量化和废弃物资源化，进一步开展废纸回收利用模式、制浆造纸过程水资源分级利用模式、制浆造纸过程固体废弃物资源化多途径利用模式的开发，建立制浆造纸工业生产过程循环可持续和低碳化发展模式。

参考文献

［1］中国造纸学会编. 2016 中国造纸年鉴［M］. 北京：中国轻工业出版社，2016.

［2］中国造纸学会编. 2015 中国造纸年鉴［M］. 北京：中国轻工业出版社，2015.

［3］中国造纸学会编. 2014 中国造纸年鉴［M］. 北京：中国轻工业出版社，2014.

［4］中国造纸学会编. 2013 中国造纸年鉴［M］. 北京：中国轻工业出版社，2013.

［5］中国造纸学会编. 2012 中国造纸年鉴［M］. 北京：中国轻工业出版社，2012.

［6］中国造纸学会编. 2011 中国造纸年鉴［M］. 北京：中国轻工业出版社，2011.

［7］李静. 桉木高木质素硫酸盐法制浆联合氧脱木素工艺新模式的研究［D］. 广州：华南理工大学，2016.

［8］周晓林，刘秋娟，温建宇，等. 麦草烧碱 – 蒽醌法蒸煮甲醇发生量与蒸煮工艺参数的数学关系［J］. 纸和造纸，2013，32（8）：32.

［9］李丹丹. 杨木自催化乙醇制浆洗涤过程中木素吸附规律的研究［D］. 大连：大连工业大学，2013.

［10］徐峻，刘鹏，匡奕山，等. 桑枝 – 桉木板皮混合制浆漂白特性的研究［J］. 中国造纸，2015，34（11）：6.

［11］李芳. 维美德 iRoll 技术，实现精确在线测量［J］. 中华纸业，2014，35（14）：43.

［12］胡楠，张辉，张洪成，等.《"十二五"自主装备创新成果》系列报道之一：废纸处理装备技术［J］. 中华纸业，2016，37（4）：10.

［13］胡楠，张辉，张洪成，等.《"十二五"自主装备创新成果》系列报道之二：废纸处理装备技术（续）［J］. 中华纸业，2016，37（6）：6.

［14］胡楠，张辉，张洪成，等.《"十二五"自主装备创新成果》系列报道之三：制浆装备技术［J］. 中华纸业，2016，37（10）：12.

［15］胡楠，张辉，张洪成，等.《"十二五"自主装备创新成果》系列报道之四：制浆装备技术（续）［J］. 中华纸业，2016，37（14）：6.

［16］胡楠，张辉，张洪成，等.《"十二五"自主装备创新成果》系列报道之五：纸机关键装备技术［J］. 中华纸业，2016，37（16）：6.

［17］胡楠，张辉，张洪成，等.《"十二五"自主装备创新成果》系列报道之六：纸机关键装备技术（续）［J］. 中华纸业，2016，37（18）：6.

撰稿人：田　超　邝仕均　曹春昱

专 题 报 告

制浆科学技术发展研究

一、引言

制浆是采用化学或者机械的方法处理纤维原料，使其成为纸浆的过程。化学法制浆是最重要的制浆方法，因为化学浆的强度高，能够满足大多数造纸需要。全球化学浆年生产量为 1.8 亿吨，我国化学浆生产量 2000 多万吨 / 年。化学法制浆水耗大，产生的污染物负荷也大，因此备受关注。为了减少制浆造纸行业产生持久性有机污染物排放，我国制浆造纸行业将应用最佳可行技术（BAT）/ 最佳环境实践（BEP）模式进行技术经济可行性分析评估，促使制浆企业创新，向低能耗、低水耗以及环境友好方面发展。

二、制浆科学技术发展现状

经过"十一五"，制浆科学技术已经取得长足的进步，在节约资源、保护环境、提高纸浆质量、增加效益方面进行了卓有成效的研究和生产实践；制浆企业已经朝着高效率、高效益、低消耗、低排放方向持续发展，已经呈现企业的规模现代化、技术集成化方向发展的趋势。在"十二五"期间，制浆科学技术进一步朝植物纤维利用高效率、资源高值化方向发展。

（一）化学法制浆科学技术

化学法制浆的原理是利用化学药剂在一定温度和压力下使纤维原料中的木素降解而溶出，而使植物纤维成浆。近几年，在降低蒸煮温度，提前蒸煮终点，强化氧脱木素等方面的技术取得了一些进展[1]。《2010—2011 制浆造纸学科发展报告》对于各种制浆技术有较全面的介绍，本报告将对于一些重要进展进行介绍。

1. 紧凑连续蒸煮

根据制浆纤维原料中木素溶出量与时间和温度关联的规律，以及药液中固形物对于化学药品渗透动力学影响，人们从节能和制浆质量方面不断完善连续蒸煮技术。目前，大型制浆厂以双塔紧凑连续蒸煮工艺为主流技术。双塔紧凑连续蒸煮工艺包括：预浸塔和蒸煮塔。预浸塔是一个单独的常压容器，兼具预汽蒸和预浸的作用，木片在内部实现低温低压浸渍；浸渍在低温下完成（大约 100℃），使半纤维素的降解最小化，因而提高了纸浆得率。蒸煮塔由顶部分离器、上部蒸煮区、下部蒸煮区和洗涤区组成，木片在蒸煮塔内实现蒸煮、逆流洗涤和抽提。双塔紧凑连续蒸煮工艺具有连续、低温蒸煮、液比高、脱木素选择性好；系统启动迅速、生产消耗低、产品质量稳定等优点，适合木材和竹子原料制浆。近几年，建成的大型浆厂大都采用连续蒸煮工艺。例如，2015 年，山东晨鸣纸业集团股份有限公司在总部建成年产 40 万吨 / 年硫酸盐化学木浆生产线；安徽华泰林浆纸股份有限公司建成 30 万吨 / 年木浆生产线；2011 年，湛江晨鸣浆纸有限公司以桉木为原料生产50 万吨 / 年的商品浆。

2. 置换蒸煮系统

为了适用不同原料（木材和草类原料）和规模的蒸煮，置换蒸煮技术对于许多纸浆生产厂家来说具有较好的适应性。目前，主要的置换蒸煮技术有 3 种形式：RDH（Rapid Displacement Heating，快速置换加热）间歇蒸煮、Super-Batch（超级间歇蒸煮）和 DDS（Displacement Digester System，置换蒸煮系统）。DDS 置换蒸煮是低能耗置换间歇蒸煮技术，蒸煮周期 3 h，分 6 步进行：装锅、初级蒸煮、中级蒸煮、升温保温、置换回收、放锅。H- 因子控制蒸煮终点，蒸煮均匀，浆料质量稳定。该技术扩展了初级蒸煮（温黑液 + 白液）的作用，提高了纸浆得率，能够得到卡伯值低、强度高的纸浆，项目投资要比塔式连续蒸煮系统少，适合中小规模木（竹）纸浆的生产。我国最早使用超级置换蒸煮的厂家是广东省鼎丰纸业有限公司，后来制浆系统改造为 DDS 蒸煮，产能达到 12 万吨 / 年；四川永丰纸业股份有限公司经过改造，采用超级置换蒸煮技术，竹浆生产线的产能已达 20 万吨 / 年；福建省青山纸业股份有限公司进行设备改造，采用超级节能间歇蒸煮，建成 10 万吨 / 年的马尾松溶解浆生产线；云南云景林纸股份有限公司建成超级间歇蒸煮器，生产12 万吨 / 年桉木浆。

有些制浆技术尚处于研究阶段，例如：绿液蒸煮 – 氧脱木素联合制浆、乙醇制浆和甲酸法制浆，也整理如下。

3. 绿液蒸煮 – 氧脱木素联合制浆

对于草类原料制浆，采用绿液蒸煮结合氧脱木素可以缩短制浆时间，并减少原料中硅对制浆过程的影响。以麦草为原料，采用绿液蒸煮 – 氧脱木素联合蒸煮，可得到卡伯值40 ~ 50 的浆料，该浆料继续进行氧脱木素，可将卡伯值降至 10 左右。工艺中的蒸煮段浆料得率 45% ~ 50%，氧脱木素段得率约 90%。该技术可将麦草原料中约 30% 的硅保留在浆料中，并且浆料的强度性能与常规碱法浆相近[2]。绿液蒸煮－氧脱木素技术用于稻草，可得到卡伯值 26 的浆料，氧脱木素可将卡伯值降至 10。绿液蒸煮稻草浆料得率可达 60% 以上，氧脱木素段得率约 90%，联合制浆得率 55% 以上。该制浆工艺可将稻草原料中约 65% ~ 75% 的硅保留在浆料中，并且浆料的强度性能与常规碱法浆相近[3]。

4. 乙醇制浆

乙醇制浆的原理是木素碎片在乙醇中具有较高溶解性，能够促进木素从原料中脱除。乙醇制浆对纤维素破坏比传统蒸煮小、得率比硫酸盐法高，是目前研究的最广泛、最有成效的一种溶剂制浆方法。比较典型的乙醇制浆方法是自催化乙醇法（Alcell 法）工艺，原料主要是混合阔叶木和非木材。周景辉研究团队[4]对于杨木、芦苇原料的乙醇制浆进行了系统研究，包括木素的溶出、纤维的微观变化、成浆性能等。乙醇制浆的优点在于无需建碱回收系统，木素具有高活性，是制备碳纤维、树脂等高值化产品的原料。

5. 甲酸制浆

甲酸制浆主要是利用甲酸对于木素具有良好的溶解性能，将木素溶出后磨解成浆。研究甲酸制浆较佳蒸煮工艺为：甲酸浓度 85%，蒸煮温度 100℃，蒸煮时间 180min，液比 15∶1。采用减压精馏和共沸精馏相结合，两步法回收废液中的甲酸，可得质量浓度为 80.2% 的甲酸，且回收率在 90% 以上。成本估算得出生产 1 吨麦草浆约消耗 8 吨蒸汽，要成功实现甲酸制浆技术的工业化，还须努力降低回收费用[5]。

6. 木材新原料用于制浆

近年来，为了减少制浆木材短缺的压力，构树被认为是一个有前景的树种，与常规原料进行混煮制浆表明，以 20% 比例的构树与马尾松混合制浆可得到较好的结果，成浆各项物理指标接近于纯马尾松浆，利用这种树种是解决马尾松原料（长纤维）不足问题的一个较好的办法[6]。利用其他木材或者混杂木材制浆也是我国制浆的特色。桑枝－桉木板皮混合进行硫酸盐法制浆，桑枝替代桉木的替代率不超过 30% 时，纸浆具有较好的可漂性，氧脱木素效率在 40% 以上，漂白浆的白度在 78% 以上[7]。在我国，不同材种的木片混煮工艺探索的进展也部分缓解了木材资源的不足。

7. 草类纤维原料用于化学法制浆

我国的大宗非木材纤维原料有蔗渣、竹子、稻麦草和芦苇，其纤维长度和性质与阔叶木短纤维接近。草类纤维制浆难的原因在于纤维原料具有半纤维素含量比较高，杂细胞多，硅含量比较高的特性；这些性质导致浆料的滤水性差，黑液难分离。

对于草类纤维原料，采用强化备料、降低蒸煮强度、提高黑液提取效率、强化氧脱木素，并结合废液综合利用等技术和工艺措施，就可实现草类纤维原料，特别是秸秆原料的制浆和利用。秸秆经过大液比立锅置换蒸煮（立锅中央置循环管），大幅降低用碱量，蒸煮终点提前，滤水性改善，可大幅提高黑液提取浓度，提取的草浆进行氧脱木素，形成秸秆清洁制浆新技术[8-9]。制备半漂草浆，纸浆的纤维长度、纤维强度等关键指标优于阔叶木浆。生产过程没有传统的漂白环节，从源头上杜绝有机卤化物 AOX 的产生，成本优势和环保优势明显。其强化备料，以粉碎机替代切草机，草片合格率提高到 92%；全液相秸秆置换蒸煮；浆得率提高到 55% ~ 60%。黑龙江泉林生态农业有限公司以玉米、稻草等农作物秸秆为原料，建成 20 万吨 / 年本色生活用纸浆生产线。

对于草类原料制浆，寻找纤维原料的脱木素规律，特别是大量脱木素的温度，对于优化制浆工艺十分关键。芦苇作为非木材纤维，在 110℃时就开始大量脱除木素，因此蒸煮所需的最高温度较低，蒸煮的汽耗更少。新疆博湖苇业股份有限公司采用置换蒸煮，改进芦苇的备料、蒸煮黑液循环方式等，使粗浆得率提高 2% ~ 3%[10]。

（二）化学机械法制浆科学技术

1. 化学机械浆研究状况

近年来，化学机械法制浆技术主要研究和使用的方法有：漂白化学热磨机械浆（BCTMP）和碱性过氧化物机械浆（APMP）或者预处理－碱性过氧化氢化学机械浆（P-RCAPMP）。BCTMP 生产线主要包含木片洗涤、预处理、精磨、筛选、浆渣处理、浓缩、漂白、洗浆以及高效率的中控系统；APMP 或者 P-RCAPMP 方法也是纤维原料高效制浆的主要技术之一。

（1）BCTMP 研究状况

BCTMP 作为世界上先进的化学机械浆生产工艺被广泛应用于我国各大企业中。目前，主要的研究在于纸浆质量优化和污染物控制。针对 NaOH 的强碱性会引起纤维素的降解，减少纸浆的得率，同时会加剧废水处理的难度，起始阶段过强的碱性会改变木素的结构出现"碱性发黑"，降低纸浆白度，白水循环程度增加造成 DCS 大量积累，影响生产等问题。研究表明使用氧化镁或氢氧化镁代替氢氧化钠可用于解决 CTMP 碱性 H_2O_2 漂白过程中的这些问题并降低生产成本[11-12]。

竹材是我国主要的非木材资源，近年来竹材的化学机械浆研究受到关注。以慈竹为原料进行化学机械法制浆，过氧化氢用量 10% 漂白时，氢氧化钠预处理的最佳碱用量为 6%，中性亚硫酸钠预处理的最佳碱用量为 7%。中性亚硫酸钠预处理浆料的漂白性能优于氢氧化钠预处理；且其强度性能较好，抗张指数及耐破指数提高 20% ~ 40%，撕裂指数提高 10% ~ 20%[13]。

由于造纸原料来源复杂，材种混杂较多，因此混杂木片的制浆成为必须关注的问题，杨木和桉木混合木片进行 CTMP 法制浆，混合磨浆后，杨木纤维随着成浆游离度的下降出现了更多的分丝帚化现象，而桉木纤维的细胞壁始终较为光滑；桉木在混合原料中所占比例的提高将使成浆白度和强度性能有所下降，但有利于保持成浆松厚度。

（2）APMP/P-RCAPMP 研究状况

APMP/P-RCAPMP 作为主要的化学机械法制浆技术，其技术改进和优化用于各种造纸纤维原料。以桉木（45% ~ 70%）为原料，利用 P-RCAPMP 生产线，采用一段预浸、两段磨浆和两段漂白，生产出了白度 50% ~ 82%ISO，游离度 200 ~ 350mL CSF，松厚度 ≥ 2.2cm³/g 的桉木化学机械浆[14]。张美云等[15]对杨木 P-RCAPMP 制浆过程实施选择性磨浆，可以降低化学机械浆生产过程的磨浆能耗，调整化学机械浆成纸性能。使用内蒙古小美旱杨进行 APMP 两段浸渍制浆，可以大幅度降低磨浆能耗，提高浆料强度性能，实现制浆与漂白同步完成并达到高白度[16]。

生产中 APMP 制浆技术可用的原料很多，既有杨木、相思木、桉木等阔叶木，也有辐射松、白松等针叶木，不同的原料对制浆过程的控制有不同的要求，同时成浆指标也有很大差距。单品种原料生产 APMP 纸浆相对较容易控制，而混合阔叶木或混合针叶木，特别是混合针叶木和阔叶木，生产合乎要求的 APMP 极具挑战性。只能根据造纸需要的纸浆性能，调整木材的比例，制备合适的纸浆。也有用枝桠材代替原木以及用农林剩余物和非木材原料制备 APMP。

粉单竹经 APMP 制浆进行单段及两段组合补充漂白，纸浆白度可达到 74% ISO[17]。蓖麻秆纤维也是一种优质的非木材纤维造纸原料，其纤维较长，具有坚韧性，纤维素含量高。蓖麻秆 APMP 制浆，纸浆得率可达 75%，白度可达到 79% ISO，打浆度 30° SR[18]。全棉秆脱果胶预处理后 APMP 制浆，浆的白度为 66% ISO，经 H_2O_2 补充漂白后白度可以达到 73% ISO[19]。

在机械制浆中，以 Mg（OH）$_2$ 或 MgO 为碱源的过氧化氢漂白，可改良 P_M 过氧化氢漂白，提高白度的 RT 预处理技术，植入 OBA 增白的过氧化氢漂白技术及可回用 H_2O_2 的中浓 - 高浓组合漂白技术成为技术改进和发展的方向[20]。

2. 化学机械浆生产中使用渗透剂

在化学机械浆生产中，常常需要添加渗透剂（或者称渗透软化剂）以提高制浆效率。当高分子表面活性物类渗透软化剂被木片吸收后，木片更加松疏，更有利于药液浸透到木片内部而润胀纤维，从而有利于磨浆，降低电耗，节约能源和其化学品的耗量。

在 P-RCAPMP 制浆系统中，预处理在制浆流程中起着关键的作用，预处理加入渗透剂后，双氧水消耗能下降 1 ~ 2kg，烧碱降低 3 ~ 5kg，并增加浆中的长纤维比例[21]。在桉木化学机械法制浆中使用磺化琥珀酸二辛酯钠盐类渗透剂可以改善桉木浸渍效果，渗透剂用量为 0.4% 时，木片吸药液的量和 NaOH 的量分别提高 7.34% 和 9.97%。浸渍段添加 0.4% 渗透剂，制取加拿大游离度为 300mL CSF 的纸浆，可以使磨浆电耗降低 10% 以上，浆中的细小组分减少 9% 以上，纤维束减少 46%；纸浆的抗张强度、耐破强度及撕裂强度均有不同程度的提高，可分别提高 11.4%、14.3% 和 15.6%。

（三）废纸制浆科学技术

2016 年，我国废纸浆生产量达到 6329 万吨，占我国纸浆消费量的 65%，在节约资源方面发挥了巨大作用。

脱墨是提高废纸回收利用率的关键技术之一，其中脱墨剂的研究和应用是关键。随着印刷技术的发展和造纸化学助剂的研制，使得印刷工艺不断改变，新型油墨品种不断增多，新的纸张表面化学助剂不断应用，废纸脱墨变得越来越困难。一些新型、高效、广谱的脱墨剂势在不断开发和应用。在脱墨剂中加入表面活性剂，会提高废纸的脱墨效果。对比含有不同表面活性剂的脱墨剂处理 ONP/OMG 混合废纸浆，在中性条件下非离子表面活性剂比阴离子表面活性剂有更好的脱墨性能[22]。聚合度较低的孪链表面活性剂（$n < 6$）用于废书刊纸脱墨时，具有泡沫丰富、脱墨浆白度高、尘埃度低的特点，脱墨性能良好[23]。

在提高脱墨效率方面，有研究证明用臭氧和氧气的混合气体代替空气进行浮选脱墨，可以提高废纸的回收利用率，并且能使损耗率下降。在室温下，臭氧浮选废报纸和废杂志纸的选择性达到了 100%，脱墨后 COD_{Cr} 下降明显，同时浮选前碱的用量也减少了[24]。此外，还可以优化制浆脱墨方案，对制浆方法、工艺流程、装备配置改造，达到节约能源、降低消耗、减少投资、改善脱墨浆质量的目标[23]。生物酶常用于废纸制浆的预处理，以增强后续脱墨效果，混合办公废纸碎浆后，用 0.02% 生物酶处理，脱墨后的成纸白度为 85.8% ISO，ERIC 值为 31mg/kg，油墨去除率达 78.0%[25]。

废纸造纸很重要的问题是除去废纸浆中的胶黏物，它是国内外造纸增加再生纤维比例、提高再生纸质量的主要障碍，一直被称为是回用废纸处理过程中最复杂、最困难、最需要认真对待的问题。废纸回用中的胶黏物，按其在纸浆系统中存在的形式和行为可以划分为原生胶黏物和二次胶黏物。二次胶黏物较原生胶黏物更难除去且不具有黏性，在实际生产过程中，具有更大的控制难度和更严重的危害性。

改进压力筛，改变多级净化级间温度来配置除渣器，可以有效除去浆料中的胶黏物。采用热分散也是有效减少胶黏物在造纸机上的沉积，大大改善纸机运行性的方案，但纸张白度下降了，只能用于生产对白度要求不高的纸张。改进浮选设备，在流程上更注重浮选与筛选、净化的组合，以达到更有效地去除胶黏物。新型 EcoCell 浮选槽，选用两段浮选能有效地去除较大范围的油墨颗粒、胶黏物和填料等疏水性物质[26]。在一定条件下两段的胶黏物去除率均可达到 70%，且总排渣率没有增加。

采用改变表面电荷的固着剂是一种有效降低 DCS 的方法，中冶美利纸业股份有限公司采用微胶黏物控制剂，可以提高留着率 11% 左右，而且将成纸表面的杂质和黑点降低约 38%。华泰集团有限公司在大型废报纸脱墨浆生产线 3 个重点部位（后浮选后、DIP 贮浆塔和流浆箱前）施加了两种胶黏物定着剂，明显降低了胶黏物沉积量、滤液浊度、DCS 含量，能有效地用于控制废报纸脱墨浆中潜在的次生胶黏物[27]。

（四）纸浆漂白科学技术

纸浆漂白科学技术的关键在于选择性脱除纸浆中的残余木素，而少产生或者不产生毒性物质进入废液中。近 10 ~ 20 年漂白技术的主要发展：①淘汰了 CEH，减少漂白过程产生 AOX 和二噁英；肯定发展无元素氯（ECF）漂白仍是主流。②提高氧脱木素技术和臭氧漂白技术应用，发展全无氯（TCF）漂白。③从绿色环保角度考虑，提倡降低白度纸浆应用。

由于我国已经开发出二氧化氯生产技术，淘汰 CEH 漂白技术，发展纸浆的 ECF 漂白再不是障碍。中冶美利峡山纸业有限公司 9.5 万吨 / 年竹浆生产线采用国产二氧化氯的 ECF 漂白；2015 年，我国二氧化氯生产技术打开国际市场，承建了印度尼西亚 APP 金光集团 35 吨 / 天综合法二氧化氯项目。

对于木浆厂，采用 ECF 是主流生产工艺，但是也有向 TCF 发展的趋势。ECF 漂白的主要流程为 $OD_0E_{OP}D_1$ 或者 $OD_0E_{OP}D_1D_2$。海南金海浆纸业有限公司一期工程年产 100 万吨化学漂白硫酸盐桉木浆，采用 $OD_0E_{OP}D_1$，2015 年纸浆生产量达到 150 万吨。山东晨鸣纸业集团股份有限公司新建年产 40 万吨漂白硫酸盐化学木浆生产线，采用国际上最先进成熟的 ECF+ 臭氧漂白工艺。江苏南通王子纸业有限公司是国内首家采用臭氧漂白的造纸厂。臭氧漂白的使用标志着我国的纸浆漂白走向 TCF 漂白，为进一步减少环境污染打下坚实基础。

2011 年出台的《产业结构调整指导目录（2011 年本）》明确将"采用清洁生产工艺，以非木材纤维为原料，单条 10 万吨 / 年及以上的纸浆生产线建设"列入"鼓励类"内容。作为大宗原料的麦草，纸浆的漂白具有典型性。氧脱木素正以其独特的优势被认为是蒸煮后浆料进一步脱除残余木素最经济、最有效的方法。采用两段氧脱木素工艺，并且第二段添加少量过氧化氢强化（O-O_P），可脱除未漂浆中 60% 的木素[27]。氧脱木素后，进行 ECF 或者 TCF 漂白，主要的流程有：DE（OP）、DQP、D_0（E_{OP}）D_1、DEP、O-Q-（PO）。驻马店市白云纸业有限公司采用 D_0（E_{OP}）D_1 漂白工艺，成功将麦草终漂浆白度提高至 83% ISO；四川永丰浆纸股份有限公司和四川宜宾纸业股份有限公司的漂白竹浆生产线均采用 $D_0E_{OP}D_1$ 漂白技术；泰格林纸沅江纸业有限责任公司的芦苇硫酸盐浆采用 $OD_0E_PD_1$ 漂白技术；河南仙鹤特种浆纸有限公司麦草浆生产线采用 O-Q-（PO）三段漂白，实现了麦草浆全无氯漂白工业化，废水经常规处理后可完全达标排放。

（五）溶解浆和精制棉

溶解浆是高纯度精制浆，α-纤维素含量 90% ~ 98%，半纤维素、木素与树脂含量低，小于 2%。溶解浆用于生产服装行业的黏胶纤维和人造丝约占 60%；烟草行业的醋酸纤维与滤嘴约占 23%；制药及食品行业的微晶纤维素约占 11%；涂料及炸药用硝化纤维约占 5%；其他用途约占 1%。国内黏胶纤维对溶解浆的表观需求量为 300 万 ~ 315 万吨，其中进口量占整个行业表观需求量的 66%[28]。

溶解浆的制备方法分为两种：亚硫酸盐法和预水解硫酸盐法。早期的溶解浆生产多采用钙盐基亚硫酸盐蒸煮，由于化学品回收困难、环境污染严重，多数生产线都已关闭或改用其他盐基生产。目前，钙盐基仍能存在的原因是其蒸煮废液可以用于生产黏合剂、木素制品和其他副产品，亚硫酸盐法溶解浆 α-纤维素一般能达到 90%～92%，浆粕反应性能好。预水解硫酸盐法工艺对原料、树种、浆种的适应性强，适于生产高质量浆粕，成浆 α-纤维素可达到 95%～98%，黑液碱回收效率高，环境污染小。

溶解浆预水解硫酸盐法蒸煮采用间歇蒸煮技术，其生产步骤包括：木片装锅、木片预热、预水解、中和反应、热黑液填充/白液补充、加热/蒸煮、黑液置换、浆料放锅。在进行主生产的同时，热量在槽区内进行传递，完成热量回收；浓度高-体积大的不凝气体（HVLC）和浓度低-体积大的不凝气体（LVHC）被收集处理，完成松节油的回收；清洁冷凝水、热水进行收集再利用；污冷凝水收集进行处理；黑液送往碱回收前进行过滤。

在制备溶解浆时，需要对木片进行预水解处理，去除原料中抗碱的半纤维素聚糖，降低己烯糖醛酸的产生和浆料中的过渡金属离子含量，有利于蒸煮深度脱除木素，并有利于浆料的后续漂白性能。预水解还有提高浆粕反应能力的作用。当半纤维素含量降到一定数量才能保证黏胶制备顺利进行，降低化工原料消耗和提高过滤性能和强度。目前，溶解浆生产仍以间歇蒸煮为主，随着技术的进步、设备的改良与自动化控制系统的不断升级，加之间歇蒸煮系统工艺控制的灵活性与浆种和原料适用的广泛性、成浆质量的良好特性，预水解硫酸盐法置换间歇蒸煮技术在溶解浆生产中具有独特的优越性而得以广泛应用。

2011年，山东太阳纸业股份有限公司已经建成酸预水解-连续蒸煮生产溶解浆的设备，产能 20 万吨/年，其漂白系统采用 ECF 漂白技术。

精制棉（棉浆粕）的制造基本工艺流程：备料→开棉→碱预浸渍→蒸煮→倒料→打浆→除渣→脱水浓缩→预酸→氯化→漂白→酸处理→洗涤→除渣→造粕。能耗、物耗高，产废水量巨大，浆粕质量均一性差，漂白工艺落后，环保压力大，企业经济效益差。

棉短绒蒸煮无论采用何种工艺，蒸煮前均要加强原料的净化，一般要求含杂率低于 3%。首先原料用热碱液预浸渍，然后经螺旋挤压，滤去过量碱液，再装入蒸煮器中进行蒸煮。采用氢氧化钾取代氢氧化钠对棉短绒进行蒸煮制浆，黑液经磷酸中和后可转化为有机复合钾肥，减轻了棉浆生产对环境的污染[29]。①大液比渗透预浸渍（1∶13.3）、小液比蒸煮（1∶1.5）提高了氢氧化钾碱液向棉短绒渗透效果，且蒸球内无多余碱液，使得蒸球内温度分布均一，为提高棉短绒蒸煮均匀性创造了条件。②蒸煮时应用 YY-03 渗透剂，可加快氢氧化钾碱液向棉短绒内部渗透，有利于杂质的去除。③棉短绒蒸煮后压出的黑液 pH 值 9～10、浓度 ≤ 5g/L，加少量 H_3PO_4 就可使黑液转化为有机复合钾肥。④双氧水蒸漂，蒸煮半浆白度 ≥ 70%，黑液呈微黄色，浆料易洗易漂。⑤漂白采用双氧水催化漂白，无污染。该方法可节约碱 50%、减少黑液 50%、节约蒸汽 50%，而且提高了棉短绒除杂效果和浆料蒸煮均匀性，制得的浆粕产品疵点少、聚合度均一、反应性能好。碱性过氧化氢法双螺杆挤压连续制浆（BIVIS）制备棉浆粕的清洁生产新工艺将有利于发展棉浆粕的生产。BIVIS 生产工艺过程中白水采用水逆流循环回用系统，制浆、漂白一次完成，整个过程无黑液出现，排出的废水呈黄色，不含硫、氯，AOX 含量极低，有机物含量少，洗涤废水污染负荷比较轻。

（六）纳米纤维素的研究进展

1. 纳米纤维素的制备

从植物纤维原料制备的纳米纤维素是含有纤维素结晶的微纤丝（CelluloseNanofibril，CNF；Nanofibrillated Cellulose，NFC），又称纤维素微纤化纤维（Cellulose Microfibrillar，CMF，或者 MicrofibrillatedCellulose，MFC）或者纤维素结晶体（Cellulose Nanocrystal，CNC；Nanocrystalline Cellulose，NCC；Cellulose Nanowhisker，CNW）。由于制备方法不同，获得产品性质不同，前者通过纤维微纤化解纤而获得（有时需要化学预处理），后者是通过化学处理，将纤维中的无定形纤维素除去后获得。

微纤化解纤的方法有很多，有机械研磨、高频超声等处理方法。植物纤维的微纤化解纤前通常也需要化学预处理，使获得的纳米纤维素更加稳定，也降低了机械解纤的能耗。最有效的预处理就是 TEMPO 催化氧化体系（TEMPO/NaClO/NaBr），又称 TEMPO 氧化，它通过氧化纤维素中葡萄糖单元的 C–6 羟基形成羧基，其中，次氯酸钠是该体系的主氧化剂，首先与 NaBr 形成 NaBrO，随后 NaBrO 将 TEMPO 氧化成亚硝鎓离子，亚硝鎓离子将伯醇羟基氧化成醛基（中间体），并最终生成羧基。纤维表面形成羧基后，表面上形成负电荷，再经均质机械处理解纤成为纳米纤维素后，能够在水介质中分散均匀，并且稳定，不容易絮聚，因此成为许多研究纳米纤维素材料时采用的方法。

棉短绒、微晶纤维素、溶解浆、甚至漂白纸浆，经过 TEMPO 氧化后，均质机械处理就能获得纳米纤维素 CNF。黄麻纤维原料，经 NaOH 和 DMSO 化学预处理后，利用 TEMPO 催化氧化法和机械处理制备 CNC，直径为 12 ~ 30nm、长度为几百纳米。采用 TEMPO 氧化体系处理蔗渣成品浆，再经过微射流高压均质机制备蔗渣纳米纤丝纤维素。采用化学预处理和高频超声相结合的方法也是有效制备纳米纤维素的方法，该方法对落叶松木材进行脱除半纤维素、木质素以及纤丝化处理。制备的 CNF 具有均一直径（约 35nm）和高长径比（> 280），其晶型结构为纤维素 I 型，结晶度为 62.8%，比原料提高了 14.2%[30-32]。

以过硫酸铵氧化降解法结合机械研磨法制备纳米纤维素实际上是类似 TEMPO 氧化。纸浆经处理后纤维形貌尺寸均可达到纳米级别，纤维形态多为短棒状，其悬浮液胶体呈淡蓝色，随着浓度的增加，黏度不断增大，分散稳定性较好，纤维结构和晶型均没有改变，仍然保持纤维素 I 型。

硫酸是最早和最常用的化学处理试剂，经硫酸处理后，结合超声波处理、机械研磨处理可以制备出纳米纤维素。近年来，研究学者采用硫酸法对多种原料进行处理制备纳米纤维素，如竹子、蔗渣浆、瓦楞纸板、桉木浆等。

2. 纳米纤维素的应用

纤维素微纤化纤维（CMF）具有生物相容性、生物可降解性、优良的力学性能、光学性能及阻隔性能，在纳米纸、气凝胶、复合材料、造纸、医药等诸多领域具有广阔的应用前景。

纳米纤维素在制浆造纸中的应用。阳离子淀粉（CS）与纳米纤维素（CNC）复合使用对纸张的增强效果明显，同时也具有助留助滤效果[33]。将 CPAM/ 纳米纤维素二元体系用于造纸，当纳米纤维素加入量为 0.5% 时，纸料留着率为 94.3%，填料留着率为 93.6%，滤水速度为 18.9s[34]。

纳米纤维素在其他领域的应用。CNC 与聚乙烯醇（PVA）复合薄膜，强度较好，吸水率较低。纤维素纳米晶体通过表面化学功能改性，与无机功能化纳米材料复合，可赋予材料更多的性能，与纳米 Ag、Ag–Pd 合金和 Fe_2O_3 复合，可以用作高分子材料的多功能填料、DNA 电化学生物传感器标记物及水处理吸附材料。以 CNF 和氧化石墨烯（GO）为原料，通过湿纺的方法制备高强度（GO+CNF）微米纤维，经炭化处理，可以得到超导电 c（GO+CNF）微米纤维，实现可穿戴电子设备的潜在用途。将木质纤维素纳米纤丝薄膜浸渍在透明丙烯酸树脂中，加压成透明薄膜，其拉伸强度与弹性模量分别达到了 56MPa 和 2613MPa，同时降低了树脂的热膨胀系数（23ppm/K），这种透明复合薄膜有望应用在可弯曲性 OLED 的基底材料。

（七）木素的高值化利用

碱木素直接利用具有一定的局限性，通过磺化及接枝聚合物链后，形成两亲性的物质则具有较好的应用价值。这种物质具有很好的分散性能，能够用于水泥减水剂，农药、水煤浆等分散剂，经济效益明显。

利用黑液直接磺化接枝丙烯酰胺制备出水煤浆添加剂（BLSA），提高无烟煤煤浆焦 CO_2 转化率；以木素磺酸钠（LA）为基体，接枝烯丙基聚氧乙烯醚（APEG）制备的接枝共聚物，用于水煤浆分散剂，在水煤浆浓度为 70% 的情况下，该共聚物明显增强了水煤浆的稳定性和流动性；木素对沥青改性和替代具有更加重要的利用价值，从生物炼制获得高分子质量碱木素钠盐，与纳米碳酸钙复合，能进一步开拓其新的用途；利用聚羧酸减水剂及木素减水剂复配研制出一种新的聚羧酸 – 木素复合型外加剂，可应用于工业与民用建筑、水利、道路交通、核电工程等领域[35-38]。

催化加氢木素转化成化学品和燃料是木素高值化利用的途径之一。对木素加氢处理就是利用氢对木素进行还原，并获得解聚的木素、酚类和其他具有高附加值的化学品，以及制备小分子质量的碳氢燃料[39]。但是，催化剂失活和解聚产物产率不高，是需要进一步解决的问题。

三、制浆科学技术国内外对比分析

（一）制浆技术的对比分析

对于化学法制浆，当前最重要的就是提高制浆效率，以提高制浆得率，减少污染物排放。对于大型木浆厂，新增制浆线均采用紧凑连续蒸煮技术。国内企业采用的该技术都是由国外公司提供的，国内尚不能提供该技术。对于小型的制浆厂，无论是木材还是竹材，采用 DDS 置换蒸煮成为趋势。在研究制浆工艺方面，为了提高脱木素选择性，保持较高纸浆得率，国外采用多硫化物为蒸煮剂，芬兰 Joutseno 浆厂，建设了世界最大的单一多硫化物制浆生产线。而国内在蒸煮时为提高选择性脱除会加入 AQ 或者渗透剂为蒸煮助剂。实现较大液比蒸煮也是提高蒸煮效率的方法之一，国内外有同类报道。

在化学机械制浆方面，BCTMP 和 P–RCAPMP 制浆技术已经成为主流技术，后者更加适合于非木材原料的制浆。国内外采用的技术处于同等水平。但是在混杂原料制浆方面，我国有尝试杨木与桉木的混合制浆，多种杨木、多种桉木、或者相思木与桉木的混合制浆。

在废纸制浆方面，由于废纸浆在我国纸浆消费量中所占比例较高，几年来，发展基本稳定，大型纸厂采用转鼓碎浆、高浓除渣、粗筛、浮选脱墨、热分散、漂白等工序，有的采用两次热分散和两次浮选，得到的脱墨废纸浆具有较高白度。新的脱墨剂筛选，以及胶黏物控制剂是废纸制浆有待探索的领域。

（二）纳米纤维素研究

瑞典 Innventia 和 BillerudKorsnäs 合作建立了一家纳米纤维素示范工厂，材料制备完全按照造纸生产流程进行。该项目由瑞典国家创新署 Vinnova、Innventia 及 BillerudKorsnäs 共同投资。早在 2010 年，Innventia 在位于 Stockholm 的研究所建立了一家纳米纤维素中试工厂，该中试工厂能够为纳米纤维素在造纸应用的研究与开发提供足量的产品。该项目可全面验证纳米纤维素的潜在应用。纳米纤维素材料具有非凡的强度特性，能够与 Kevlar 芳纶纤维媲美。轻质的纳米纤维素可用于生产高强耐用材料。与依赖石化燃料的 Kevlar 等材料相比，纳米纤维素完全可再生。纳米纤维素可用作造纸助剂（如用作高加填纸的增强剂）、食品包装的阻隔材料（用于阻隔氧气、水蒸气和油脂）、无热量食品增稠剂、乳化剂和分散剂等。

四、制浆科学研究与人才培养对比分析

国外对于制浆科学研究与人才培养非常重视，人才培养形式不同于我国。本科学生除了美国北卡州立大学有专门的系招生外，其他院校的本科生设立在化学工程系，高年级学

生选修制浆造纸工程专业。更多的学校只有研究生学习有制浆造纸专业，并且研究生能够获得来自造纸企业的资助，因此，国外制浆造纸专业的研究生毕业多去相应的企业工作。

我国的制浆造纸专业，是轻工技术与工程一级学科下的二级学科。经过半个多世纪的发展，据统计，目前我国已有 22 所高校或科研机构招收制浆造纸专业的研究生，其中 9 所具有博士培养资格。在 20 所招收制浆造纸专业研究生的高校和 2 所研究院中，有 6 所工科院校、2 所林业院校、6 所综合院校、3 所理工院校、2 所农林院校、2 所工科综合院校和 1 所农业院校。其中理工类院校占到 50%，并且这些院校中都有浓厚基础学科底蕴，特别是化学学科，为制浆造纸专业建设和发展奠定了坚实的基础。从高校的属性来看，22 所高校（研究院）中"211""985（包括 985 平台）"高校 5 所，中西部高校基础能力建设工程高校（亦称小 211）6 所，这两个级别高校占到统计高校的 50%，由此可见国家对制浆造纸专业的支持和重视。其他高校均为省属重点大学或"卓越计划"高校，国家对制浆造纸专业的建设和投入，进一步说明制浆造纸急需专业人才的紧迫性和高校培养社会急需专业人才的积极性。以教育部招收硕士研究生的区域划分，22 所高校中 19 所占到全部高校的 86%，多数在省会城市，由省级人民政府或教育厅主管，经济相对发达，为高校的发展提供便利。据各高校的师资力量和科研水平的高低，22 所高校中有 9 所具有培养制浆造纸博士资格，占到 41% 的比例，9 所高校中除了陕西科技大学在内陆城市西安外，华南理工大学等 8 所均在东部沿海地区，有明显的地域优势。我国目前的研究生教育具有就业尴尬的处境，许多硕士研究生毕业不能到相关企业工作，这对于企业的长远发展不利。要扭转这种局面，还需要专业知识与行业发展创新相结合，造纸企业为高校教育提供实践平台。

五、制浆科学技术展望与对策

（一）制浆新技术理论的研究与应用

速生材、非木材和废纸原料的纤维特征和品质有很大的不同，需要研究开发资源利用率高、各种消耗低、产品品质好的制浆关键技术及其原理，包括高效节能的深度脱木素改良蒸煮技术，速生材高得率浆高值化利用技术，非木材原料的清洁制浆和漂白技术，废纸高效再生利用和品质改善技术，以及制浆过程清洁生产集成技术。非木材原料是我国造纸原料的特色，根据原料的不同需要开发针对性的技术，不可以照搬木材制浆技术。对于草类纤维原料，备料实际上是很重要的环节，合适的备料不仅有利于制浆工艺控制，还可以提高制浆得率。蒸煮设备的结构、药液的循环等需要根据原料针对性设计，这是对于制浆原料不同而提出需要探索的制浆理论和技术。

（二）制浆过程的节能、节水及废弃物资源化利用新技术

制浆过程的节能和节水与制浆技术和设备先进性有非常大的关系，因此必须坚持开发

新技术才能够革命性进行制浆过程的节能和节水。随着生态与环保理念深入人们的思想，节能、节水以及废水处理和资源化利用成为新的课题。有的废纸制浆企业开始尝试水系无排放的全循环。通过运行，发现对于生物技术处理废水，消除水系中的污染新技术要求非常迫切。

关于废弃物的资源化利用，实际上是实施纤维原料的全组分利用。目前，关于造纸原料的全组分利用已经成为研究的热点。但是主要以实验室研究为主，希望未来全组分利用技术得到完善，造纸原料的纤维用于造纸后，剩余物可以得到高值化利用。

（三）生物质炼制的探索与循环经济的实施

造纸工业承载了"生物质精炼"发展的希望，造纸工业作为目前的生物质材料的大户，自然担当起了探索生物质精炼未来的任务。黑液作为碱法制浆中重要的组成部分，它的成分中含有很多可利用的生物质能源，如果能将黑液很好地利用与处理，例如制造木素基黏合剂、油田化学品等，这对于制浆造纸甚至制浆造纸废水处理将是一次飞跃式的进步。碱法制浆中黑液与生物质精炼相结合对未来生物质精炼技术在制浆造纸行业的循环经济大有帮助。

木质生物质不仅可应用于制浆造纸工业，也可替代有限的石化资源用于生产化学品、合成材料和再生能源等，然而其结构的复杂性限制了其高效转化。预处理技术作为生物质精炼高效转化的关键步骤，已成为世界各国的研究热点[40]。

发展制浆科学技术和绿色制浆工业，必须贯彻落实科学发展规律，遵照技术创新、资源节约、环境保护和循环经济的基本原则，加强科学研究，加大自主创新，解决科学问题，突破应用瓶颈，提高制浆科学技术水平，促进制浆产业的持续发展。

参考文献

［1］李静. 桉木高木质素硫酸盐法制浆联合氧脱木素工艺新模式的研究［D］. 广州：华南理工大学，2016.

［2］杨德新，吴淑芳，张厚民，等. 麦草绿液和氧脱木素联合制浆工艺研究［J］. 纤维素科学与技术，2012，20（2）：26.

［3］吴淑芳，杨德新，张厚民，等. 稻草绿液蒸煮与氧脱木素联合制浆工艺研究［J］. 纤维素科学与技术，2012，20（4）：24.

［4］孙艺家. 杨木自催化乙醇制浆木素在纤维微区的迁移［D］. 大连：大连工业大学，2014.

［5］李瑞瑞，李军，张学兰，等. 麦草甲酸法制浆木素结构及分子质量变化［J］. 纸和造纸，2011，30（9）：57.

［6］李云泽. 枸树用于福建南纸化浆系统的可行性研究［J］. 华东纸业，2013，44（4）：10.

［7］徐峻，刘鹏，匡奕山，等. 桑枝 – 桉木板皮混合制浆漂白特性的研究［J］. 中国造纸，2015，34（11）：6.

［8］李洪法. 全国最大的非木材纤维综合利用企业——泉林纸业：依靠技术创新集聚发展动力实现秸秆制浆造纸企业转型升级［J］. 中华纸业，2014，35（13）：31.

［9］ 毕衍金，宋明信，陈松涛．农作物秸秆清洁制浆技术探讨［J］．华东纸业，2014，35（4）：28．

［10］ 汪骏．非木材纤维制浆清洁生产技术方案——洗筛漂工段［J］．中华纸业，2014，35（12）：41．

［11］ 徐宁攀，刘苇，吴少帅，等．工业级 MgO 的研磨及在杨木 CTMP 碱性 H$_2$O$_2$ 漂白中的应用［J］．中国造纸，2015，34（10）：17．

［12］ 徐薇，侯庆喜，许小龙，等．MgO 部分取代 NaOH 用于杨木 CTMP 碱性 H$_2$O$_2$ 漂白的研究［J］．纸和造纸，2012，31（4）：19．

［13］ 梁芳敏，沈葵忠，房桂干，等．慈竹化机浆化学预处理条件探索［J］．江苏造纸，2013（4）：18．

［14］ 李品端，覃云斋．桉木化机浆生产工艺实践及优化［J］．中华纸业，2012，33（8）：66．

［15］ 张美云，齐书田，王建，等．选择性磨浆对杨木 PRC-APMP 制浆过程的优化［J］．中国造纸，2014，33（2）：1．

［16］ 沈葵忠，房桂干．低能耗高白度杨木漂白化机浆中试研究［J］．江苏造纸，2014（1）：15．

［17］ 覃程荣，姚双全，王双飞．竹子化机浆漂白工艺及其机理［J］．科技导报，2016，34（19）：76．

［18］ 徐红霞．蓖麻秆漂白化学机械浆的制备工艺［J］．中华纸业，2015，36（16）：84．

［19］ 赵雨萌，刘忠，李群．全棉秆 APMP 制浆脱果胶预处理工艺研究［J］．中国造纸学报增刊，2016（31）：107．

［20］ 沈葵忠，房桂干．化机浆漂白技术现状及最新进展［J］．江苏造纸，2015（2）：14．

［21］ 宗双玲．渗透剂在 PRC-APMP 制浆系统的应用［J］．广东化工，2012，40（11）：37．

［22］ 贾路航，王子千．废纸脱墨剂的复配与中性脱墨工艺研究［J］．湖北造纸，2013（1）：34．

［23］ 郑少斌，苏惠阳．一种新型的废纸脱墨制浆生产方案［J］．中华纸业，2016，37（6）：34．

［24］ 王长红，龙柱，王建华．臭氧／氧混合气体在废纸浮选脱墨中的应用［J］．中华纸业，2016，37（4）：52．

［25］ 陈双双，李强，杨锋伟，等．生物酶用于混合办公废纸脱墨［J］．中华纸业，2013，34（10）：81．

［26］ 陆赵情，刘俊华，张美云，等．废纸回用过程胶黏剂控制技术的研究进展［J］．黑龙江造纸，2013，41（2）：14．

［27］ 刘一山，张俊苗，刘连丽，等．麦草纸浆漂白工艺方法的优化［J］．纸和造纸，2014，33（8）：1．

［28］ 何金平，解愫瑾．间歇蒸煮生产溶解浆工艺控制［J］．中国造纸，2015，34（10）：42．

［29］ 薛润林．棉短绒蒸煮以氢氧化钾取代氢氧化钠的制浆工艺［J］．人造纤维，2014，44（5）：2．

［30］ 卢芸，孙庆丰，李坚．高频超声法纳米纤丝化纤维素的制备与表征［J］．科技导报，2013，31（15）：17．

［31］ 周素坤，毛健贞，许凤．微纤化纤维素的制备及应用［J］．化学进展，2014，26（10）：1752．

［32］ 董凤霞，刘文，刘红峰．纳米纤维素的制备及应用［J］．中国造纸，2012，31（06）：68．

［33］ 魏洁，母军，杨明生，等．基于废弃包装纸的纳米纤维素制备及其对淀粉胶黏剂性能的影响［J］．包装工程，2016，37（1）：111．

［34］ 王俊芬，吴玉英，张学铭．自制纳米纤维素助留／助滤剂及其增强效果［J］．纸和造纸，2015，34（2）：27．

［35］ 谢燕．木质素系添加剂对煤浆焦气化反应活性的研究［J］．广州化工，2016，44（20）：53．

［36］ 张冉冉，郭艳玲．改性木质素磺酸钠对水煤浆成浆性能的研究［J］．山西大学学报（自然科学版），2016，39（3）：474．

［37］ 田孝旭．利用清洁制浆副产木质素钠和电石渣等原料创建改性沥青新体系的研究［D］．重庆：西南大学，2016．

［38］ 宋海燕．聚羧酸-木质素复合型外加剂的研制［J］．建筑施工，2012，34（7）：702．

［39］ 祝新利，陈晨，葛庆峰．Ni，Pd，Pt 催化的甲基苯酚气相加氢脱氧研究［C］//中国化学会第九届全国无机化学学术会议论文集．南昌：中国化学会，2015：91．

［40］ 段超，冯文英，张艳玲．木质生物质精炼预处理技术研究进展［J］．中国造纸，2013，32（1）：59．

撰稿人：付时雨　詹怀宇　李海龙

造纸科学技术发展研究

一、引言

制浆造纸工业与国民经济发展密切相关，与林业、农业、机械制造、化学化工、热电、交通运输、环保等上下游产业关联度很高，对于推动国民经济具有重要的作用。我国制浆造纸工业发展稳步增长，2016年纸和纸板的总生产量为10855万吨[1]，连续9年超越美国保持世界第一位。世界上纸幅最宽、车速最高和自动化水平最先进的纸机都在中国，许多国际知名的造纸装备、化学品、造纸织物和商贸服务等跨国公司都在我国设有业务机构，有些甚至还建立了自己的生产基地和技术研发中心，如维美德公司和芬欧汇川集团等。近几年，我国纸和纸板生产量及消费量均以4.0%～4.5%的年增长率较快速地发展，而造纸企业数量则从五六年前的3700多家减至约2800家。造纸企业的技术装备水平、生产工艺和产品质量稳步提升，污染治理、环境保护和可持续发展取得了长足进步。我国制浆造纸工业的巨大发展得益于造纸科学技术水平的进步和发展。

近年来，制浆造纸工业的技术进步主要体现在降低产品成本和提高产品品质方面。以数字化、网络化、智能化为主要特征的"工业4.0"时代对造纸科学技术的发展产生了积极的推动作用。例如，福伊特公司将"工业4.0"与造纸行业有机结合，提出了"造纸工业4.0"的概念，旨在助力造纸行业实现数字化和智能化生产。这一概念与"中国制造2025"所强调的绿色发展，全面推进造纸、钢铁、有色等传统制造业绿色化改造的要求大致相同。全面提升资源、人力和能源的利用率，合理配置生产过程中的各个要素，达到节约成本、提高效率、增强竞争力的目的，这些都将成为造纸科学技术未来的努力方向。

二、近年来造纸科学技术研究进展

（一）纸料制备科学技术

1. 浆料处理

浆料经过洗涤、筛选和净化，甚至进一步漂白处理后，直至进入纸机抄造，一般都需要进行打浆处理，以调节浆料在网部的滤水性，并使湿纸幅获得某些特性。打浆是一个复杂而精细的机械处理过程，对于不同的纸和纸板产品，可根据需要选择不同的纸浆纤维原料，进而采用相适应的打浆方式和打浆工艺操作。

（1）木材浆料的打浆

木材浆料纤维的中浓打浆技术已经日趋成熟。与低浓打浆相比，在打浆至相近的打浆度时，阔叶木浆中浓打浆的成浆湿重较大，这说明阔叶木浆自身纤维长度保留较好，纤维的固有强度损失较少。另外，经过中浓打浆的阔叶木浆纤维所抄造出来的纸张强度指标有较大幅度的提高，裂断长、撕裂指数提高范围为 15% ~ 50%。纸张强度指标的提高，一方面说明了纤维之间结合能力的改善，另一方面也说明纤维的固有强度保留较好。从打浆能耗来看，中浓打浆比低浓打浆能耗降低 30% 以上，具有显著的节能优势。

我国森林资源中，大部分造纸用的针叶木树种纤维细胞壁都较厚，属于厚壁纤维，如南方的马尾松、思茅松和北方的落叶松等。长期以来，对于以马尾松、落叶松为代表的厚壁长纤维化学浆，传统的低浓打浆效果较差，表现为打浆对纤维切断较多，初生壁受到破坏很少，次生壁难以细纤维化，从而导致浆料纤维的交织能力不好，纸张的结合强度较差，一定程度上限制了该浆种的使用范围和品质。另外，采取低浓打浆处理这类厚壁针叶木浆的能耗也非常高，不利于企业的节能降耗。针对上述问题，田晶等[2]选用 MCPA 型中浓浆泵（浓度为 8% ~ 15%）与 ZDPS 型中浓液压双盘磨浆机组成中浓打浆系统，很好地实现了纸浆纤维的分丝帚化，增强了纤维间的结合力。生产试验表明，该处理工艺取得了较好的使用效果。与传统低浓双盘磨的打浆系统相比，采用这种新型打浆系统处理木浆和非木材浆，其成纸物理强度提高了 20% ~ 35%，能耗降低了 30% ~ 40%。针对厚壁纤维的针叶木浆打浆，又提出了低浓预处理和中浓打浆相结合的打浆方式。青州造纸厂在处理马尾松浆料时，在打浆设备前增加了浆料浓缩设备，以便采用中浓打浆工艺流程。针对棉浆纤维的打浆，可以采用中高浓打浆工艺，这主要侧重于改变纤维形态，可使打浆后的浆料纤维质量均一、稳定，适用于特种纸等纸种的生产[3]。

通常，中高浓打浆有利于保持纤维长度，伸长率和抗张能量吸收（TEA）较高，而低浓打浆也可获得较高的抗张强度和耐破强度。低浓打浆使纤维释放出更多的羧基，即纤维表面的 O/C 比较高；同时，低浓打浆能显著增加纤维表面电荷，使纤维产生更多的酸性基团，更易于纤维的吸水润胀和纤维之间接触面积的增加，纤维结合更加紧密，但透气性能较差。中高浓和低浓打浆方式的有机结合可以兼顾两者的优点[4-5]。

目前，打浆方式和打浆设备方面已经有了较大的改进。近年来，打浆装备出现如下的发展趋势：传统的圆盘磨浆机向着锥形磨浆机和圆柱形磨浆机方向过渡。圆柱形磨浆机具有轻柔、稳定的打浆性能。通过圆柱形磨浆机打浆可以改善纤维的性能，提高纸张外观和纸机的运行性能，并且可以降低运行成本。一般地，在磨浆机的打浆能力相同的情况下，圆柱形磨浆机的磨盘半径最小，其次是锥形磨浆机，盘磨机的磨盘半径最大。因此，圆柱形磨浆机的空载能耗最小，其次是锥形磨浆机，而盘磨机的空载能耗最大。同一种浆料，采用不同的磨浆机进行打浆，在打浆度相同的情况下，采用圆柱形磨浆机打浆后纸浆的强度性能优于采用盘磨或锥形磨打浆的纸浆。

与传统的圆柱形磨浆机相比，新型圆柱形精浆机（如安德里茨公司的 Papillon 圆柱形精浆机）具有高效的打浆能力，并且打浆效果均一、能耗较低。采用新型圆柱形精浆机，打浆质量均匀稳定，在得到相同纸浆纤维强度的前提下，浆料的打浆度较低，磨浆能耗降低 20% 以上，纸机湿部脱水能力有所提高。

（2）非木材浆料的打浆

非木材纤维原料多为一年生植物，常见的主要有麦草、芦苇、竹子和蔗渣等，其中，麦草所占比例最大。2016 年，全国纸浆消耗总量 9797 万吨，其中，非木材浆 591 万吨，占纸浆消耗总量的 6%，稻麦草浆占 2.5%、竹浆占 1.6%、苇（荻）浆占 0.7%、蔗渣浆占 0.9%、其他非木材浆占 0.3%[1]。非木材纤维原料种类繁多，其物理和化学性能与木材纤维原料（特别是针叶木纤维）有较大的差别。草类原料打浆时容易产生吸水润胀，打浆度上升较快，但因细胞壁相对较厚，打浆时难于发生细纤维化。非木材纤维的特点使其浆料的打浆工艺表现出一些特殊性。传统的适合于木材浆料的打浆工艺及设备未必能使非木材浆料也发挥出最佳的潜力和应用效果。

由于麦草化学浆的原浆打浆度一般在 30° SR 左右，一般认为麦草浆不必打浆，而只要适当疏解便可用于抄纸。目前，芦苇、麦草等化学浆需要通过打浆来改善浆料性能时，大多数采用双盘磨在低浓状态下进行打浆。双盘磨对非木材纤维浆料的打浆效果较好，盘磨齿型多样化，浓度适宜于低浓浆泵的工作范围，便于车间布置和管道输送，已成为造纸企业的主要打浆工艺模式。近年来，科技工作者不断对中浓打浆（浆浓 8% ~ 20%）技术进行研究探讨和实践，马龙等[6]对漂白亚硫酸氢镁稻草浆进行了中高浓打浆试验，研究了中浓（12%）和高浓（20%）打浆过程中的纤维形态、光学性能和物理性能。结果表明，在纤维形态方面，中浓打浆相比高浓打浆，纤维重均长度大，而纤维宽度、粗度、细小纤维含量、纤维卷曲指数和扭结指数均较小；在光学性能方面，随着打浆的进行，浆张白度、不透明度及光散射系数等光学性能都有一定程度的下降；在物理性能方面，中浓打浆的成纸抗张指数和撕裂指数高于高浓打浆的成纸。中浓打浆（浆浓 8% ~ 20%）对通过磨区纤维的机械处理程度较低，而纤维之间的挤压摩擦作用较强，有利于非木材浆的打浆。尽管理论研究证明非木材纤维的中、高浓打浆有许多优点，但是目前生产中仍以低浓（3% ~ 4%）打浆为主，这主要是由于中、高浓打浆在浆料的输送、贮存、计量以及打浆设备自身等方面仍存在一些问题。目前，只有少数工厂采用中、高浓打浆方式，例如，辽宁金城造纸股份有限公司在打浆设备前增加了浆料的浓缩设备，对其亚硫酸氢镁法芦苇浆采取中、高浓打浆工艺，目的是在对芦苇浆纤维细胞适宜打浆的同时，将浆料内的表皮细胞群落离解成更小的碎片，从而提高成纸的表面适印性能。

（3）废纸浆的打浆

对于废纸浆而言，同样需要通过适当的打浆处理提升浆料纤维的品质。Chen Y 等[7]研究了打浆过程对再生植物纤维回用品质的影响。结果表明，打浆使细小纤维含量增加，裂断长和伸长率随着打浆时间的延长而提高；与未打浆纤维相比，打浆纤维回用一次的保水值提高了32.1%，且保水值随着打浆度的提高而增加；纤维素的结晶度随着打浆度的提高先增加后下降。许慧敏等[8]通过分析废瓦楞纸板（OCC）浆料的纤维形态、滤水性能及瓦楞原纸的物理强度性能，研究了优化磨片齿形设计对废纸回用性能的影响。结果表明，在磨片选型优化中采用比刀缘负荷理论进行评价，利用优化磨片齿形设计可以有效提高盘磨打浆的效率，同时最大限度地保留纤维强度、提高成浆品质，并大幅降低打浆电耗。

2. 造纸化学品的应用

（1）加填

近年来，随着中碱性抄纸和涂布加工技术的发展，碳酸钙（$CaCO_3$）得到了广泛的应用。碳酸钙主要分为沉淀碳酸钙（PCC）和研磨碳酸钙（GCC）。随着高灰分含量纸种的增多，呈现出纸张"高加填"的趋势，特别是 PCC 的加填大幅提高。PCC 加填对施胶效率有一定的负面影响，对浆料滤水和纸机车速提高也有不利的影响。GCC 的颗粒形态有利于纤维的结合和纸张强度的提高，有利于纸机的运行性。加填 GCC 的湿纸幅其滤水性较好，对施胶的影响较小。某些造纸企业采用 GCC 和 PCC 混合型加填的方式以同时发挥GCC 和 PCC 各自的优点，GCC 和 PCC 的加填比例为 1:1 的情况比较常见。为了给造纸生产线提供质量稳定的填料，近年来投产的部分高速纸机生产线均配套建设 PCC 或 GCC 的"卫星工厂"，如芬欧汇川（常熟）纸业有限公司的 GCC 线，山东太阳纸业股份有限公司的 PCC 线，APP 集团金东纸业（江苏）股份有限公司、金华盛纸业（苏州工业园区）有限公司和海南金海浆纸业有限公司的 PCC 线，泰格林纸集团股份有限公司的 PCC 线等。

美国矿物技术有限公司与山东太阳纸业股份有限公司合作，利用碱回收白泥精制碳酸钙用作纸张填料或涂布颜料，以消除白泥填埋，取消石灰窑煅烧，降低生产成本。美国矿物技术有限公司的 NewYield™ 技术已于 2015 年引入山东太阳纸业股份有限公司，目前已建成 6 万吨/年的 NewYield™ 填料"卫星工厂"。

此外，还出现了一些新型造纸填料。例如，粉煤灰基硅酸钙填料（FACS）、硅灰石、水滑石、白云石、硅藻土等。研究发现，FACS 呈多孔蜂窝状聚集体结构，带有较强的负电荷，其加填纸具有较好的松厚度。在相同加填量下，纤维状硅灰石与 GCC 相比，其纸张留着率和加填后成纸强度均较高。水滑石是层状双金属氢氧化物，可大大提高加填纸的不透明度和白度。硅藻土具有孔隙度大、吸附性强、化学性能稳定和无毒等特点，可作为功能性填料广泛应用于纸张，如吸水保鲜包装纸、装饰纸、轻质纸、胶印纸、阻燃吸音纸和油封纸盒卷烟纸等[9]。

（2）助留系统

常规的助留体系（包括单元和双元系统）主要是由高聚物组成，通常在纸机的压力筛出口处加入，靠近纸机的流浆箱。近年来，助留体系已从简单的单元和双元系统逐渐过渡到微粒和超微粒系统。特别是高速纸机多采用微粒助留系统和超微粒助留系统。其应用方面呈现如下发展趋势：追求性价比更高的助留剂产品及系统、助留剂系统组分增多、助留系统化学品分别采购、加入点向网部移动等。

微粒助留系统主要是指利用一种阳离子型助留剂与带负电的微粒形成立体网络结构，从而在纸机的湿部捕捉细小组分。目前，使用的主要产品为膨润土与阳离子聚丙烯酰胺（CPAM）、胶体二氧化硅与阳离子淀粉。微粒助留系统要求在流送系统中剪切力较大的地方（如冲浆泵处）加入 0.01% ~ 0.05% 带正电荷的助留剂，通过系统产生的剪切力将助留产生的大的絮聚体均匀分散为小絮聚体，所形成的带正电的小絮聚体与随后加入的 0.1% ~ 0.4% 具有较大比表面积带负电的微粒形成小而密集的网络结构，从而捕捉细小组分。

微粒助留系统在造纸湿部的使用可以提高网部的滤水性，并大幅度改善真空部分的脱水性能，使提高纸机车速或者降低干燥成本成为可能；同时，该系统可以通过调整阳离子助留剂以及带负电荷微粒的用量，调整细小组分的留着率。该系统在较大的 pH 值范围内使用，均可得到良好的使用效果。但是，由于该系统的使用要求添加带有正电荷的助留剂，限制了其在杂质阴离子含量较高的湿部环境中的使用，例如，含有大量机械浆的新闻纸的生产以及配比中含有较多废纸浆的生产系统等。在这些系统中，普遍采用聚氧化乙烯（PEO）与酚醛树脂所组成的双元助留系统，该系统中所使用的物质均为非离子物质，离子性对其影响较小。

微粒助留助滤体系相对于传统的助留助滤体系具有更好的留着效果，有利于纸幅的成形。在微粒助留助滤作用下形成的絮聚体可以紧紧吸附在浆料组分上，形成开放均匀的纸张结构。目前，微粒助留体系在提高湿部助留助滤性能、成纸匀度、透气度等方面取得了较好的效果，应用较多的微粒助留系统有 Hydrocol 体系、Compozil 体系和 Hydrozil 体系[10]。

（3）浆内施胶

从目前我国制浆造纸行业的施胶剂市场分析，松香施胶剂还占据较大市场，主要应用于中、小企业以及大企业的纸板及卡纸的生产中。该类产品的生产大量采用废纸浆或高得率浆，因而仍然大量采用松香类施胶剂。现代施胶技术的重大进步是采用了中性施胶技术，这是国际造纸技术的主要发展趋势。常用的中性施胶剂有烷基烯酮二聚体（AKD）和烯基琥珀酸酐（ASA）其结构特点是由能与纤维素反应的活性基团和疏水基团构成，即拥有可与纤维素结合的反应基团。这些反应基团可与纤维素反应生成酮酯，形成拥有长碳链憎液性能的官能团，从而起到施胶作用。中性施胶剂采用阳离子淀粉等阳离子型聚合物为助留剂而不采用硫酸铝，施胶可在中性至弱碱性条件下进行，克服了酸性施胶的缺点，而且可以采用碳酸钙为填料，加上阳离子型聚合物的助留作用，降低了白水浓度，减少了白水中的有害物质的含量，提高了白水的循环利用率，因此得到了迅速推广。

目前，全球使用范围最广、用量最大的施胶剂为 AKD，我国目前中性施胶技术中采用的也主要是 AKD。然而，AKD 与纤维素羟基反应过程较慢，熟化期较长，施胶效果在纸张干燥后尚未完成，仍需继续熟化一段时间。AKD 乳液一般需要使用阳离子淀粉作为乳化剂和稳定剂。AKD 新型专用乳化剂的研制和开发已经成为造纸研究者关注的热点。AKD 专用乳化剂有多种，研究较多的是高分子型乳化剂，即采用乳液聚合将各软硬单体聚合成为对 AKD 具有乳化能力的高分子聚合物。采用此类乳化剂乳化后的 AKD 施胶剂称为高分子聚合物型 AKD。这种施胶剂施胶熟化时间较短，AKD 留着率高。改性单体有甲基丙烯酰氧乙基三甲基氯化铵（DMC）、二甲基二烯丙基氯化铵（DADMAC）和聚乙烯亚胺（PEI）等[11-12]。

与 AKD 类似，ASA 也是一种高效的中性施胶剂，具有施胶速度快、pH 值适应范围广、成本低等优点，但也存在着易水解、需现场乳化、工艺条件要求苛刻等缺点。近几年，ASA 中性施胶技术得到了快速发展，已经在高速文化用纸生产线上得到了稳定应用，而且施胶效果理想，成本较低。山东太阳纸业股份有限公司、金华盛纸业（苏州工业园区）有限公司、芬欧汇川（常熟）纸业有限公司等多条生产线都成功地应用了 ASA 施胶，泰格林纸集团股份有限公司也曾应用 ASA 施胶。

（4）表面施胶

表面施胶是在纸或纸板未完全干燥时，在纸或纸板的两面施涂一种或多种表面施胶剂，经干燥后在纸张表面形成一层胶膜，从而提高纸张的表面强度，减轻纸张的掉毛、掉粉，改善纸张的印刷适性。一般来说，对于含有较多细小组分的纸种来说，要获得较好的表面强度和印刷适性，都需要通过表面施胶来实现。目前，应用于表面施胶的化学助剂品种较多，大体可分为天然高分子类和合成聚合物类。天然高分子类助剂在我国表面施胶剂市场上一直占据重要比例，主要有氧化淀粉、磷酸酯淀粉、瓜尔胶、羧甲基纤维素、明胶、甲壳素和海藻酸等。合成聚合物类助剂由于可赋予纸张更优异的性能，近年来发展比较迅速，相继出现了聚乙烯醇（PVA）、蜡乳液、硅酮树脂、苯乙烯 – 丙烯酸酯聚合物（SAE）、苯乙烯 – 顺丁烯二酸酐共聚物（SMA）、苯乙烯 – 丙烯酸共聚物（SAA）和水溶性聚氨酯（PUD）等。

随着造纸企业白水封闭循环程度的提高，加之不同类型造纸湿部化学助剂的使用，使得纸机生产系统的湿部环境越来越复杂，这对纸机的运行性提出了更加严峻的考验。为了进一步提高施胶效率、降低施胶成本，同时保持良好的纸机运行性，目前，国内外大多数造纸企业一般采用表面施胶代替浆内施胶[13-14]。

为适应降低成本、提高瓦楞原纸以及箱纸板的抗水效果，近几年也逐渐将 AKD 乳液从浆内添加转移到表面添加，形成了一种专门用于提高抗水性的表面施胶剂。新型表面施胶型 AKD 乳液具有很高的熟化速度，应用于高强瓦楞原纸时一般下机 40min 后就能达到全部施胶效果的 85% 以上，复卷完成后基本上能够达到全部的抗水效果。

在施胶方式上，膜转移的施胶技术逐渐得到了推广和使用。该技术采用喷淋上料技术施胶机（OptiSizer Spray），淀粉基胶料在上料过程中不直接接触纸幅，无胶料回流或无纸幅冲刷现象[15]。通过密封结构和边部密封设计，形成了有效的胶雾回收。另外，结合膜转移施胶技术和传统喷淋技术，又相继出现了膜转移和喷淋组合模式的施胶机，近几年也逐渐得到应用。

（5）生物酶制剂的高效应用技术

在造纸湿部助剂添加工艺方面，近几年不同高效的生物酶制剂得到较为广泛的开发和应用，特别是在废纸浆纤维的制备和使用工艺过程中，包括打浆酶、滤水酶和增强酶等。通过使用各种不同的高效复合生物酶，达到节省能耗、过程优化和品质提升的目的。

利用生物酶可以有效去除纤维表面的细纤维，提高废纸浆中长纤维的含量，改善纸浆游离度，从而大幅地提高废纸浆的滤水性能。浙江永泰纸业集团股份有限公司将滤水酶 CWD-3585 应用于四叠网纸板机上，以改善 OCC 为原料的涂布灰底白纸板生产过程中浆料的滤水性。从滤水酶添加前后芯层浆料与底衬层浆料打浆度的变化情况看，滤水酶大大降低了打浆度，提高了浆料的滤水性能，进而提高了出网部时湿纸幅的干度，减轻了后续压榨部和干燥部的压力，有助于减少压榨毛毯的清洗频率，减轻织物磨损，减少后续蒸汽消耗量，降低生产成本[16]。河南银鸽实业集团有限公司采用滤水促进酶在三叠网纸板机上进行中试，以 OCC 为原料生产箱纸板。结果表明，滤水促进酶能选择性地降解浆料中的水溶性胶体物质，提升浆料滤水速率，改善废纸浆的抄造性能；降低了湿纸幅出网部水分以及干燥部蒸汽能耗。同时，浆料系统变得洁净，从而降低了化学品用量[17-18]。

（6）化学品的高效添加技术

传统湿部化学品的加入与混合一直是利用加稀释水的方法通过静态在线混合器来完成。近些年出现了一种新型的化学品高效添加技术——湿部化学品混合添加技术。

湿部化学品的混合添加技术是利用浆料本身作为稀释介质，利用纸浆流本身的动力与加压泵的动力给予微弱的化学品流以足够的穿透力，通过特殊结构的混合器，巧妙地将造纸湿部化学品的加入与混合瞬间完成。良好的混合效果使纸机的运行变得更加平稳，纸的质量得到提高，化学品的消耗进一步降低。在节约大量清水的同时，还节省了大量的泵送能量以及将水从常温加热到工艺温度的热能。湿部化学品瞬间混合系统开辟了使用流浆箱浆料作为混合喷射介质的先河。

泰格林纸集团股份有限公司选用芬兰温德造纸湿部技术公司的 TrumpJet 化学药品混合系统，用于年产 40 万吨印刷纸项目，使纸机湿部化学品高效混合且均匀分布，并能大量节约清水。该技术使泰格林纸集团股份有限公司的 2 台纸机日节水总量达到 5000m³，同时节省泵送这些水的动力，每天可减少排放废水 5000m³。

3. 纸料流送系统

纸料流送系统主要包括浆料流送、纤维回收和损纸处理。最新型的纸料流送系统取消了机外白水槽，分别采用了 Lobemix 和 Hydromix™ 系统，使工艺稳定性得到了改善，并显著降低了纸机纵向和横向参数的变化。整个流送系统使浆料混合、白水混合、净化、除气、消除脉冲等都更为有效，纸浆和水的储存容积显著减小。这种短滞留时间系统与长滞留时间系统在控制反应方面相比，具有速度更快、控制更精确的特点。湖南岳阳纸业集团 18 万吨 / 年的轻量涂布纸（LWC）项目和华泰集团有限公司的 18 万吨 / 年的 LWC 项目分别采用了 Lobemix 和 Hydronmix™ 系统，纸机运转高效，产品质量稳定。

（1）浆料筛选

近些年，由于废纸浆在不同纸种中获得了大量应用，浆料中热熔物和胶黏物的含量增加，对成纸的质量和纸机的运行性将会产生严重影响。因此，必须加强前期的浆料筛选工序。

处理纸浆中胶黏物和热熔物，一般是采用分散、筛选和净化的方法。理想的筛选应该是没有浓缩现象的发生。要提高筛选效率，通过筛缝的浆速不能太高，整个筛选过程要柔和。传统使用长缝筛板的压力筛，筛鼓的筛板表面的平面几何形状和筛选浆料流动的动能，未能在筛鼓表面形成一定的湍流，浆料在沿筛鼓轴向流动的过程中很快就在筛板表面累积，造成筛缝堵塞，此时压力筛的作用如同浓缩一样，降低了筛选能力。改进后的筛鼓筛缝成楔形，并在筛板面上呈现一定的倾角，使筛鼓内表面呈波纹形。波纹形轮廓的筛面结合转子和旋翼的作用，能使筛鼓内表面产生一定的湍流，清除筛缝表面累积的纤维层。随着筛选和净化设备的改进，特别是狭筛缝的波纹状筛鼓压力筛的使用，明显提高了废纸浆的筛选效率。

上网前浆料的筛选一般都采用与进流浆箱浆料浓度一致的低浓（1% 左右）缝筛。但对于以脱墨废纸浆为主的浆料，为了进一步高效去除浆料中的杂质和胶黏物，浆料的筛选采用所谓"浓浆筛选"的工艺流程，即在混合浆池和纸机浆池之间增设缝筛系统，把包括损纸浆在内的混合浆进行筛选，浆浓一般为 3% ~ 4%，而把上网前的纸机筛由传统的缝筛改为孔筛。延边石岘白麓纸业股份有限公司和山东华泰纸业股份有限公司等大型纸机均采用了这样的流程，这对于去除浆料中二次凝聚的油墨粒子、树脂和胶黏物具有明显的效果。

（2）短流程冲浆

近些年，针对纸机白水的回用技术，出现了一种短流程冲浆工艺。该工艺基于造纸过程生产用水的动态平衡理论。当纸机的各种抄造条件趋于稳定后，加入到浆料中的各种抄纸原料（纤维、填料和各类化学品），在湿纸幅中的留着比例等指标也会趋于稳定，同样网下白水中细小组分、填料和助剂的含量也会趋于稳定，即建立起一种纸机抄纸生产用水中各种物质浓度的动态平衡状态。因此，完全可以利用这样的白水直接来稀释浆料，即短流程冲浆。

（3）低脉冲上浆

纸机冲浆泵是专门用于向纸机流浆箱输送纸浆、且流量较大的离心泵。从离心泵的特性可知，扬量有一定的脉动性，这对高速纸机抄造有一定的、甚至是显著的影响。送浆的脉动性会使抄造出来的纸幅定量沿纵向分布有周期性的变化。因此，近几年随着国内高速纸机的不断引进，与之相适应的低脉冲上浆技术被广泛应用。低脉冲上浆技术主要是通过改造冲浆泵的内部结构以及减少浆料输送过程中的脉动性，以达到输送浆料和稳定纸浆流的目的。该技术在高速纸机上的应用改善了成纸的质量。

（二）纸张成形科学技术

1. 成形技术

（1）稀释水流浆箱

为了解决由于高速纸机的发展流浆箱所面临的问题，自 20 世纪 90 年代以来，许多现代化造纸设备供应商先后研制开发了各具特色的、能通过在线浓度调节从而控制横向定量的新概念流浆箱，例如，维美德公司的 OptiFlo 流浆箱、福伊特公司的 ModuleJet 流浆箱、Allimand 公司的 FP 流浆箱等。这些稀释水流浆箱的主要区别在于稀释水系统流程设计上的不同。

稀释水流浆箱是采用稀释水调节纸机横向方向上纤维悬浮液浓度的上浆装置，通过调节纸浆的浓度来实现纸幅横幅定量的稳定，取代局部唇板调节带来的偏流和横流等问题，更有效地控制纸机纸幅横向定量的波动，并能保持全幅纤维定向均匀一致，是控制定量的好方法。稀释水流浆箱的出现，创造性地提出了浓度调节的新概念，是流浆箱发展史上一次大的飞跃，突破了传统的通过调节唇口弯曲变形来调节纸机横幅定量偏差的方法。传统流浆箱以设在上唇板的多组局部开度调节装置来调节纸幅横幅定量，存在着调节精度差、灵敏度和分辨率低的缺点。另外，当上唇板变形后，由此产生的局部横流和偏流又会导致纤维定向分布的不一致，从而破坏纤维结构的均匀性。目前，稀释水流浆箱在新闻纸、书写纸、轻量涂布纸、高级超级压光纸、薄页纸、瓦楞原纸、多层纸板、挂面纸板等多种产品中获得了成功应用。玖龙纸业（控股）有限公司的 2 号和 3 号纸板机，其底层流浆箱均采用了该技术。

稀释水流浆箱一直在不断完善和优化中，目前又出现了一种水分层流浆箱技术。该技术无脉冲脱水，利用薄薄的白水以分层的方式作为流浆箱的楔板起到了稳定纤维层的作用，并在纤维层结合界面之间形成一层均匀的分层膜。该技术将白水中的细小纤维用在水分层中，可以优化分级 OCC 纤维的应用。目前，该技术主要应用于维美德公司的 OptiFormer Hybrid 混合成形网部技术和 OptiFormer SB 真空靴板成形网部技术。

（2）顶网成形和夹网成形

传统的长网纸机只有单面脱水，纸幅靠近网面的填料和细小纤维的留着较低，导致纸张两面差大。长网纸机的成形过程是一个阶梯过滤过程，纸浆在靠近网面部分的浓度很高，而另一面的浓度接近流浆箱的浓度。随着网部脱水的进行，湿纸幅中的纤维开始絮聚，并且絮聚的程度逐渐增大，最终造成纸张的匀度较差。采用顶网成形和夹网成形技术可以大大改善长网纸机网部成形的不利影响。

近十几年来，高速文化用纸机采用的成形技术，纸机运行车速 1400m/min 以下多采用长网＋顶网成形器，例如，维美德公司的 ValFormer（中冶纸业银河有限公司、福建省南平造纸股份有限公司、山东太阳纸业股份有限公司等），福伊特公司 DuoFormer D（山东太阳纸业股份有限公司、泰格林纸集团股份有限公司等）；车速 1400 ~ 1600m/min 的纸机采用混合型（也称卧式）夹网成形技术，例如维美德公司的 SpeedFormer MB（芬欧汇川（常熟）纸业有限公司的 PM2）、OptiFormer Horizontal（广州造纸集团有限公司的 PM1），福伊特公司 DuoFormer CFD（金东纸业（江苏）股份有限公司的 PM1 和 PM2）。自 2000 年以后，车速超过 1500m/min 的大型文化用纸机，大都采用立式夹网成形技术，包括维美德公司的 OptiFormer（福建省南平造纸股份有限公司、延边石岘白麓纸业股份有限公司、泰格林纸集团股份有限公司、广州造纸集团有限公司、山东晨鸣纸业集团股份有限公司等）和福伊特公司的 DuoFormer TQv（山东华泰纸业股份有限公司等）。顶网成形和夹网成形都属于双面脱水，可以改善纸张的两面差和 Z 向结构，包括填料的分布，顶网的脱水量为网部总脱水量的 30% ~ 50%，这决定于成形器的结构形式。夹网成形器其纸幅两面的脱水量几乎相等。

截至目前，市场上有多种夹网成形器，如 OptiFormer 水平夹网成形器、BelBaie V 垂直夹网成形器、OptiFormer 垂直夹网成形器[19]。不同结构的成形器具有各自的脱水特点。一般而言，真空成形辊（贝尔靴）、加载单元和成形靴是组成网部成形器的关键部件。立式夹网成形技术的最新发展是采用真空脱水靴替代真空成形辊，进一步提高纸张匀度，降低能耗和减少投资。由维美德公司提供的采用新一代立式夹网成形（OptiFormer SB）的大型文化用纸机，已被山东晨鸣纸业集团股份有限公司的 PM6 率先采用，网宽 11150mm，设计车速 2000m/min，用于生产中、低定量铜版纸。

（3）成形网的发展

现代化纸机正向着宽幅、高速的方向发展。纸机成形网从最初的铜网发展到今天的聚酯网，不断适应纸机的发展需求。聚酯成形网的选型不仅要考虑编织系列、经/纬线直径、经/纬线编织密度，而且要根据纸机特点及纸种要求来确定，同时也要考虑浆料性质、填料和胶料等条件，要保证聚酯成形网网印轻、成纸表面细腻平整、填料和细小纤维留着率高、脱水性能好、白水浓度低、尺寸稳定性好。另外，由于内、外网脱水方式存在差异，为了保持两面脱水一致，减少纸幅两面差，成形网的内、外网织法上的选择不尽相同。因此，如何选择聚酯成形网和使用好聚酯成形网是一项系统工程，需要综合考虑各方面的因素。

对于夹网纸机，由于其特殊的脱水方式和成形区极短的构造，给成形网的使用提出了更高的要求：一是要有良好的脱水性能（即网内空洞容积 mm^3/mm^2），二是要有良好的表面细度（即经、纬的最佳排列和理想的网痕），同时还要兼顾使用寿命和运行稳定性能。

（4）纸幅横幅分析技术

在纸机抄造过程中，纸幅横幅的水分和温度以及张力等指标存在较大差异，相关分析可以检测压榨后纸幅纵向（MD）和横向（CD）的水分及温度分布差异性，尽快找出造成纸幅水分不均或产生条痕的部位（如压榨部或者干燥部）；纸幅的张力分析帮助分析纸机或印刷机运行性差的主要原因，以确定后期印刷问题是否是由纸幅横幅张力不均匀或纵向张力波动所致。因此，采用全幅宽、非移动式测量可以检测出纵向和横向上真实的品质差异，用于分析纸幅产生条纹的原因。近几年，维美德公司致力于研发便携式测试工具，可以安装在纸机的不同部位，为工厂中出现的工艺和纸幅问题提供便捷的服务。例如，最近推出的 iRoll 分析工具，可以分析纸幅的水分和温度、纸幅的张力和纸机运行性等。iRoll 技术的主要优势在于对压榨、施胶、涂布以及复卷位置精确地横向测量与工艺控制；除压区横向压力外，iRoll 还可对施胶机上料棒横向压力和卷纸机大纸卷横向硬度分布以及不同位置纸张、纸板与生活用纸的横向张力进行测量；它甚至可以与纸机自动化系统连接进而实现闭路控制[20]。装配 iRoll 辊子后能够显著改善纸机运行性，提高纸幅质量。较小的纸幅张力分布差异会改善生产运行性，有利于提高车速。

2. 压榨技术

（1）新型压榨技术

新型压榨在大大提高纸幅干度的同时，能够保持纸张的一些特性，如保持纸或纸板较高的松厚度，避免纸幅的压花或压溃等现象。新型压榨主要包括大辊径压榨和靴式压榨。

大辊径压榨通常指直径 1000mm 或以上的压辊所组成的压榨，一般为双毛毯压榨，常用于生产瓦楞原纸、箱纸板等高定量的纸或纸板，是国外在 20 世纪中后期发展起来的一种压榨形式。由于大辊径压榨形成的压区较宽，压榨线压力高，可以达到 500 kN/m，纸幅在压区内受压时间长，并且双向垂直脱水，提高了脱水效率，使压榨脱水能力加大，提高了出压榨部的纸幅干度。靴式压榨，又称托板压榨，最先由美国 Beloit 公司发明，也称为宽压区压榨（Extended Nip Press，ENP）。随着技术的更新而获得了广泛推广，如福伊特公司的 NipcoFlex 和美卓公司的 Symbelt 等。普通辊压榨的压区长度为 20～50mm，大辊径压榨的压区长度可达到 90mm，而靴式压榨的压区长度为 200～310mm，产生的压区停留时间比普通辊压榨经受的压榨时间长 6～10 倍，压榨线压力可以高达 1000～1500 kN/

m[21]。靴式压榨最初用于新闻纸生产，现已经成功应用于书写印刷纸、包装纸和纸板等生产线。

经过靴式压榨后的纸幅能够保持较高的松厚度。对于书写印刷纸来说，在保证纸张松厚度不变的前提下，经靴式压榨后的干度要比普通压榨的高 5% ~ 10%，在干燥能力相同的情况下，可以增加生产量 12% ~ 20%。靴式压榨是高速纸机生产线或者以提高生产量为主的技术改造的首选压榨形式。在高档静电复印纸的生产中，采用靴式压榨能够赋予纸张良好的松厚度和挺度，并且单靴压和双靴压均可行。目前，我国已有多条书写印刷纸生产线采用了靴式压榨，如泰格林纸集团股份有限公司的 40 万吨项目、中冶纸业银河有限公司的 20 万吨项目和福建省南平造纸股份有限公司的 20 万吨项目等，以及稳定运行多年的金华盛纸业（苏州工业园区）有限公司、金东纸业（江苏）有限公司和山东太阳纸业股份有限公司等的多条书写印刷纸生产线。

（2）靴式压榨工艺参数控制

靴式压榨的使用为在高车速范围内获得良好的干度和纸张质量提供了绝佳的机会。靴板设计在宽压区压榨中非常重要。

靴式压榨通过调整工艺参数可保持复印纸厚度，由于一压区的压力对松厚度的影响比对出压榨干度的影响大，所以可以考虑一压采用靴式压榨，这样湿纸幅进入靴压较长的压区在经受较强脱水的同时，还可以尽可能保持压紧后纸张的结构（如厚度）；如果纸幅在一压区内受到太大的压力，纸张很难得到良好的厚度，因为纸幅在后续压区内只会被压得更紧[22]。通常，改变一压区线压力对纸幅离开纸机压榨部的干度影响不大；由于压榨部的每道压榨都试图平衡纸幅和毛布中的水分波动，因此，离开压区时纸幅的干度仅有小幅的波动。

靴式压榨平衡纸幅进入压区内水分变化的能力高于辊式压榨。靴式压榨有较长的停留时间，可以使压力得到更好的控制，当然也能够比辊式压榨得到更高的干度。

（3）压榨组合方式

纸机压榨部通常采用多道压榨的组合形式，可以多道单压区压榨，也可能是复合压榨，或是两者的组合，一般有 2 ~ 4 道压区。不同纸种的纸机生产线所采用的压榨形式存在较大的差别，而相同定量同一纸种的纸机压榨部也可以有多种组合形式。

对于纸板等高定量纸种采用的压榨形式，如产能 5 万吨 / 年的四叠网多缸涂布白纸板机（幅宽 2700mm，车速 200m/min，定量 150 ~ 400g/m²），其压榨部形式可为 750mm/750mm 真空压榨 + 两道 1000mm 的大辊径压榨；产能 18 万吨 / 年的四叠网多缸涂布白纸板机（幅宽 3400mm，车速 450m/min，定量 250 ~ 450g/m²），压榨部形式可为 1100mm/1000mm 真空压榨 +1500mm 大辊径压榨 +1500mm 大辊径压榨 +900mm/850mm 光泽压榨；产能 30 万吨 / 年的四叠网高档涂布白纸板机（幅宽 4800mm，车速 600m/min，定量 150 ~ 450g/m²），压榨部可配置 1250mm/1300mm 真空压榨 +1500 靴式压榨 +1250mm/1240mm 光泽压榨[23-24]。

对于书写印刷纸来说，复合压榨、靴式压榨、复合靴式压榨都是常用的形式。例如，岳阳纸业股份有限公司的 3 号机为 Beloit 公司的 3800mm、900m/min 纸机，生产 60 ~ 100g/m² 双胶纸，压榨部为真空压榨 + 三辊二压区的组合形式；8 号纸机为美卓公司的 OptiFormer 立式夹网成形器，幅宽 6400mm、车速 1600m/min，生产 42 ~ 80g/m² 的 LWC 纸或 42 ~ 48g/m² 新闻纸，压榨部为真空压榨 + 靴式压榨组合形式。另一种主要的压榨部形式是串联直通式双靴压，如岳阳林纸股份有限公司幅和福建省南平造纸股份有限公司的书写印刷纸机采用了美卓公司两道直通式靴式压榨。此外，近几年文化用纸机还出现了单靴压的压榨部，世界范围内已有十多台同类纸机运行，但生产纸种主要是静电复印纸[25]。

（4）压榨毛毯的发展

各种高性能、差异化的压榨毛毯的开发是今后压榨毛毯产品的发展趋势。目前，国产高品质压榨毛毯的纸机适应性主要表现在[26]：①能够在中速和中高速纸机上使用，满足设计车速、特种压榨形式和品质的要求；②品质上能够替代进口压榨毛毯，在纸机设计运行指标、综合性价比方面具有竞争力；③在普通纸机上，能明显改进生产条件，提高车速、节能降耗、降低成本；④压榨毛毯经特殊设计、制造和整理，滤水更加均匀，表面更加平整，能消除由造纸设备如沟纹辊、盲孔等带来的印痕纸病；⑤经特殊化学整理后具有耐磨、抗污染等特性。

3. 干燥技术

近年来，我国大型造纸企业建设新生产线时主要倾向于高车速、宽纸幅和高自动化程度的纸机。目前，已有 10 多条幅宽 6000 ~ 12000mm、设计车速 1600 ~ 2000m/min 的纸机在运行。纸机的高车速意味着要把纸幅在干燥部以更快的速率烘干，这对纸机干燥部提出了更高的要求，即要求更高的蒸发效率、更高的运行性能、更低的能量消耗、更高的纸张质量和尽可能低的生产成本。为了满足这些要求，现代高速纸机的干燥部出现了许多新型技术：①为了解决断头、损纸难以清除的问题，采用单排烘缸组代替传统的双排烘缸组；②为确保纸幅在干燥部能稳定运行及顺利传递，烘缸之间增设了纸幅稳定器、无绳引纸系统；③为提高蒸汽利用效率、改善纸机运行性能，加强了气罩通风；④为改善纸幅在干燥部的烘干效果，采用了热吹风管与袋式通风装置[27-29]。

（1）单排烘缸的应用技术

单层烘缸排列是将传统的双排烘缸组的下排烘缸用钻孔的真空辊代替，真空辊能有效抽走纸幅在上排烘缸蒸发出来的湿蒸汽，提高了纸幅在干燥部的干燥效率。纸幅是在全支撑的条件下通过干燥全过程，消除了纸幅的颤动，减少了纸幅在干燥部的断头，有效地保证了纸机在高速条件下的平稳运行。另外，在纸机高速运行操作中采用无绳引纸，实现纸幅的引纸自动化，能有效地确保纸或纸板的质量。对于单排烘缸的干燥部来说，纸幅基本上是在干网张力和真空网辊负压下运行。干燥过程中，纸张横幅的特性受到一定的限制，例如，纸张横向收缩率、横向抗张强度、横向弹性模量等的变化降到了较低的程度，这有利于减少纸张的横向起皱和纵向条纹，提高了纸张的尺寸稳定性。

（2）纸幅稳定技术

纸机上的外力作用会干扰造纸过程中的运行性能，这些外力主要来自于纸幅剥离烘缸与进入烘缸之间的袋区，这一区域容易产生断纸，对纸机的生产效率带来负面影响。现代高速纸机为了使纸幅在干燥部能稳定运行及顺利传递，采用了纸幅稳定技术平衡纸幅剥离烘缸进入真空辊时所产生的低压区和高压区，这样可以将纸幅稳定地固定在干网上，并保持纸幅不起皱、不发飘，使纸幅稳定地通过干燥部进入下一道工序。近几年，国内投产和在建的高速文化用纸机均采用了纸幅稳定技术，以提高纸机运行效率。维美德公司的HiRun 和 SymRun Plus 吹风箱技术、福伊特公司的 Pro-Release 双真空区纸幅稳定技术均用于实现纸幅稳定。

（3）袋区通风技术

袋区通风装置的使用保证了袋区纸幅两侧空气压力的平衡，袋区通风装置的上风嘴用来挡住干网带来的气流，下风嘴则用来挡住被导网辊带动过来的空气，在上、下风嘴之间形成一个压力区。该压力区在受控情况下将准确数量的干热空气送入袋区，袋区内的湿空气则通过自然抽吸作用从袋区排出。这既消除了纸幅的抖动问题，又提高了纸幅在干燥部的烘干效率。

（4）引纸系统

近几年又出现了一种新型引纸方式——真空引纸传送带。例如，维美德公司的PressForce 真空引纸传送带是专门用于压榨部的引纸解决方案。PressForce 可设计用于压榨部的不同部位，包括中心辊、独立压榨部和双毯压榨部。整个引纸过程无需人工干预，不会发生引纸绳导致的事故，同时不涉及辊子或其他设备带来的危险。PressForce 通过压缩空气操作，易于维护，且备件很少。

另外，维美德公司的全自动 BlowForce 引纸解决方案也具有明显的优势，它可缩短引纸和断纸时间，提高操作人员和机械的安全性。这一新型无绳、低摩擦力引纸装置是专为卷纸机和压光机的开放式引纸而开发的。该引纸装置采用了具有创新性的无摩擦力喷嘴技术。相对于传统的喷嘴，BlowForce 喷嘴的牵引能力非常强，而且真空由压缩空气产生并可以调节。

4. 压光整饰技术

新近投产的纸机生产线中，压光整饰设备一般首选软压光机。根据生产的纸种质量指标的需要和项目投资情况，可选择四辊双压区软压光机或者两辊单压区软压光机。一般来说，对于静电复印纸和双胶纸等纸种，两辊单压区软压光即可满足需要，但是它要求进入压光机前纸幅的两面差尽可能小。山东太阳纸业股份有限公司 21 号纸机使用了单压区软压光机。山东华泰纸业股份有限公司向福伊特公司订购的基于福伊特公司"同一平台概念"的纸机即采用了 EcoSoft Delta 软压光技术。近几年出现的新型压光整饰技术，亦即宽压区压光技术，主要包括带式压光机和靴式压光机，目前还处于推广和发展阶段。我国引进的带式压光机基本上都用于白卡纸板涂布前的原纸整饰，替代传统的两辊硬压光机，以保留纸张的松厚度。对于生产文化用纸来说，带式压光技术尚不成熟，如第一台用于山东太阳纸业股份有限公司的 PM23 文化用纸机卷纸前压光，效果并不是非常理想。

软压光技术仍在不断完善和发展，特别是机内软压光技术。该技术应用喷水冷却的压光工艺，能使纸板产品松厚度有效提高 2% ~ 4%，在提高生产能力的同时，设备投资成本也较低。

（1）靴式压光机

靴式压光机技术是在靴式压榨取得成功的基础上开发的，起源于 20 世纪 90 年代，以福伊特公司的 NipcoFlex 靴式压光机为代表。靴式压光的原理主要是基于水分梯度效应和温度梯度效应。靴式压光机的压区较长，作用温度高，可增强纸张表面的整饰效果，可获得纸张所希望的松厚度、粗糙度和平滑度等指标。

（2）带式压光机

带式压光机以维美德公司的 ValZone 带式压光机为代表，它采用了一种宽压区压光技术，可以大大改进纸和纸板压光质量以及生产效率。其主要特点是采用了宽达 1000mm 的宽压区替代了传统的辊式压光机，压区由光滑的加热钢带和热辊组成，纸张的两面可以在宽压区中同时得到压光。由于压光温度高，纸张经受的压光作用时间长，纸张中的水分以及压区压力低，这使得纸张表面可塑性增加，粗糙度降低，成纸印刷性能得以改善。此外，压光后的纸张可保持一定的松厚度和挺度，有助于节约纤维原料和提高生产量。

5. 纸机的在线监测技术

（1）化学品的在线应用技术

由于纸机车速和纸张质量的大幅度提高，由此而引发的化学品的使用种类及添加点不断增多。为保证纸机运行性能和产品质量稳定，化学品需要制备浓度稳定且能够实现实时准确地在线添加。此外，出现了在线检测控制设备，如留着率监测系统，该系统可以在线检测上网浆浓度、白水浓度、填料含量等。通过网部首程留着率和填料留着率的计算来控制和调整助留化学品的添加。相同功能的设备还有颜色监测系统，可以在线检测纸张白度、色相指标，反馈后作用于增白剂和染料的添加。在当今造纸生产线中，化学品添加的自动化控制程度均有所提高，可以在纸机 DCS 操作界面中实现化学品的关停、用量调整和加入点切换等操作，某些添加设备还能够实现自动清洗。

（2）纸张质量的在线检测技术

为了稳定产品质量，现代纸机都配置了纸张质量在线控制检测系统，包括纸张质量控制（QCS）、纸幅运行监测（WRM）和纸病监测（WIS）3 个系统。

QCS 是控制纸张质量的最有效的手段，它可以监测纸张水分、定量及其他工艺参数。

现代化高速纸机 QCS 系统除实现纸张的定量和水分的测量和控制以外，还可以实现纸张灰分、厚度、紧度、白度、光泽度、平滑度、透明度、涂布量等的检测和控制，以实现纸张生产质量的闭环自动控制。

WRM 系统是采用摄像技术在纸机容易断纸的地方进行监测记录，对断纸发生前一定时区摄像机所捕捉到的断纸图像进行分析，使技术人员快速判定断纸区域和断纸原因，从而及时启动相关设备，实现断纸复引[30]。图像和适当的信号处理可确定断纸源，减少重复断纸，提高纸机的生产效率。

WIS 系统专门用于在线检验各种纸病，如斑点、孔洞、皱纹、裂口、条痕等，可根据设定条件而发出提示或报警，并与纸机联锁以剔除次品。统计数据也可用于质量管理，确定纸病的成因，为预防生产技术问题提供早期报警，并对相应的部分按要求作出处理，从而提升成纸质量。

（三）纸加工科学技术

众多高档纸种和特种纸是经过涂布加工来实现的，即采用各种涂料对原纸表面进行涂布加工，如印刷涂布纸、压敏纸、防水纸、防锈纸等。此外，还有一些特种纸是不需要涂布加工的，如装饰纸、转移印花纸、食品包装纸、美纹纸、墙纸原纸和圣经纸等。纸张经过涂布加工后可以获得较优的印刷适应性能，如良好的不透明度、光泽度、较好的油墨吸收性以及色彩还原性等。近几年，国外出现了一系列先进的涂布方式与设备，例如维美德公司相继开发的 OptiCoater 涂布机、OptiCoater Jet 喷射式涂布、OptiBlade 新概念刮刀涂布、OptiCoat Duo 涂布、OptiSpray 新型喷雾式涂布等先进的涂布方式与设备。

（1）涂布技术的进展

传统涂布技术主要包括气刀涂布、刮刀涂布、辊式涂布等。现代涂布技术主要包括计量式膜转移施胶式预涂布、喷雾涂布和帘式涂布等。这些涂布方式可分为接触式涂布和非接触式涂布，其适用的涂布纸种存在差异。对于涂料组分需要避免外加机械力作用的场合，一般选择非接触涂布方式，如无碳复写纸、压敏纸等。有些涂料由于固含量较低，也可以采用气刀涂布方式，如彩色喷墨打印纸等。接触式涂布适用范围较广，高速涂布机一般选用一道刮刀涂布或计量式膜转移施胶式预涂布，或者多道涂布的组合形式。海南金海浆纸业有限公司 2010 年投产的世界上最先进的文化用纸生产线，年产量超过 100 万吨，采用了机内两面涂布，每面一道施胶、一道膜转移施胶式预涂布、两道刮刀涂布，另外机外配两台十辊超级压光机。喷雾涂布和帘式涂布是新型非接触涂布方式，代表了未来涂布技术的发展方向。

OptiSpray 是维美德公司新开发的喷雾涂布技术，属于非接触式涂布，可在较低的涂布量下实现对原纸的良好覆盖。OptiSpray 喷嘴结构独特，涂料与喷嘴喷出的高压气流碰撞时发生微粒子化，形成 20～60μm 的涂料粒子。喷嘴沿纸幅横向交叉喷雾，保证涂层均匀。喷雾涂布技术具有以下优点：涂层疏松多孔、不易起泡、覆盖性好、涂料在原纸上的保留率高、印刷油墨的固着性好、涂布操作对原纸的强度和水分要求低。缺点是涂布纸的平滑度和光泽度略低。

帘式涂布技术是用于生产涂布纸的新式涂布方式之一，与喷雾涂布技术类似，为非接触式涂布技术。在 20 世纪 90 年代后期，该涂布方法成为了特种纸如无碳复写纸加工的最新技术。目前，帘式涂布已经应用到了多种纸产品的生产中，其应用还会进一步扩大。帘式涂布作为一种预计量的理想仿形涂布，其特点是在纸机横幅方向的喷嘴提供一个自由下落到运行纸幅表面的涂料幕帘，这使得下落到纸面的涂层具有较好的遮盖能力，且能做到与纸幅无接触优良运行，在造纸行业中多用于 LWC、无碳复写纸，热敏纸等。

目前，涂布机幅宽 1200 ~ 4550mm，其中大部分在 3000 ~ 4000mm，涂布车速 600 ~ 1300m/min。帘式涂布技术得到了造纸工作者的推崇，甚至有学者认为在今后的涂布技术领域，特别是在一些特种纸涂布技术领域，帘式涂布将有可能代替若干现有涂布技术，在该领域占有重要地位。

（2）涂布纸质基材的发展

涂布纸质基材，即通常所说的涂布原纸，对涂布纸的质量和生产有着极其重要的影响。纸张经过涂布加工后虽然可以改善原纸的一些缺陷，但是并不能完全去掉原纸的某些缺点。涂布类纸种的生产过程是将涂料均匀地涂覆在纸质基材的表面，使得涂布纸具有某些特定的性能。因此，对于涂布来说，原纸自身应该具备一定的物理强度，且能在纸机上完好运行，涂层均匀一致，并具有良好的性能。涂布纸质基材根据纸种不同可以分为铜版原纸、LWC 原纸、铸涂原纸、热敏原纸、无碳复写原纸和彩色喷墨打印原纸等。此外，某些特种纸既可以使用纸质基材，也可使用合成基材。例如，高光喷墨数码相纸可以用纸质基材，也可以用树脂涂布纸作为基材。随着涂布纸质量的提升，纸质涂布基材的性能指标，如横幅定量、表面平整性和物理强度等均有了更高的要求，这也是纸质涂布基材发展的必然趋势。

（四）造纸科学技术在生产发展中的作用和重大成果

1. 近年来造纸科学技术在生产发展中的作用

随着我国科学技术的进步，造纸科学技术学科在取得众多科学理论与技术突破的同时，也将许多研究成果应用于造纸工业当中，并在生产实践中收获了成效。一批大型的现代化造纸龙头企业不断涌现，如玖龙纸业（控股）有限公司、理文造纸有限公司、华泰集团有限公司、山东晨鸣纸业集团股份有限公司、山东太阳纸业股份有限公司等。在建和已投产的许多现代化造纸生产线项目无论装备水平、自动化水平，还是产品质量，都代表了当今世界的先进水平。山东太阳纸业股份有限公司 2010 年上半年投产的 45 万吨 / 年文化用纸项目，采用了美卓公司的幅宽 7280mm、设计车速 1800m/min 的纸机。海南金海浆纸业有限公司 2010 年 5 月投产的 140 万吨 / 年造纸生产线，采用的是德国福伊特公司的网宽 11800mm、车速 2000m/min 的纸机，带有 7 道涂布站，主要生产高档铜版纸，这是目前世界上规模最大的纸机。此外，山东晨鸣纸业集团股份有限公司、华泰集团有限公司和亚太森博（山东）浆纸有限公司等均有大型造纸项目，如山东晨鸣纸业集团股份有限公司的 80 万吨 / 年高档低定量铜版纸项目、吉安集团有限公司 60 万吨 / 年涂布牛卡纸项目等。这些项目都是采用世界一流的造纸技术装备，自动化程度高，单机生产量大。山东晨鸣纸业集团股份有限公司的 80 万吨 / 年文化用纸项目，纸机网宽 11150mm，设计车速 2000m/min，主体设备分别由芬兰美卓公司、德国福伊特公司、奥地利安德里茨公司和日本丸石公司等提供，采用 DCS 控制实现设备全自动化操作，属于世界一流的铜版纸生产线。

当代世界先进技术的应用，极大地提高了我国制浆造纸工业的生产技术水平。上述造纸项目的建设和投产是近年来世界最新造纸科学技术在现实生产中的综合体现，并将进一步发挥重要作用。

2. 近年来造纸科学技术的重大成果

造纸科学技术学科重视对世界先进造纸生产技术的引进、消化吸收和创新，重视科研投入和产业扶持，加强对现有造纸生产技术装备及其生产工艺的优化和创新，提高产品质量和开发新产品。

在"十二五"期间，我国制浆造纸行业取得了一大批具有自主知识产权和突破性的创新成果，并得到了推广应用。2012 年 9 月，通过科技部验收的由河南江河纸业股份有限公司、华南理工大学、轻工业杭州机电设计研究院等联合研发的 5600/1500 高速文化用纸机，项目投资 24987 万元，建成产能 20 万吨 / 年的特种纸 / 文化用纸生产线，比传统投资节约了 5.5 亿元左右，纸机工作车速 1200 ~ 1500m/min，净纸幅宽 5740mm，实现了国产高速纸机零的突破，具有里程碑的意义[31]。此外，由河南江河纸业股份有限公司与其旗下子公司河南大指造纸装备集成工程有限公司共同完成的"靴式压榨装置"项目，在 2014 年 11 月顺利通过了由中国轻工业联合会组织并主持的科技成果鉴定。鉴定意见认为，自主研发和制造的靴式压榨装置，满足了 5600mm 水平夹网多缸文化用纸机 1500m/min 设计车速下对压榨部的要求，具有明显的自主创新，其技术水平已达到国内领先水平。与此同时，在 2016 年 1 月，由河南江河纸业股份有限公司独立完成的"机内整饰涂布纸"项目顺利通过了由中国轻工业联合会组织并主持的科技成果鉴定，与会专家一致认为，项目整体技术达到了国内领先水平，产品填补了国内空白。

我国制浆造纸行业不断发展，取得了令人瞩目的成绩。杭州美辰纸业技术有限公司于 2016 年 12 月初，向国内一家特种纸公司提供了 1 台全新稀释水水力式流浆箱。该流浆箱形式为满流水力式，配有自动稀释水横幅定量调节系统；流浆箱箱体不需提供压缩空气，且没有溢流，宽度为 4850mm，设计运行车速为 800m/min，顺利开机之后，产品各项指标完全达到或超越了原机的进口流浆箱产品性能指标。该纸机是目前国产运行最快的薄页特种纸机。

2016 年，山东泉林纸业有限责任公司采用的由潍坊凯信机械有限公司制造的 HC-1600 新月型纸机，设计车速 1600m/min，工作车速 1500m/min，幅宽 2850mm，是目前国产设备中车速最高的卫生纸生产线。与此同时，2016 年 7 月，保定雨森卫生用品有限公司与潍坊凯信机械有限公司再次达成协议，签订了 4 台 HC-1100 高速卫生纸机供货合同。HC-1100 高速卫生纸机设计车速 1100m/min，工作车速 1000m/min，幅宽 2850mm，保定雨森卫生用品有限公司已成为我国生活用纸年产能超过 10 万吨的大型生活用纸生产企业之一。

近几年，我国新开发的产品还包括：700m/min 的真空圆网纸机和 1500m/min 以上的新月型卫生纸机，产能为 8000 ～ 20000 吨 / 年，突破了水力型流浆箱、钢制扬克烘缸、夹网成形等技术；制造出幅宽 5600mm，车速 1200m/min 以上的文化用纸机；幅宽 5600mm，车速 800m/min 以上的纸板机；幅宽 4800mm，车速 800m/min 的涂布白纸板机；主要用于长纤维或混合纤维超低浓度成形生产特种纸的斜网纸机，幅宽 3300mm，车速 200m/min，目前单层和双层成形斜网纸机已成功投产运行；与纸机装备的发展相呼应，机内纸板涂布机供应商已具备生产幅宽 7000mm，车速 900m/min 的整体制造能力。这些新产品的开发应用，使纸和纸板产品的质量、生产量和劳动生产率进一步提升，产品生产成本下降，进一步适应了市场的发展需求[32-33]。

国家"一带一路"倡议为我国企业"走出去"提供了机遇，也为我国制浆造纸工业的发展指明了新的方向。2016 年 4 月 26 日，山东太阳纸业股份有限公司与美国阿肯色州签订了项目投资合作备忘录，标志着山东太阳纸业股份有限公司 70 万吨 / 年生物精炼项目落地阿肯色州。项目建成后，这将是北美制浆造纸行业中最现代化、效率最高、最环保的木浆产品生产线。

三、造纸科学技术国内外比较分析

伴随着我国制浆造纸工业的发展，我国制浆造纸装备制造业也在不断进步，取得了巨大的成绩，已经可以为制浆造纸行业提供成套的装备以及生产线，拥有了一批实力雄厚的科研团队与自主创新的装备制造企业。尽管如此，对于一些高技术含量的产品或者关键零部件，我国暂时还不能生产或者生产出的质量远不如国外产品，还需要依赖进口，我国的自主创新能力还落后于造纸装备发达的国家。自主创新研发国产高端制浆造纸装备对我国制浆造纸行业的发展显得尤为重要。

（一）造纸装备技术水平有待进一步提升

1. 国产打浆设备需要进一步完善

低浓打浆除了能量消耗高之外，对于大多数草类纤维浆料的打浆是不太适宜的，它会导致纸浆的打浆度迅速上升、滤水性迅速下降，既影响成纸的强度，又影响纸机车速。造成这一现象的主要原因在于纸浆的输送设备和打浆设备的性能质量。国产浆泵的出口浓度和压头通常较低。纸浆浓度稍高一些，又会造成打浆机或磨浆机进浆困难。另外，磨浆机的磨盘硬度及耐磨性较国外设备还有一定的差距。除此之外，打浆机或磨浆机以及浆泵的产能对于适应现代化纸机高产能的需要仍有一定难度。

近年来，尽管我国在吸收、消化国外技术的基础上取得了一定的成绩，开发出了一些替代进口设备的产品，但是国产设备在一些主要性能指标的稳定性、设备耐磨性以及机械效率等方面，仍存在一定的差距，有待进一步改进和提高。

2. 国产纸机的性能和质量与国外进口产品相比差距较大

纸机的幅宽大、车速高，意味着纸机的产能大、生产效率高。目前，国产纸机的性能和质量与国外进口纸机仍存在较大的差距，例如：①国际上书写印刷纸机的幅宽已达到 11000mm 或以上、车速 2000m/min，而相应的国产纸机的幅宽仅为 5740mm、车速 1200 ~ 1500m/min[33]；②国外纸板机的幅宽已达到 8100mm、车速 1200m/min，我国纸板机的幅宽最大达 7000mm、最高车速 800m/min，30 万吨 / 年以上产能；③国外新月型卫生纸机的幅宽、车速和生产量已分别达到 5600mm、2200m/min 和 6 万吨 / 年，我国目前为 2850mm、1600m/min 和 2.2 万吨 / 年；④纸浆流送系统的能力国外已做到 80 万吨 / 年的产能，我国目前大约在 20 万吨 / 年；⑤纸机中其他重要的单元设备，如带有稀释水的水力式流浆箱，我国刚刚研发成功不久，用于幅宽 5600mm 及以下的纸机中；在网部成形系统中，国外立式夹网成形器已投入商业运行，我国目前尚处于长网 + 水平式夹网成形器的阶段，而它对改善纸张两面的脱水均匀性方面尚不及立式夹网成形器，多数成形辊及吸水箱还需要进口；在压榨部系统中，国外已将靴式压榨成功运用到纸机中，而我国国产纸机仍以复合压榨为主，纸板机以大辊径压榨为主，其脱水能力及对湿纸幅性能的改善尚不及靴式压榨，靴式压榨技术刚刚研发成功，用于文化用纸的生产中，现仍处在不断完善的阶段；对于膜转移式表面施胶技术，我国尚处于根据国外技术仿制当中；在纸机烘干部，国外已采用纸幅稳定器、冲击式干燥器、穿透干燥等；在压光方面，尽管国内也开发出了软压光技术，但主要还是吸收消化国外技术，车速尚低于国际先进水平，在实际应用率方面仍有待进一步提高，产品质量需要不断改善。

3. 纸或纸板的整饰及涂布加工方面国内外的比较

国外机外整饰用的超级压光机近年来发展十分迅速，先后推出了悬挂式或斜列式的多辊（如十辊）超级压光机，其幅宽达到 11000mm、设计车速 1700m/min 以上，且压辊的重力不会影响压区的线压力。目前，我国已成功开发出 3600/1200 型超级软压光机，由淄博泰鼎纸机械有限公司制造，并于 2012 年年底在民丰特种纸股份有限公司投产。在涂布加工方面，国外机内双面涂布、膜转移施胶式预涂布、喷雾涂布（射流技术）和帘式涂布等现代涂布技术，都已投入使用，而我国尚处在吸收和消化国外先进技术的阶段，国产涂布机的涂布方式仍以刮刀涂布为主。在"十二五"期间，沙市轻工机械有限公司制造出了帘式涂布机，使用幅宽为 880 ~ 6000mm，车速 1800m/min[33]。

（二）研发能力需进一步加强

近年来，我国造纸科学技术取得了较快的发展。随着世界领先水平的造纸生产线不断地在我国落户并成功运行，以及纸产品质量的稳步提升，我国在生产技术方面和造纸装备方面的发展步伐不断加快，尤其在生产技术方面。我国加大了造纸行业的科研开发和科技创新力度。华南理工大学设有国家级制浆造纸重点实验室，齐鲁工业大学和陕西科技大学设有教育部重点实验室，天津科技大学和南京林业大学设有省部级重点实验室，这些均增强了造纸科学技术学科基础和应用基础研究的力度，如在流体力学方面的中高浓技术、脉冲干燥技术和靴式压榨理论等方面取得了许多研究成果。除高等院校外，不少大型造纸企业（如山东华泰纸业股份有限公司、山东太阳纸业股份有限公司、山东晨鸣纸业集团股份有限公司和泰格林纸集团股份有限公司等）成立了国家级企业技术中心和博士后科研流动站，以提升企业的技术研发实力。2016 年 12 月 16 日，中国制浆造纸研究院被科技部国际合作司正式授牌认定为"植物纤维综合利用"示范型国家国际科技合作基地，该基地的获批将进一步助推中国制浆造纸研究院"引进来、走出去"双向推进的国际合作计划，让更多、更加优质的国际科技资源服务于我国制浆造纸行业，同时推动国内优势技术和装备走向世界。

在造纸装备技术方面，我国的研发实力还比较薄弱，尤其是同国际先进水平相比。福伊特公司、维美德公司和安德里茨公司是世界上最大的 3 家制浆造纸装备制造商，它们都有自己的研究开发中心，并各具特色。外资公司如 UPM 公司、APP 公司和 Stora Enso 公司等都建有世界级水平的研发中心，并且在我国设有研发分支机构，如芬兰 UPM 集团的亚洲研发中心。国际化的造纸化学品公司，如巴斯夫（BASF）、凯米拉（Kemira）、纳尔科（NALCO）和 Ashland 等公司也非常重视产品研发和技术服务水平，分别投资建设了自己的研发中心。

与国际制浆造纸装备制造巨头相比，国内制浆造纸装备制造企业缺乏自己的研发机构、实验装置和手段，设备运行参数只能从产品试车或生产中获得，与国外装备相比用户有很大的选用风险，不能针对造纸行业的发展研发出适合新工艺的高效、可靠设备，更不能为用户提供前期工艺技术参数的支持。因此，这些都导致了被动的跟踪模仿，无法形成自己的核心技术。

另外，我国设备技术开发与工艺技术的发展相脱节，设备技术开发远落后于工艺技术的发展，相互间难以形成有机的联系与合作。除此之外，国内科研院所的研发机构与装备制造企业以及造纸生产企业之间的有效沟通和合作也是十分欠缺的。装备制造企业总是期待着已经十分成熟的研究成果，然后将其购入后直接产业化，显然这是一种不现实的做法；

科研院所也因为科研经费和实验设备的缺乏，很难与生产企业真正深入地开展有效的合作研发，产学研合作在一定程度上流于形式，需要通过适宜的改革的办法来改变现状。

四、造纸科学技术学科展望与对策

近期，美国 RISI 公司按照历年惯例公布了 2015 全球百强制浆造纸企业名单。在 100 强名单中，我国共有 14 家企业入围，是仅次于美国（18 家）的第二大国。排名前 7 位的中国企业，都较 2014 年的排名有所提高，这也反映出我国造纸行业的集中度在不断地提升，大企业的国际竞争力日趋增强。

我国制浆造纸工业仍面临着诸多的问题，如资源、结构和环境以及减本、增效问题，造纸装备行业将面临对环保、高端、大型的造纸设备的大量需求，对设备的大型化、高速化、自动化、专用化和高效、节能、低耗、状态自动监诊等要求越来越高；同时，在老旧造纸设备改造、更环保高效的生产流程等服务领域，也会产生大量的需求。

（一）纸及纸板产品将向着多元化、低定量、功能化、环保、质优、价廉的方向发展

这一发展趋势是由国民经济发展水平和社会发展水平以及人民生活的发展水平所决定的，也是不以人们的意志为转移的客观发展规律。优势产品的竞争力将进一步提高，配用高得率浆和废纸浆的新品种也将会增加，品牌、名牌创新力度将加大，引导理性消费的观念和措施将进一步加强。面对这种形势，造纸科学技术学科必须保持清醒的认识，自觉地调整观念意识，主动适应新形势的发展需要，创新思路，研究开发与发展趋势相适应的制浆造纸新工艺、新产品、新设备。

（二）纸及纸板生产过程向着高车速、高质量、高效率、低（资源、能源）消耗、低排放的方向发展

这一发展方向体现了纸及纸板产品的生产过程追求高生产效率，同时节约资源、环境友好、低碳经济的发展目标。例如，①在纸料制备过程中，低浓打浆向中、高浓打浆的方向发展；②为提高造纸湿部的脱水量，改善纸或纸板的质量，靴式压榨将进一步得到广泛的应用；③计量式膜转移施胶及涂布、帘式涂布、袋区通风、在线软压光、在线质量检测及控制（包括横幅定量、水分、紧度、灰分等）、生产线的自动化控制等技术，也都将在生产中得到广泛应用。此外，能源消耗、水资源的合理使用、中段水的回收利用等，也将受到越来越多的重视。

（三）加强造纸科学技术学科的研发能力

我国造纸科学技术学科的研发队伍存在着"小而散"的现象，由于缺乏经费等多方面因素影响，一些中试实验手段还属于空白，部分检测手段等还相对落后，一些新工艺、新方法等难以扩大试验规模。相反，国外的情况要比我们好很多，例如，加拿大森林产品创新研究院（FPInnovations，原加拿大制浆造纸研究院）投资上千万加元安装了一台实验纸机，幅宽 1000mm 以下，配备了非常完善的在线监测和检测仪器设备，使得造纸工艺方面的研究实验得心应手。维美德公司、福伊特公司和安德里茨公司世界三大制浆造纸装备制造商，其研发中心功能十分健全，产学研、工艺与设备研发紧密结合，相互依赖、共同发展，这些都值得我国造纸科学技术学科来学习和借鉴。加强造纸科学技术学科的研发能力要避免形成国外先进造纸装备技术"引进—消化—再引进"的怪现象，应该真正走上一条"引进—消化—创新"的发展之路、强国之路。

参考文献

[1] 中国造纸学会. 2017 中国造纸年鉴［M］. 北京：中国轻工业出版社，2017.

[2] 田晶，胡庆喜，刘士亮. 新型中浓打浆系统（MCPA–ZDPS）的研制及应用［J］. 轻工机械，2012（4）：1.

[3] 马伟良，曹知朋，郑春友. 中浓打浆在棉浆生产中的应用［J］. 纸和造纸，2015，34（1）：5.

[4] 蓝家良，马乐凡，刘菲菲，等. 马尾松 KP 浆打浆机理研究［J］. 湖南造纸，2012（4）：25.

[5] Banavath H N, Bhardwaj N K, Ray A K. A comparative study of the effect of refining on charge of various pulps［J］. Bioresource Technology, 2011, 102（6）：4544.

[6] 马龙，龙芬，袁世炬，等. 漂白亚硫酸氢镁稻草浆中高浓打浆性能的研究［J］. 湖北造纸，2012（2）：17.

[7] Chen Y, Wan J, Zhang X, et al. Effect of beating on recycled properties of unbleached eucalyptus cellulose fiber［J］. Carbohydrate Polymers, 2012, 87（1）：730.

[8] 许慧敏，刘命洲. 低强度打浆在 OCC 纤维回用技术中的应用［J］. 中国造纸，2014，33（2）：75.

[9] 李春，唐栩靓，刘萃莹. 几种新型造纸填料的研究进展［J］. 杭州化工，2016，46（4）：4.

[10] 吴伯超. 有机微粒助留体系在脱墨浆中的应用研究［J］. 造纸科学与技术，2013（2）：37.

[11] 邓佩春. AKD 乳液的组成与性能的研究［D］. 福州：福建师范大学，2013.

[12] 孙成进，王松林，邢仁卫，等. 造纸施胶剂 AKD 新形态——液体 AKD［J］. 中华纸业，2015，36（24）：41.

[13] 常永杰，刘娜. 改善纸张疏水性的研究进展［J］. 中国造纸，2014，33（5）：62.

[14] 郭胜男，邹其超. 造纸用表面施胶剂的研究与应用进展［J］. 胶体与聚合物，2012，30（2）：87.

[15] 张宇. 基于 OptiSizer 喷淋施胶平台的高强瓦楞原纸表面施胶研究［D］. 杭州：浙江理工大学，2016.

[16] 张丹，余光华，王建华，等. 高效滤水酶在涂布白纸板生产中的应用［J］. 中华纸业，2016，37（10）：49.

[17] 齐云洹，马晓东，王耀. 滤水促进酶在箱纸板生产中的应用［J］. 中国造纸，2014，33（12）：77.

[18] 慈元钊，刘国锋，付玲弟. 滤水酶预处理提高 OCC 浆料的滤水性［J］. 纸和造纸，2016，35（12）：10.

［19］焦东，王成. 三种不同网部成型器结构及纸页成型的比较［C］. 广东省造纸学会第九次会员代表大会暨 2011 年学术年会，2011.

［20］李芳. 维美德 iROll 技术，实现精确在线测量［J］. 中华纸业，2014，35（14）：43.

［21］侯庆喜，刘苇. 对我国制浆造纸装备制造业创新发展的思考［J］. 中华纸业，2017，38（2）：14.

［22］赵小玲. 靴压设计在宽压区压榨中的重要作用［J］. 中华纸业，2011，32（2）：86.

［23］郑新苗. 靴式压榨应用于薄页纸生产［J］. 中华纸业，2014，35（18）：49.

［24］刘天蓉. 江河纸业高速纸机研制项目通过国家验收［J］. 纸和造纸，2012，31（10）：85.

［25］侯庆喜，王进，张红杰. 我国造纸科学技术学科的现状、发展趋势及对策［J］. 中国造纸，2011，30（12）：60.

［26］朱文，张辉. 现代纸机压榨毛毯及毛毯—纸幅体系的技术研究进展［J］. 中国造纸学报，2015，30（4）：51.

［27］徐红霞. 基于纸机的新型干燥设备［J］. 中华纸业，2014，35（2）：81.

［28］尹勇军. 纸页干燥通风系统建模与优化研究［D］. 广州：华南理工大学，2016.

［29］徐红霞. 高速卫生纸机系统的高效干燥烘缸装置［J］. 中华纸业，2014，35（12）：71.

［30］李敏. 基于视频分析的造纸现场监测系统软件设计［D］. 杭州：浙江大学，2016.

［31］杨旭，张辉. 我国制浆造纸装备制造业"十三五"发展展望［J］. 中华纸业，2016，37（1）：2.

［32］张洪成，戴传东，刘铸红，等.《"十二五"自主装备创新成果》系列报道之五：纸机关键装备技术［J］. 中华纸业，2016，37（16）：6.

［33］曹朴芳. 中国造纸工业"十二五"发展综述［J］. 造纸信息，2016（10）：8.

撰稿人：侯庆喜　张红杰　刘　苇

纸基功能材料科学技术发展研究

一、引言

（一）纸基功能材料的概念

纸基功能材料，是指以纸为基材，经过某种加工或特殊处理后具有一定功能的薄张材料。在行业内，习惯称之为加工纸、特种纸或者功能纸，其中特种纸的称谓在企业界得到广泛认可。为方便起见，此文多处使用特种纸。

特种纸是一个比较模糊的概念，是指用途不同于一般的印刷、包装、生活用纸，需求量相对较少，针对某一特定性能，附加值较高，用途相对特殊的一类纸张。特种纸的用途几乎涵盖了国民经济的各个行业。特种纸按其用途可分为印刷用纸、信息用纸、包装用纸、工业用纸、建筑用纸、生活用纸、医药用纸和军工用纸等。

特种纸的制造不仅涉及传统造纸的技术理论，还涉及化工、材料、高分子等相关领域的技术，它们相互影响、相互渗透、相互制约。特种纸的制造既是传统造纸技术在特殊领域中的应用，又是对传统技术的开拓和发展创新。

（二）纸基功能材料加工的基本方式

纸基功能材料的品种很多，一部分由原纸直接制造，大多数需要再加工，加工方式一般有以下几类：①涂布加工。采用各种涂料对原纸表面进行涂布加工所得的纸类。②变性加工。原纸受化学药剂作用而显著改变了特性的纸类。③浸渍加工。原纸经过液体物料浸渍所得到的加工纸类。④复合加工。经过层合和裱糊作业使原纸与其他薄膜材料贴合起来所得的纸类。⑤机械加工。原纸经过轧花、磨光等机械加工所得到的纸类。

其中，涂布加工用途最广，尤其是文化用纸类。一般的纸基功能材料（特种纸）需要经过一种或几种不同方式的加工才能完成。

（三）纸基功能材料及其产业特征

纸基功能材料（特种纸）实际上是具有某些特殊性能的多孔片状材料。纸张的多孔性结构决定了特种纸的许多性能，也决定了特种纸的市场和用途。

据中国造纸学会特种纸专业委员会的统计，2016 年我国特种纸及纸板生产量 635 万吨，同比增长 7.63%。特种纸产业作为造纸工业的一个分支，在全球范围内，其增长速度明显快于整个制浆造纸工业，而我国的特种纸产业发展尤为迅速。

特种纸产业具有六大特点：①属于传统产业，具有持久性；②长生命周期的核心产品集中在日常消费领域；③工业及商业领域用纸，生命周期较短，是活跃的并购对象；④生产量小、品种多、产品价格高；⑤企业拼的是技术，核心产品的持续盈利是发展的重要基石；⑥收购兼并是常用的资本运作手段。

（四）纸基功能材料科学技术整体水平与进展

近年来，特种纸领域的技术创新和产品开发取得突破性进展，大部分特种纸在国内都能够生产，不仅替代了进口，而且有些产品已经出口，产品的规模、质量都有了很大提高。各类纸种均有不同程度的创新产品投入市场，特别是一些技术含量高的产品填补了国内空白，如芳纶纸、空气换热器纸、咖啡滤纸、无纺壁纸、高透成型纸、热固性汽车滤纸、高性能密封材料、皮革离型纸、热转移印花纸等。这些产品的研制成功，提升了特种纸的技术水平，推动了特种纸市场的发展。我国正在由以模仿国外产品为主向自主创新、原始创新和转型发展。

纸基功能材料科学研究正向着学科交叉、高新技术方向发展，其制造技术正在由单一湿部化学、性能优化向表面化学、生物化学、材料结构设计等方向发展。纸基功能材料制备技术的快速发展依赖于造纸装备水平的提高和新型功能化学品的开发。

二、纸基功能材料科学技术发展现状

纸基功能材料根据用途大致分为 11 类，即包装和标签用纸、建筑装饰用纸、食品服务用纸、商务交流用纸、工业用纸、出版印刷用纸、消费类用纸、过滤用纸、安全类用纸、医疗类用纸及电气用纸，其中，前三类特种纸约占市场份额的 67%，也是未来 5 年市场潜力较大的纸种[1]。

纸基功能材料制造与技术创新主要分三类：①以纸张作为载体，在生产过程中加入具有热、电、光、磁等功能化学品，使材料具有特殊功能；②采用特殊纤维原材料，如芳纶纤维、碳纤维、陶瓷纤维等，通过特殊制造工艺赋予纸基材料新的性能；③对植物纤维进行物理或化学改性，使材料具有特殊使用性能。近年来，受市场需求牵引与技术推动，我国纸基功能材料领域发展迅速，在基础研究与应用研究方面开展了大量工作，制造技术在传统的流送成形、湿部化学技术为主导基础上，融入表面化学和生物化学相关技术，有力推动了该领域技术进步与行业发展。

（一）近年来纸基功能材料技术研究进展

1. 代表性植物纤维基特种纸品的技术进展

（1）包装和标签领域

包装领域纸基功能材料代表性纸种主要有食品包装纸和医疗包装纸等。

1）食品包装纸。纸基包装材料在食品包装市场中占有50%以上的市场份额。近几年，食品包装纸的技术创新主要集中在包装材料的功能化与新型化学品的开发。通过在纸张表面涂覆功能化学品获得多层复合结构，可实现纸张抗菌、防水防油等功能。

赋予纸质食品包装材料防水防油功能仍是食品包装领域的研究热点之一。目前，该功能主要通过淋膜/复塑方式将聚乙烯塑料薄膜附在纸张表面，或者通过浆内添加或表面施涂防水防油化学品来实现，但前者由于环保性低、难于回收处理，使开发防水防油化学品的应用成为热点。防水防油化学品中，含氟类物质较低的表面能可赋予材料优异的防水防油性能，因而大量应用于制浆造纸工业中。但是，由于含氟类防油剂对食品风味、人类健康和环境带来负面影响，促使非含氟化学品在近几年发展更加迅速。其中，丙烯酸酯共聚物是市场上较为成熟的非含氟类防油剂。此外，采用壳聚糖、乳清蛋白、玉米蛋白、卡拉胶等可生物降解的天然高分子用于防水防油剂成为发展趋势和热点。该类防油剂涂布在纸张表面虽可获得一定的防水防油性能，但与氟类化合物相比，在作用效果或成本上仍存在差距。

目前，我国食品包装纸已得到国际认可，以浙江恒达新材料股份有限公司为代表的食品包装原纸经过加工后，主要用于肯德基、麦当劳、汉堡王等国际知名企业的食品包装，并实现出口。河南银鸽实业投资股份有限公司采用带弱阳电荷的食品级防油剂和阴离子施胶剂作为涂料，在60℃下，利用膜转移表面施胶涂布制备防油纸，该方法可降低防油剂用量和生产成本。我国在食品包装纸适用的抗菌材料方面与日本及欧美国家相比仍存在较大差距，且实际应用较少。

纸质食品包装的污染物迁移问题是该领域的另一研究热点。随着纸质食品包装材料用量的增长，各国开始关注纸质食品包装的安全性问题。食品包装纸中的污染物主要包括重金属元素、荧光增白剂、挥发性有机物（VOC）等。这些物质来自原料、制浆造纸过程以及后加工、印刷过程中。近年来，相关成果主要集中在纸质包装待测残留物的定性与定量分析方法的研究，基于不同食品特性对迁移模拟物的选择，污染物的迁移行为等方面。

2）医疗器械包装纸。医疗器械的特性、预期灭菌方法、使用效果、失效日期以及运输与贮存过程都对包装设计与材料选择提出了较高要求。我国医疗行业市场的迅猛发展导致传统采用棉布类材料的清洁费用不断增长，管理难度也随之增加，很多医疗机构将纸塑包装袋、全棉布及无纺布同时使用在医疗物品的灭菌包装中。纸塑包装袋阻菌效果最佳，它是医用透析纸表面经过凹印、涂布热塑树脂，或直接与塑料复合热封制成的具有透析功能的纸基材料。其涂布过程所用胶料一般是热熔胶和水性胶，由于环保压力，热熔胶有取代水性胶的趋势。总体而言，虽然我国医疗器械包装纸的研究起步较晚，产品主要依赖进口，但近年来国内销售量稳步递增，逐渐实现替代进口产品，甚至有少量出口。

目前，国内对于灭菌包装材料的灭菌方式主要采用 ETO 环氧乙烷灭菌法和高温湿热蒸汽法，因此，该类材料要求具有一定的湿强度、透气性和阻菌性。我国对于透析纸阻菌性能的研究相对较少，夏银凤[2]探讨了不同工艺条件下透析纸阻菌性与孔隙结构的差异，发现阻菌性与孔隙结构及透气性之间彼此关联，但没有明确的相互制约或促进关系。目前，国内透析纸在后加工和使用过程中的热封性能稳定性还需进一步提高。

3）标签纸。与特种标签纸相关的纸基材料主要涉及真空镀铝纸、格拉辛纸和湿强标签纸等。

真空镀铝纸是利用真空蒸镀技术将低熔点的金属铝以厚度为 $0.025 \sim 0.035\mu m$ 的金属镀膜形式沉积在纸张表面制备而成的纸基功能材料。因其具有良好的水、气阻隔性能而广泛应用于烟酒、饮料、食品、胶片、化妆品等高档消费品的包装。我国真空镀铝原纸（不包括纸板）的主要生产厂家有民丰特种纸股份有限公司、仙鹤股份有限公司、牡丹江恒丰纸业股份有限公司、山东鲁骅科技股份有限公司、潍坊恒联特种纸有限公司，其中民丰特种纸股份有限公司和仙鹤股份有限公司的市场占有率较高。

由于真空镀铝纸在制备过程中需要将卷筒纸装到真空镀铝机上直接镀铝，因此纸张表面需进行涂布赋予纸张表面高光泽度和平滑度，实现铝在原纸表面均匀分布。近年来，造纸领域对该纸种的技术创新主要集中在真空镀铝原纸环保性涂料开发方面。目前，真空镀铝纸生产所使用的涂料主要是溶剂型涂料，其中基料为松香、二丁酯、聚乙烯缩丁醛、二甲苯等。

格拉辛纸是原纸经涂布加工后制成的纸基功能材料，其质地致密、均匀，有很好的内结合强度和透明度，常用于不干胶标签底纸。格拉辛纸表面涂有硅油，对黏胶剂具有隔离作用，以保证面纸（通常为铜版纸、热敏纸等）能够很容易从底纸上剥离下来。格拉辛纸纤维原料以长纤维为主，其成本约占不干胶标签纸的 1/3。格拉辛纸常用定量为 $60 \sim 120g/m^2$，为降低成本，实现绿色制造理念，近年来，格拉辛纸朝着轻量化、高性能化方向发展，其定量目前可低至 $40g/m^2$。由于纸张表面还需施涂硅油，因此纸张的轻量化对纸张匀度与表面平整度提出了更高要求。目前，国内生产格拉辛纸的厂家主要有民丰特种纸股份有限公司、山东晨鸣纸业集团股份有限公司、芬欧蓝泰标签（常熟）有限公司、衢州五洲特种纸业有限公司、仙鹤股份有限公司及河南江河纸业股份有限公司。

（2）装饰领域

装饰原纸是建筑施工领域中发展较快的代表性特种纸之一，它是以优质木浆和钛白粉为主要原料加工而成的特种纸，经印刷、三聚氰胺树脂浸胶后，主要用于密度板、刨花板等人造板的护面层纸、面层用纸和底层用纸。根据用途，分为素色装饰原纸、可印刷装饰原纸、表层耐磨原纸、平衡原纸、封边带原纸。受房地产市场和家居装饰市场影响，我国装饰原纸生产量从 2011 年的 53.5 万吨 / 年，增加到 2015 年 79.6 万吨 / 年[3]。山东齐峰新材料股份有限公司和浙江夏王纸业有限公司为国内装饰原纸生产的代表性企业。近年来，我国装饰原纸的技术创新主要体现在解决装饰原纸高加填量下填料留着率低、成纸强度差，提高素色装饰原纸色牢度、吸水性，提升环保性能和降低生产成本等方面。由于装饰原纸主要通过添加颜料、钛白粉等化学品使纸张获得色度和较高的不透明度，因此，提高填料的留着率和其在纸张中分布的均匀性是制备高质量装饰原纸的关键。装饰纸与印刷密切相关，各企业和研究院所目前都在积极开发适合于不同印刷方式的装饰原纸，今后可进行喷墨打印的装饰纸将有很大发展空间。

（3）烟草领域

烟草领域代表性纸基功能材料有卷烟纸、卷烟配套用纸、烟包纸和烟草薄片。

1）卷烟纸。近年来有关卷烟纸的技术创新主要集中在提升卷烟纸的匀度、防潮性和强度性能方面。由于人们对健康和环保的逐渐重视，约 70% 的研究以改善卷烟纸燃烧性、透气性以及降低卷烟抽吸过程中产生的焦油量、侧流烟气及 CO 等有害气体为目标。在满足卷烟纸高透气度、高强度基础上开发了新品种，如防伪卷烟纸、降焦降害卷烟纸、低侧流卷烟纸、低引燃倾向卷烟纸、高透滤嘴棒纸等，取得较好的效益。国内卷烟纸主要生产厂家有民丰特种纸股份有限公司、牡丹江恒丰纸业股份有限公司、浙江华丰纸业科技有限公司、云南红塔蓝鹰纸业有限公司、中烟摩迪（江门）纸业有限公司等。

随着卷烟行业的快速发展和市场竞争加剧，卷烟纸功能添加剂的应用成为了赋予卷烟纸功能性、实现高附加值、提升竞争力的重要手段。目前，功能性添加剂主要集中在燃烧速率调节剂（提高卷烟燃烧品质）、燃烧环境调节剂（降低烟气对周围环境污染）、灰分调节剂（提升卷烟纸包灰性能）、吸味调节剂（降低其他功能性添加剂对卷烟吸味影响）、降害型助剂（降低焦油和有害气体）等方面。此外，在卷烟纸中加入含有人体健康有益的微量元素和重要成分，使卷烟具有改善人体健康和预防疾病的功能也是研究的热点之一。

2）卷烟配套用纸。主要有水松纸和成型纸。国内生产厂家主要有仙鹤股份有限公司、民丰特种纸股份有限公司、牡丹江恒丰纸业股份有限公司和浙江凯恩特种材料股份有限公司等。水松纸是构成滤嘴卷烟的一种重要纸基功能材料，又称烟嘴纸、接装纸。近年来，水松纸技术创新体现在填料及添加剂成分、印刷油墨配方、防伪、纸张表面结构优化等方面，目的是降低香烟焦油含量。其中，水松纸打孔工艺对降焦减害效果明显且工艺简单，因此，打孔型水松纸发展较快。另外，关于水松纸重金属（镉、铬、镍、汞、砷）等有害物质的检测和防治技术也引起了重视。

成型纸又称滤嘴棒纸。近年来，纸张功能化与降焦减害是成型纸技术创新的热点。谢兰英等[4]利用静电纺丝技术制备纳米纤维素膜并用于改性成型纸，所制造的卷烟沟槽滤棒对烟气中的巴豆醛和NH_3具有特殊的选择吸附作用。

3）烟草薄片。是以烟末、烟梗、碎烟片等为主要原料，辅以其他原料如骨架纤维、化学助剂等，通过采用物理、化学方法重新组合加工制成的具有与烟草同样性能的薄片状的再生产品，用于卷烟填充原料，使用比例15%~20%。在卷烟中添加适量的烟草薄片，不仅可最大限度地节省烟叶原料，有效降低卷烟成本，还可在一定程度上使卷烟的物理性能和化学成分按人们的意愿或要求得到调整和改善，从而有助于卷烟内在品质的提高，是烟草行业降焦减害的重要技术。

近年来，烟草薄片技术和产业到了升级换代的新的发展阶段，研究热点主要集中在提质增效、节能减排、产品功能化、个性化等方面。

（4）商业交流领域

商务交流用特种纸主要有无碳复写纸和热敏纸。2015年，我国无碳复写纸主要生产厂家有金华盛纸业（苏州工业园区）有限公司、河南江河纸业股份有限公司、泗水金益纸业有限公司、广东冠豪高新技术股份有限公司、东莞市天盛特种纸制品有限公司等；热敏纸的主要生产厂家有河南江河纸业股份有限公司、江苏万宝瑞达高新技术有限公司、金华盛纸业（苏州工业园区）有限公司、广东冠豪高新技术股份有限公司、湖南恒瀚纸业有限公司、仙鹤股份有限公司等企业。

1）无碳复写纸。无碳复写纸是在原纸上涂布具有复写功能的涂料而制成的一种利用化学反应显色的压敏记录纸，主要用于商业票据。

无碳复写纸原纸成本占产品的68%~72%。我国无碳复写纸原纸在横向和纵向定量差、平滑度性能方面仍需进一步改善。近年来，无碳复写纸的技术创新主要体现在防伪技术，包括原纸防伪和印刷防伪两方面。通过在原纸中嵌入防伪安全线，利用套版印刷技术形成潜影，或者涂布变色胶囊和荧光涂层等方法实现防伪目的。目前，防伪方式正朝着单一方法向多种方法复合并用方向发展。

2）热敏纸。热敏纸是原纸经涂布含有成色材料的涂层，经热信号激发能够自身显色的信息记录纸，广泛应用于收据记录、热敏标签和票据等领域。

近年来，高防护性能的三防（防水、防油、防磨损）热敏纸已广泛应用于标签领域。热敏纸属于涂布加工领域，早期多采用气刀涂布和刮刀涂布加工方式，在生产过程中，热敏纸往往需要进行多次上机涂布，从而降低生产效率。广东冠豪高新技术股份有限公司引进了多层帘式涂布设备，采用多层帘式涂布工艺实现一次性上机多层涂布，生产效率大幅提高，该成果获得湛江市科技进步一等奖。近年来，热敏纸朝着高保存性、高灵敏度以及全彩化方向发展，并开发了许多新纸种，如双面热敏纸、双色热敏纸、超薄收银热敏纸、耐晒热敏纸、耐高温热敏纸、高光泽热敏纸、无保护层三防热敏纸。热敏纸技术的发展朝着高保存性、色彩多样化、可擦写、双面打印等方面发展。

（5）工业领域

1）不锈钢衬纸。不锈钢衬纸主要用于冷轧不锈钢薄板生产过程（各工序间）及成品衬垫使用，以防止不锈钢卷在卷取及中转搬运中由于滑移、挤压、摩擦等引起板面之间相互摩擦造成板面划痕或损坏，具有强度高、耐摩擦、耐高温高压等特性。我国不锈钢近 5 年的年均增长速度约为 13.19%。近年来，国内在开发耐高温不锈钢衬纸方面取得了较大进展，其技术创新主要体现在耐高温助剂开发、纤维原料和表面施胶优化等方面。

2）电解电容器纸。电解电容器纸用于电解电容器阳极与阴极之间，不仅防止电极接触，而且保障电解液不泄漏，因此也成为隔离纸。2015 年，全球电解电容器纸用量约 2.55 万吨，我国用量约 1.6 万吨。该纸种主要以麻浆为纤维原料，同时要求低灰分和电导率。近年来，电解电容器纸的技术创新主要集中在提高耐电压性能方面，超级电解电容器对纸张孔隙要求更小（＜ 2μm），孔隙率更高，因此，相关专利和文献报道主要集中在纤维原料的选择（如菠萝麻纤维、天丝纤维等）和多层结构设计等方面。

3）空气洁净与过滤类特种纸

空气过滤纸基材料主要用于空气净化，以去除空气中的悬浮颗粒，主要应用于电子、汽车、医药卫生等行业以及日常生活。在原料选择方面，国内做了大量研究。通过材料结构设计，各层可采用植物纤维、合成纤维、活性炭纤维、玻璃纤维等，或将不同纤维进行复合，或通过静电纺丝技术在植物纤维纸张表面复合纳米纤维层，过滤精度可达 F9 级[5]。此外，随着工业发展以及人们需求的变化，对空气过滤纸的功能性需求日渐凸显。例如，汽车发动机滤纸的阻燃、耐热性能，家用空气过滤器的抗菌性能等。未来空气过滤材料主要朝着精细化、功能化、复合化和高性能化方面发展。

（6）印刷领域

印刷领域近年来发展较快的主要有转印纸。转印技术主要分为热转印和水转印两种。热转印方法主要包括热升华转印和热熔胶转印。热升华转印将具有热升华特性的染料型油墨通过不同印刷方式将文字、图案等印刷在热升华转印纸上，然后将印有图案的纸面与承印物叠合，并在一定温度（一般 200℃）、压力下使油墨在高温下升华转印到承印物上。该技术适用于承印物或者表层为聚酯纤维的产品。热熔胶转印纸的表面有一层热熔性起黏结作用的涂层，适合纯棉、丝、麻类承印物。

热升华转印纸作为重要耗材，正朝着低成本、高质量的方向发展。定量由最初进口的 100 ～ 110g/m² 降低到 40 ～ 50g/m²。随着热升华转移技术的不断进步，大型彩色打印机由原始的单一喷头发展到现在的多喷头同步打印，打印速度也由原来的 10 ～ 15m/h，提高到现在普遍使用的 18 ～ 25m/h，最快的打印速度已经可以达到 45m/h。热升华转印纸的原纸一般要求紧度在 0.9g/cm³ 以上，透气度应低一些，防止油墨过多由原纸背面向外扩散；

此外，该类纸对耐热性有一定要求，提高针叶木化学浆含量有利于提高原纸的耐热性和强度性能。原纸的横向伸缩性对打印过程影响较大，易出现表面起鼓（或褶皱）问题，导致剐蹭墨头，一般横向伸缩率要小于 1.5%。此外，纸张油墨转移率、转印色密度最终影响印品的质量。热升华转印纸一般只涂布 1 次，涂布量通常小于 $8g/m^2$，同时需要对纸张进行背涂或平衡处理，避免成纸的翘曲。

近年来，我国热升华转印纸生产多采用刮刀涂布，涂料固含量低，涂布质量难以控制。2014 年，中国制浆造纸研究院与沧州意达花纸印刷材料有限公司联合研发了高转移速率干型热升华转印纸生产技术，通过刮刀和网纹辊组合涂布方式，生产出高转移速干型热升华转印纸，涂层均匀，生产效率高。此外，近年来帘式涂布生产热升华转印纸技术的成功开发，实现了高固含量、高车速涂布，具有涂布效果好、涂层覆盖均匀的特点。目前，在改善纸张表面细腻程度，提高产品质量稳定性，建立热升华转印过程中关键指标（如转移率）的评价方法等方面还需不断努力。

2. 代表性高性能纤维及其纸基功能材料的技术发展

（1）高性能纤维

高性能纤维是以石油、天然气等物质为原料，经化学聚合、纺丝、加工而成，具有高强度（> 2.5 GPa）、高模量（> 55 GPa）、耐高温、优异的化学稳定性和耐候性。作为先进纸基复合材料的重要原材料，高性能纤维及其纸基复合材料已成为电工绝缘、轨道交通、航空航天、海洋船舶、石油化工、风力发电等领域的战略性新型材料。

1）碳纤维。碳纤维是一种比强度、比模量高的增强型和功能型纤维，同时还具有耐化学腐蚀、耐摩擦、耐冲击、抗辐射、导电、导热等一系列综合性能。碳纤维及其复合材料未来市场的增长点将主要集中在航空航天、风电叶片、新能源汽车、大飞机、高级体育用品等新兴工业领域。目前，已经成熟的碳纤维应用形式主要包含：碳纤维、碳纤维织物、碳纤维预浸料和短切纤维。由于碳纤维织物、碳纤维预浸料等碳纤维制品具有各向异性的特点，因此对均匀性要求高的领域，短切碳纤维利用湿法造纸制备的碳纤维纸基功能材料更有优势。

短切碳纤维在高性能纸基功能材料领域中的应用主要有：碳纤维纸增强酚醛树脂基复合材料、高性能碳纤维电磁屏蔽材料、碳纤维增强纸基摩擦材料、碳纤维纸可作为燃料电池的电极材料、柔性碳纤维纸基发热材料。

2）芳纶纤维。芳纶纤维具有高强度、高模量、耐高温和比重轻的特性，具有良好的抗冲击性、化学稳定性、阻燃性和绝缘性。它是在高性能复合材料中用量仅次于碳纤维的增强纤维，广泛用于个体防护、防弹装甲、橡胶制品、石棉替代品、车用摩擦材料、高级绝缘纸、纸基蜂窝结构材料，是航空航天、国防、电子通讯、石油化工、海洋开发等高端领域的重要材料。

芳纶纤维由于表面光滑、缺乏活性基团，导致纤维与树脂等基体的黏合性较差。目前，国内外芳纶纤维在纸基功能材料中的应用研究主要集中在以下4个方面：①芳纶纤维表面改性。主要包括化学改性：在纤维表面引入活性基团，通过化学键合或极性作用来增加纤维与基体间的黏合强度，主要方法有表面刻蚀、表面接枝、偶联剂改性等；物理改性：通过物理作用，使纤维表面粗糙度增加，提高纤维与基体的接触面积和润湿性，改善界面状况，主要方法有表面涂层、等离子体改性、γ射线辐射技术和超声浸渍技术。②差别化芳纶纤维的制备。美国杜邦公司和日本帝人公司通过原纤化法或沉析法开发了差别化芳纶浆粕和沉析纤维，它们具有更大比表面积、更强抓附力、更适合造纸的纤维形态，具有更好的成形质量与成纸性能。③芳纶纤维本体性能改善。尽管芳纶纤维具有优异的性能，但存在着不耐光、易老化、抗紫外线能力差等问题，因此芳纶纤维在光长期作用下的安全使用问题已引起广泛的关注。日本东丽纤维研究所研究发现，通过在纺丝液中添加有机紫外线吸收剂的方式改善其耐光防老化效果[6]。

3）聚酰亚胺纤维。聚酰亚胺纤维与芳纶纤维相比具有更高的热稳定性、更低的吸水率、更高的热氧化稳定性、更高的耐水解性及更高的耐辐射性，是一类更具发展前景的功能材料。

利用聚酰亚胺纤维通过湿法造纸制备聚酰亚胺纤维纸基材料具有优异的机械、耐温和绝缘性能，可作为蜂窝结构材料、耐高温绝缘材料应用于轨道交通、国防军工、航空航天等领域。然而，聚酰亚胺纤维湿法造纸技术难度大，且缺乏与之性能匹配的高活性、高比表面积、高性能黏结纤维，导致纸张成形质量差、强度低，无法充分发挥纤维的优异性能。国际上目前尚无商品化聚酰亚胺纤维纸基材料，仅有聚酰亚胺薄膜，然而聚酰亚胺薄膜孔隙致密，产品加工时与树脂结合弱，影响材料的应用范围。

4）硅酸铝纤维。硅酸铝纤维是一种轻质的纤维状材料，具有比热容小、导热率低、耐高温等优点，是国内外公认的优质耐高温隔热材料，广泛应用于航空航天、冶金铸造等领域。与有机纤维纸基材料相比，硅酸铝纤维纸或纸板耐温性能高达1200℃，是理想的保温隔热材料。采用硅酸铝纤维进行湿法抄造前，需对纤维进行预处理以去除渣球。另外，纤维脆性大、表面光滑，纤维之间无法结合，导致湿法抄造过程中也存在纤维分散困难、材料界面结合差的问题。为了避免外加胶黏剂降低材料的耐热性能，寻找或者开发耐高温胶黏剂是此领域研究的重点之一。

（2）高性能纤维造纸共性关键技术

高性能纤维纸基功能材料制造理论和技术是国际公认的难题，一直受到发达国家严密封锁。我国在纤维制备与分散、流送与成形、热压与增强关键环节存在诸多科学问题与技术瓶颈，如纤维形态单一、分散成形困难、综合性能差、产品质量和性能难以满足高端领域使用要求的难题，限制了国产高性能纤维纸基功能材料的发展与应用。近年来，高性能纤维造纸关键技术进步主要集中在以下几个方面：

1）差别化功能纤维的开发。高性能纤维因缺少化学活性基团、纤维比表面积小、与水及树脂界面结合力差等原因无法单独成纸。通过添加"黏结纤维"或树脂浸渍加工等方式可以解决上述问题，成纸强度显著提升[7]。但这种方式也存在着纸张热压后易发脆、工艺复杂、部分树脂或黏结纤维性能与本体纤维不匹配而造成综合性能下降等问题。因此，差别化功能纤维成为了提升高性能纤维纸基功能材料综合性能不可或缺的基础原料。

浆粕纤维是一种高度原纤化的芳纶纤维差异化产品，外观类似木材纤维，平均长度约 1.0mm，平均比表面积达到 $7m^2/g$ 以上，是替代石棉的理想纤维，也是制备纸基摩擦材料、密封材料、蜂窝材料等高性能纤维纸基材料不可或缺的黏结材料。沉析纤维是近年来新开发的一种新型芳纶差异化产品，通过将芳纶聚合体的低温缩聚溶液添加沉析剂，再经高速离心剪切而成，独特的制备方法赋予沉析纤维不同的形态特征，纤维形貌呈现薄膜皱褶状，平均长度约 0.5mm，平均比表面积达到 $8m^2/g$ 以上，纤维均一性好，细碎化程度高，具有良好的分散性能和黏结、增强效果，在高性能纸基复合材料的制备中具有极大的应用潜力。

目前，差别化功能纤维的研发与应用主要集中在芳纶纤维、PBO 纤维、聚酯纤维，但在聚酰亚胺纤维和碳纤维的差别化功能纤维研究方面仍处于空白。国内以华南理工大学、陕西科技大学为代表，长期致力于差别化纤维的抄造性能、湿部化学特性，以及纤维与成纸性能 / 结构相关性的研究。

2）高性能纤维共混浆料高效分散与流送技术。相对于造纸用植物纤维（1 ~ 2mm），高性能纤维长度大（＞ 5mm）、表面活性低、浸润性差、疏水性强，共混浆料悬浮体系中纤维易缠绕、絮聚和沉积，且絮聚体二次分散极为困难，严重影响了材料的成形匀度和强度。此外，工程化制备过程中高性能纤维浆料的输送与混合需要经受不同的输送管道、贮存、混合容器与浆泵，导致浆料共混体系的流体力学特性与湿部化学环境更加复杂。

因此，如何防止纤维絮聚、提高共混浆料高效分散与流送是保证高性能纤维纸基功能材料具有优异的匀度与性能面临的亟须解决的共性关键理论和技术。目前，研究主要集中在纤维预处理、化学分散助剂的应用、分散程度与匀度表征等方面。对共混浆料分散理论进行研究，可为国产高性能纤维纸基功能材料的质量优化提供一定的理论依据和技术指导[8]。

3）超低浓斜网成形技术。为防止高性能纤维浆料在上网成形时发生絮聚，上网时需要大量的水进行高度稀释，合成纤维纸所用纸浆的上网浓度一般需降低至 0.02‰ ~ 0.05‰。但普通长网成形不能承载网部巨大脱水负荷，导致功能组分留着率低、纤维 Z 向分布不可控等问题，严重制约了高性能纸基功能材料系列化与功能化。

烟台民士达特种纸业股份有限公司通过与国外知名设备制造商合作，设计出适合抄造芳纶纸基材料的超低浓斜网成形器，并对浆网速、脱水曲线等成形的工程化工艺进行优化设计，使设备既满足了低上网浓度下的均匀脱水，又可通过双唇板的位置变化调节纤维排布方向，得到大范围可调的纸张强度纵横比，以满足不同应用的需求。随着超低浓斜网成形技术的发展与进步，越来越多的长纤维纸基功能材料采用此种成形方式获得较好的成形匀度与质量。随之而来的问题是，如何保证长纤维在超低浓斜网成形过程中实现生态型短流程制备、节能降耗。同时相关斜网成形设备研制力度需要进一步加强，使其对不同特性的长纤维具有更好的适应性。

4）热压增强技术。要使高性能纸基材料具有较高的绝缘性能与物理强度，符合使用要求，须经进一步的高温高压整饰处理，从而赋予芳纶纤维纸较高的物理强度和优良的绝缘性能。传统工艺采用单压区等温加压，易使材料过羊皮化与局部失效，导致出现纤维断裂、强度劣化等严重问题，不能满足高端领域应用要求。此外，在芳纶纸热压过程中容易出现纸张黏辊或纸张表面产生皲裂、纵向褶子等现象。

目前，高性能纤维纸基功能材料热压技术主要集中在热压工艺优化以及热压技术改进研究方面。通过温度梯度的有效调控，使材料经历"预整饰－再结晶"过程，骨架纤维与黏结纤维界面相互黏结形成整体受力结构，赋予材料优异的力学强度和绝缘性能。目前国内高温热压装备的有效温度最高仅为220℃左右，无法满足高性能纸基功能材料热压所需的高温与高线压，而且国内生产的热压机上下辊存在着温度不稳定、中高负面影响较明显等问题。因此，需要进一步研发相关热压装备，开发热压温度最高可达330℃，热压压力最高可达900kN/m的热压装备。

（3）高性能纤维纸基材料

1）高性能芳纶绝缘纸基材料。电机、变压器等电器绝缘制品领域中，高性能纤维制成的绝缘特种纸品由于比天然纤维制品在热稳定性、电气性能和力学性能等方面具有明显优势，可以显著提高电器的使用寿命和安全性。芳纶纤维纸及其复合纸在绝缘领域的应用不断拓展。目前，芳纶绝缘材料以纸、纸板、柔软复合材料、芳纶云母纸等形式广泛应用在轨道交通和风力发电用电机与变压器、电力变压器、牵引电机的变压器线圈绕组、相间、匝间的绝缘材料，可作为高温高湿恶劣环境下绝缘产品的升级换代材料，尤其可满足高铁、地铁提速与制动对材料的绝缘性能的要求。

目前，芳纶绝缘纸的研究主要集中在以下两个方面：①抗电晕性与抗老化性改善。目前，无机纳米材料在电介质绝缘领域已得到了初步的研究，无机纳米颗粒的添加不仅能够提高聚合物的力学性能、热稳定性，同时还可改善其介电性能。②功能化调控与结构设计。研究院所与生产企业应集成高性能纤维制备、分散、成形与热压增强关键技术，通过原料组分、工艺优化与系统控制，实现纤维形态、纸张结构、材料性能相互响应调控，制备出满足不同应用领域对材料强度、绝缘、耐温等性能要求的高性能纸基功能材料。

2）耐电晕芳纶云母纸基材料。芳纶云母纸是以芳纶纤维作为云母纸的增强材料，通过现代造纸技术结合复合材料加工方式制备而成的高性能复合绝缘材料。

相对于芳纶绝缘纸，芳纶云母纸含有大量的无机云母，具有优良的抗电晕性能，有效提高了材料抗电气老化性能；同时，具有极高的极限氧指数。芳纶云母纸广泛应用于大型高压电机和高压变压器绝缘，具有优良的耐高温、机械、电气强度，耐化学腐蚀性，抗潮性能及对环境的适应性能，提高了绝缘材料的品质，延长了材料的使用寿命和稳定性。国内有武汉理工大学和陕西科技大学近些年开展了芳纶纤维与云母表面改性、复合工艺优化、界面增强技术与机理的初步研究。

云母纸的增强技术以及提高其对恶劣环境的适应性一直是近些年国内外研究热点与难点。如何将表面惰性较强的高性能纤维与仅靠范德华力和静电引力产生结合的片状云母鳞片有效地复合、产生良好的界面结合效果，使具有不同结构与性能优势的组分起到协同增强的作用，产生有效增强效果并充分发挥高性能纤维耐温性能与绝缘性能等优势，是未来实现芳纶云母绝缘纸性能提升的关键。

3）轻质高强对位芳纶蜂窝芯材。以芳纶纸为原料通过浸胶、蜂窝叠层、拉伸、黏结、复合加工而成的芳纶纸基蜂窝结构材料，具有重量轻、强度高、抗冲击、耐腐蚀、隔音隔热、便于大面积整体成型等优异性能，作为飞机、高铁、船舶、汽车实现轻量化的关键结构减重材料，应用于航空航天、轨道交通、海洋船舶等领域。2014 年 10 月，国家发展和改革委、财政部、工业和信息化部联合印发《关键材料升级换代工程实施方案》，芳纶纸被列入国家"先进轨道交通行业急需新材料"。芳纶纸基蜂窝结构材料在美国、法国、意大利、德国的新型高速列车上获得广泛应用，如美国的 Acela、意大利的 ETR500 等。芳纶纸基蜂窝结构材料生产企业，如美国 Hexcel 公司已为庞巴迪公司、西门子公司、阿尔斯通公司和中国中车股份有限公司等高速列车生产企业提供产品。

4）耐高温聚酰亚胺纤维纸基材料。目前聚酰亚胺纤维纸的制造主要有以下 3 种方法：①利用在水中易分散的聚酰胺酸纤维抄造制得聚酰胺酸纸，再经高温酰亚胺化处理得到聚酰亚胺纤维纸；②以聚酰亚胺纤维为原料制得聚酰亚胺纤维原纸，并利用聚酰亚胺树脂或环氧树脂溶液进行浸渍增强得到聚酰亚胺纤维纸；③以芳纶浆粕 / 沉析纤维作为聚酰亚胺纤维纸的黏结性功能纤维，直接抄造制备聚酰亚胺纤维纸 [9-10]。

未来需要制备具有高比表面积和表面活性的且适用于造纸的聚酰亚胺沉析纤维，作为保证聚酰亚胺纤维纸基材料高强度、高质量的"自组装黏结材料"。同时，应该进一步使其实现低成本化、提升其性价比，拓展其在国防军工、航空航天、轨道交通等领域的应用。

5）高性能纸基摩擦材料。纸基摩擦材料是一种应用于自动变速器、差速器等湿式离合制动装置中的关键功能材料，具有机械性能良好、摩擦系数适中、摩擦噪音小以及对偶损伤弱等优异特性。其中，厚度小于毫米级的纸基摩擦材料是支撑先进变速技术的基础性关键材料，在我国发展装备制造业和突破核心零部件进程中具有不可替代性，国际 / 国内市场需求巨大。

纸基摩擦材料的研究主要集中在摩擦磨损性能增强与摩擦磨损机理等方面。以碳纤维和芳纶纤维为主要增强纤维，引入氧化物纳米棒和晶须，实现纳米棒、晶须和纤维的多尺度协同增强；以碳纤维、短切芳纶纤维和芳纶浆粕作为混杂增强纤维，提高性能[11]。碳纳米管能够极大地提高体系中纤维与树脂之间的界面结合性，材料的摩擦性能也得到了显著的提高[12]。

未来，研究者应该针对现有纸基摩擦材料产品耐热性不足、工况适应性差和使用寿命短等瓶颈问题，通过建立摩擦磨损模型，进一步阐明纸基摩擦材料各相界面作用规律与摩擦磨损机理，从理论上揭示材料成分、微观结构与摩擦磨损性能的关系，从而指导摩擦磨损性能的有效调控技术，提高其在大压力、高转速以及润滑不充分等恶劣工况下的适应能力，开发出高性能、长寿命纸基摩擦材料。

3. 纳米纤维素及其在纸基功能材料中的应用

纳米纤维素是指一维尺寸在纳米范围内的纤维材料。根据其尺寸、功能、制备方法的不同，纳米纤维素可分为纳米纤维素晶体（NCC）和纳米纤维素纤丝（NFC）两大类。

作为一种可再生及环境友好的纳米材料，纳米纤维素受到科学工作者及工业界日益广泛的关注与应用，它不仅拥有纤维素的基本结构和性能，也具备了纳米颗粒的典型特征，例如质轻、原料可再生性、生物可降解性与生物相容性；同时具备巨大的比表面积、高结晶度、高杨氏模量、高透明度、高亲水性，以及优异的吸附能力和反应活性等特征。这些特性赋予了纳米纤维素一些独特的性能，如光学性能、流变性能以及机械性能；同时也使得其本身的应用价值更为广泛，在生物制药、食品加工、造纸、能源材料、功能材料等领域已显示出巨大的应用潜力。

近些年，随着纳米纤维素及纳米技术的发展，其在制浆造纸工业展现出了广阔的应用前景。例如，对纸浆的增强作用、减少打浆能耗、对细小纤维及填料的留着作用、对食品包装材料空气和水汽阻隔性的改善作用等。同时，以纳米纤维素为原材料，通过化学、生物、物理、复合等方式可以制备附加值更高、性能更加优异、生物可降解性与生物相容性极佳的纳米纤维素基功能材料，是纳米纤维素技术进步与未来发展的一大热点。

（1）纸基透明触摸屏材料

通过结构设计和纤维直径的控制可制备出一种适用于触摸屏的新型双层结构的透明纸。该透明纸不仅具有优异的透明度和形稳性，而且还展现出纳米级的表面粗糙度。将未打浆处理的木材纤维和纳米纤丝化纤维素混合抄造，纸张的抄造效率和挺度得到显著提高，同时还保持了纸张的可书写性。通过涂布技术在该双层结构的透明纸平滑面涂布一层碳纳米管（CNT），赋予透明纸优异的导电性，用该导电透明纸可制备具有防眩功能的透明纸基触摸屏[13]。

（2）纸基透明导电电极材料

采用 TEMPO/NaClO/NaBr 氧化体系预处理木浆，改变木浆的纤维形态和表面化学性能，通过造纸技术可制备出一种适用于太阳能电池的新型高透明高雾度纸张。将该高雾度高透明纸应用于硅片作为反射层，可有效地降低硅片对可见光的反射。采用膜转移技术将纳米银线交叉网络转移到具有双层结构的高雾度高透明纸的光滑表面，制备出一种具有高散射性能的纸基透明导电电极（transparent conducting electrode，简称 TCE），具有较好的柔韧性、环境兼容性以及优异的光电性能。将该高雾度高透明纸分别黏附到有机太阳能电池和砷化镓（GaAs）太阳能电池表面，它们的光电转化效率分别提高 10% 和 23.91%[13]。

（3）纳米纤维素基磁性功能纸基材料

将磁性纳米 Fe_3O_4 粒子与 NFC 混合，通过过滤可实现磁性纳米粒子固定在纳米纤维纸三维网络结构中，从而制备高强度透明磁性纳米纸。其透明度高达 86%，抗张强度为 171.3MPa，磁矩为 1.43μb。研究发现，磁性纳米 Fe_3O_4 粒子含量会影响透明磁性纳米纤维纸的光学、力学及磁学性能。该制备方法简单，所用原料绿色且成本低廉，得到的透明磁性纳米纸性能优异，在磁光领域有重要的应用前景。同时，该制备原理与方法同样适用于导电或导热等功能纳米纤维纸的制备[14]。

（4）纳米纤维素基超轻质气凝胶

通过对高强度超声纳米纤维素水悬浊液进行冷冻干燥处理，制得了轻质、自支撑的纳米纤维素基超轻质气凝胶材料。通过调整纳米纤维素的类型及其水悬浊液的浓度，可以控制气凝胶的微观结构。由于具有网状结构、高孔隙率、高表面活性等特点，所得纳米纤维素气凝胶显示出良好的力学柔韧性及耐压缩性，并具有非常高的水分承载值及染料吸附能力；纳米纤维素气凝胶还显示出良好的热绝缘与高频声吸附特征，在催化、吸附等领域应用前景广阔[15]。

（5）纳米纤维素基超滤膜

将纳米纤维素用于制备超滤膜，避免了单一醋酸纤维素薄膜存在的耐酸碱性能差、抗污染性差、抗菌能力差、抗压实性差、使用寿命短等缺点，提高了膜的过滤性和抗污染性，降低了制备成本。将该纳米纤维素基超滤膜应用于超滤过程，是一种节能环保的分离技术，在水处理、废水处理回用、食品、医药、纺织、印染、造纸等工业领域得到广泛应用。

（6）纳米纤维素纸基复合材料

通过类似于造纸工艺的真空抽滤－水分蒸发法可制备出厚度可控的纳米纸。该纳米纸由片层状的相互缠绕的纳米纤丝组成，纳米纤丝在平面上随机排列、分散性良好。将 NFC 纳米纸作为增强材料与聚甲基丙烯酸甲酯（PMMA）复合，制备具有良好光学性质以及高力学强度的复合材料。通过 NFC 浓度和体积含量的变化，可以改变纳米纸的厚度和所制备复合材料的力学性能。NFC/PMMA 纳米纸基复合材料由于其显著的弯曲柔韧性、光学透明性以及力学强度，可以广泛用于 AMOLED 显示器基板材料以及柔性 OLED 封装材料等领域[16]。

（7）纳米纤维素基电池隔膜纸

针对现有聚烯烃隔膜存在的热稳定性和润湿性差等缺陷，以针叶木纤维为骨架材料，纳米纤丝化纤维素作为细小纤维填充在骨架之间，采用湿法成形工艺制备高性能锂离子电池隔膜，具有高孔隙率、优良的热性能、良好的化学稳定性，表现出更加优异的长循环性能和倍率性能，是制备耐高温安全型锂电池的关键之一[17]。

纳米技术是一种新兴技术，利用纳米技术制备得到纳米纤维素，具有许多优良材料的特性。虽然纳米纤维素的研究已成为纤维素领域研究的热点，但目前仍需有以下几个问题需要解决：①纳米纤维素由于尺寸小，易于团聚，应从内部结构和机理上予以解决；②对表面官能团进行选择性改性，制备得到一些特殊性能的功能化衍生物，以扩大其应用范围；③开发更加环保、低能耗的纳米纤维素技术和方法，提高生产效率，降低能源消耗。

未来，纳米纤维素在生物、医学和电子等领域的发展与应用将无疑是未来纳米纤维素材料的重点。造纸行业要依托于行业优势与制浆造纸技术的进步，积极开展纳米纤维素及纳米纤维素纸基复合材料的工程化制备与高值化应用：充分发挥纳米纤维素在生物载体、传感器、储能材料、净化、传导、离子交换、可穿戴设备、柔性显示等方面巨大的应用潜力与价值。

（二）纸基功能材料在造纸工业发展中的作用

1. 近年来纸基功能材料科学技术在生产发展中的作用

在当今 5000 多个纸种中，大多数纸种属于加工纸和特种纸，它们各自具有独特的功能，使纸作为优良的片状材料而应用于各个领域，发挥着极为重要的作用。纸的加工可以改善纸的质量，提高印刷适性及耐水、耐磨等保护性能，改善纸的外观，所以一般用途的印刷纸乃至包装纸，也可以利用加工来提高其品级。国际市场上，70% 以上的印刷纸都是涂布加工纸。我国市场包装用的白纸板有 60% 以上是涂布白纸板。

加工纸和特种纸是具有高附加值的产品，因加工和独特的制造工艺，增加了新的功能，提高了产品的使用价值；新的原材料及新加工技术的保证，使加工纸和特种纸不断开发出新的功能，融入了现代的高科技成果。在市场经济中，由于激烈的竞争和追求高效益，各种材料生产厂家都向高附加值的产品转向，加工纸和特种纸的开发和生产，倍受造纸工作者的重视。

部分特种纸企业实现了跨越式发展，由小型企业发展成国家高新技术企业、上市公司，与国际接轨。

近年来，信息时代和工业化对各种功能纸的要求越来越广泛，例如常用的白纸板和包装纸板也出现了各种功能化的产品；采用特殊纤维原料抄造的合成纤维纸，还在寻求各种功能化的途径。由于全球环保意识的增强，纸的功能化及其加工技术也向着环保和生态方向发展，使纸的生产和加工业成为利用可再生资源生产可循环再生产品的环境友好型工业，也使加工纸和特种纸成为前途无量的高科技和高附加值领域。目前，我国和世界上各发达国家都有相关的研究会和专业委员会等专门组织，致力于加工纸和特种纸的开发与发展。

由上述可见，加工纸和特种纸，无论作为高新技术产品，还是作为功能材料在整个国民经济当中，都占有重要的地位。

2. 近年来纸基功能材料科学技术的进步

近5年来，我国纸基功能材料技术研发和产业发展取得了一些进步，体现在：

1）产业规模快速发展。特种纸生产量2016年达到635万吨，占我国纸和纸板总生产量的5.8%，较好地满足了国内外市场的需求，成为造纸工业中最有活力的一个分支，在国际市场上占有一席之地。市场需求的牵引和技术推动以及印刷、包装用纸需求的增长放缓，导致关注制浆造纸工业的资金大量投资到特种纸行业，包括一些特种纸的上下游企业。

2）自主创新能力增强，技术进步步伐加快，多数特种纸产品都实现了国产化，国产特种纸的质量水平已经得到国际认可，出口量一直保持着较快的增长趋势。据不完全统计，近5年，特种纸领域获国家专利165件，获省部级以上奖励22项，发表相关论文1264篇。

3）国产装备水平进一步提升。我国特种纸产业装备水平的提高推动了产品质量的提升。设计能力和加工水平在不断进步，长网、圆网及斜网特种纸机的加工精度越来越高，特种纸生产线配套的自动控制水平也越来越先进。机内涂布、机外多层复合、斜网抄纸及在线水刺无纺布的复合加工装备等得到应用，帘式及多层帘式涂布技术也越来越多地应用到特种纸生产。

4）非植物纤维的高性能合成纤维湿法造纸技术实现了较大突破，以芳纶绝缘纸为代表的一些产品质量逐步得到市场的认可，使国家急需的一批重大工程基础材料实现了国产化，成为特种纸发展的一个重要方面。无纺布与造纸技术相结合制造的新功能材料，使纸基材料的应用领域越来越大。

5）纸基功能材料作为国家"十三五"规划"重点基础材料技术提升与产业化"重大专项中的国家重点研发计划拟立项，共设5个项目：基于造纸过程的纤维原料高效利用技术；过滤与分离用纸基材料制备技术；纸基轻质结构减重材料制备技术；电气及新能源用纸基复合材料制备技术；高性能纤维纸基复合材料共性关键技术研究及产业化。

三、纸基功能材料科学技术国内外比较分析

近年来，特种纸产业高速发展。作为制浆造纸工业的一个重要分支，多数国产特种纸质量已得到国际认可，但特种纸的市场竞争仍非常激烈。因此，急需提高我国特种纸的技术研发水平，提高科学技术的创新能力。与国外相比，我国特种纸制备技术与产业发展的差距主要体现在以下方面：

（一）自主创新能力仍需进一步增强

特种纸作为一种高附加值纸基功能材料，其技术含量的高低直接影响着产品的市场竞争力。我国特种纸生产企业主要以中小型企业为主，其技术研发水平和综合实力与国外还有一定差距，产品技术创新主要停留在模仿阶段，原创技术与产品偏少，导致国产自主品牌缺乏，削弱了国际市场竞争力。

我国特种纸自主创新能力不强的原因主要来源于研发投入不足和人才缺乏。特种纸作为高技术含量的产品，我国相关企业的研发投入费用与发达国家相比相差 5 倍，且政府在此领域的资金支持相对较少，限制了该领域技术的创新与发展。此外，特种纸的技术创新需要高级技术人才，而国内特种纸企业规模相对偏小，我国培养的高技术人才，如研究生，主要流向外资造纸企业和其他领域，导致人才短缺，制约了科技创新能力。

（二）知识产权保护意识仍需进一步提高

近年来，我国在特种纸领域的知识产权保护意识有所增强，但与发达国家相比，仍有较大差距。我国特种纸企业在申请专利方面积极性不高，有的具有原始创新的产品并没有利用专利保护科技创新成果。与企业相比，科研院所更加重视知识产权保护，很多企业虽认识到与科研院所产学研合作的重要性，但往往合作的持续性不强，导致专利技术储备缺乏，竞争后劲不足。

（三）诸多关键科学与技术问题亟待解决

特种纸作为目前国际上竞争最为激烈的高新技术材料之一，其原料的制备、专用化学品开发、材料设计和制备工艺的开发仍是技术创新的核心环节。有些特种纸的功能来自于纤维原料，如美国杜邦公司的 Nomax 纸专利产品，一直垄断以芳纶纤维为原料的绝缘纸和航空航天等领域的芳纶纸市场；有些特种纸的功能来自于化学品，如抗菌剂、柔软剂、防油剂以及具有热、电、光、磁、力等功能的高分子助剂；此外，特种纸在制造过程中还需特殊工艺和装备以实现性能的提升。在纤维原料、专用化学品和制备工艺开发过程中，亟待突破分子结构设计、流体动力学、界面化学以及纤维分散、材料成形与增强等诸多科学与技术问题，提升我国特种纸领域的自主创新和国际竞争力。

（四）产业规模偏小，产业链仍需进一步完善

我国特种纸企业多以中小型企业为主，产业规模集中度不高。近 5 年在装饰纸、离型纸、食品包装纸和信息记录类特种纸方面投资较大，规模集中度有所提高，但总体而言企业规模小、数量多，这样的现状导致我国特种纸领域技术创新投入不足，技术流失严重，制约了我国特种纸领域的良性发展。此外，特种纸的发展与上游原料和下游用户关系密

切。国内特种纸原料质量不稳定，品种少，加之我国目前特种纸机装备水平整体偏低，直接影响纸张质量和性能；由于特种纸涉及的领域多，企业应加强与上下游企业沟通反馈，才能真正提高我国特种纸领域的综合实力和国际竞争力。

虽然我国特种纸产业取得了很大进步，但也存在着知识产权意识比较淡薄、同水平重复较多，产品质量参差不齐，产能过剩、价格竞争激烈等问题，与国外先进技术水平相比，一些产品质量上还有一定差距。我国众多的特种纸企业中，由于自主创新经费投入不足，受益于自主技术创新取得壮大发展的企业数量还很少，总体上特种纸产业研发经费的投入不超过 0.5%，与高新技术企业研发投入需达到 3% 的比例还相差甚远，一些技术含量高，开发难度大，高质量的特种纸仍需依赖进口。此外，特种纸的生产以小型企业居多，能源、水资源消耗相对较大；特种纸的发展还存在着地区发展不平衡的问题，目前主要集中在山东、浙江、广东、江苏、上海、河南、河北等地区，其他地区则较少，有些地区甚至是空白；特种纸生产配套的装备、纤维原料、化学品的质量水平与国外相比还有相当的差距。

四、纸基功能材料科学技术发展趋势与研究方向

（一）纸基功能材料市场增长趋势

根据《轻工业发展规划（2016—2020 年）》，"十三五"期间，我国造纸工业的主要任务是结构调整、提质增效和节能减排。在产品结构调整中，高性能纸基功能材料是重点之一，要大力发展。

国际两大研究机构 Smithers Pira 和 Marketsandmarkets 所统计的 2015 年全球特种纸生产量分别是 2690 万吨和 2492 万吨。Marketsandmarkets 认为，未来 5 年全球特种纸生产量的复合增长率可达到 6.95%，亚洲将是特种纸市场增长最快的地区，其特种纸生产量复合增长率是世界平均增长率的 1.5 ~ 2.0 倍。虽然全球特种纸产业的增速并不明显，但我国特种纸产业在过去 9 年以 19.36% 的年均增长速度领先全球。近年来，受国内外经济环境影响，增速有所减慢。预计未来 5 ~ 10 年，受城镇化、消费升级及产能转移等因素推动，我国特种纸产业仍然能保持年均 15% 左右的增长速度。

（二）纸基功能产品的发展方向

1. 城镇化对特种纸需求的推动

改革开放以来，我国的城镇化进程加快，城镇化率从 2009 年的 22.9% 上升到 2014 年的 54.8%，但发展至今仅与世界平均水平持平，我国的城镇化率要达到世界发达国家水平尚需 30 ~ 40 年。城镇化带来大规模的城市建设、房屋装修和家具需求，直接需求有钢铁、建筑、房屋、基础设施、装修和电器，涉及的特种纸有离型纸、衬纸、工业用纸、描图

纸、电气用纸、电缆用纸、壁纸原纸、装饰原纸、印花纸、石膏板纸、胶带纸、标签纸、绝缘纸等。

2. 消费升级对特种纸需求的推动

近十几年来，我国人均 GDP 得到长足发展，从 2000 年的人均 0.79 万元增长到 2015 年的 5.2 万元，消费升级现象不断涌现，国家也在政策层面不断推动消费升级，鼓励消费。消费升级对特种纸的需求涉及面非常大，几乎可以涵盖所有特种纸。例如，服装鞋帽个性化需要转移印花纸；食品／饮料／牛奶需要纸杯纸、牛皮离型纸、格拉辛纸、湿标签纸等纸包装材料；二孩政策和老龄化需要婴儿纸尿裤、老人纸尿裤、妇女卫生用品、湿纸巾等；旅行度假需要登机牌、行李标签、酒店信纸和艺术纸等；家庭装修使壁纸用量大幅上升；网购和物流需要大量的无碳复写纸、热敏纸、包装纸、不干胶纸等；咖啡从速溶到现磨、袋装茶叶用量增长需要咖啡滤纸、茶叶袋纸；厨房用纸增加、吸尘器数量增加需要防油纸、烘焙纸、食品包装纸、吸尘袋纸等；汽车销量大增需要三滤纸、离型纸、胶带纸等；高铁需要结构减重的高强轻质蜂窝材料、高性能的绝缘材料等。

3. 个性化、定制化的功能纸产品将占据重要地位

在未来的互联网时代，由于信息的充分互动，制浆造纸工业的生产者和消费者将能够充分沟通并相互渗透，传统的封闭式生产模式将逐步被取代，消费者将可以全程参与到生产活动中，由消费者沟通决策来制造出他们想要的产品。可以预测，未来个性化、定制化的功能化产品将占据重要地位，制浆造纸工业或许要与印刷工业、材料加工业等进行整合以满足未来用户的需求。

4. 与人们生活密切相关的大健康概念功能材料将持续增长

随着人们生活方式的变化和生活质量的不断提高，与人们生活密切相关的特种纸需求将会持续增长。如食品包装用纸、医疗透析纸、艺术用纸等；很多冲破人们传统观念的特种纸制品正在不断加入人们的生活，如纸沙发、纸质红酒瓶、纸烤盘、纸房子、纸衣服等；针对印刷方式的推陈出新，满足新型特殊印刷方式的特种纸也会不断涌现；对包装材料功能和视觉享受的追求，将推动个性化包装纸的发展。

特种纸的发展受宏观经济走势和人们消费观念的影响，在发达国家和地区，主要得益于特种纸在包装、工业、医疗健康领域的应用，如空气污染导致人们对环保的担心，因此空气过滤器和口罩用纸的需求明显增长，医疗和食品用纸也随着人们生活水平和环保意识的提高在快速增长。

5. 国家重大工程建设配套的高性能纸基材料需求增长

随着我国"一带一路"战略的推进，国家在高速列车、国产飞机、空间实验室、新能源汽车等领域投入加大，高性能纤维纸基复合材料与轨道交通、航空航天等高端制造业的依存度越来越高。我国高速轨道交通、飞行器制造所需国产先进绝缘、结构减重等功能材料的需求会越来越大，如优异耐电晕性的芳纶云母纸基绝缘材料，高强轻质纸基结构减重

材料，高性能、长寿命纸基摩擦材料，具有优异耐温性的聚酰亚胺纤维纸基蜂窝材料等中高端产品。实现这些典型纸基复合材料产业化，加快替代进口并参与国际竞争，将推动相关行业的可持续发展，促进我国传统造纸行业的转型升级。

（三）纸基功能材料生产装备研发的方向

国产特种纸装备基本可以满足企业的生产要求，但有些技术尚不完善，规格和品种有所欠缺，有一些技术装备有待开发，稳定性、操作方便性、性能优化等问题有待解决。例如，斜网成形技术经过一代二代三代的发展，其成形技术与国外差距已经不大，但保持斜网稳定成形的细节设计，与之配套的长纤维/非植物纤维制浆系统、分散系统、流送系统的设计与装备亟需完善；浆池在流程中主要是起缓冲作用，既耗能占地，又使流程很复杂，研究减少浆池最后去掉浆池的短流程，对节能有重大意义。随着产品质量的不断提高和新产品的出现，对装备的要求越来越高，装备技术的发展永远是与产品相联系的。特种纸装备的开发除了满足性能以外，还要注意节水节能、降低生产成本，这样的产品才是市场需要的好产品。

（四）对纸基材料科学技术发展的主要建议

1. 加强学科交叉，主动了解需求，创造需求，延伸产品应用链条

特种纸已不是传统的纸和纸板，它是一种功能材料，是支撑或者匹配一些高新技术领域产品发展的一个非常重要的功能载体或者中间部件。开发生产特种纸往往要与化工、材料、高分子等领域的知识结合。造纸工作者对精细化工、有机、无机材料的本质特征掌握不够，在开发特种纸产品过程中遇到的困惑尤其突出，技术上需要与相关行业协同攻关。造纸工作者应学会应用跨界思维去寻找技术创新点，把一个行业相对成熟和稳定的技术，通过移植和改造，形成新的技术创新。

2. 整合资源，发挥效率，产学研合作，建立自主创新模式

特种纸的特殊性使得一些企业在技术上、产品上封闭自己，行业内大量的技术低水平重复，激烈的竞争环境使得单纯依靠自身能力的特种纸企业面临能力约束瓶颈。与外部企业、大学和科研机构建立广泛的合作关系，是摆脱瓶颈的有效途径。我们亟待建立有效的产学研机制，把研究、开发、市场的风险回报和利益保护机制做实，共享技术创新的红利。

3. 加大研发投入，提高创新能力，注重知识产权保护

改变盈利模式，减少同质化竞争，提高投资回报率，把过去以模仿为主的模式转变为自主创新模式。特种纸的特点之一是研发投入比较大，无论在前期、试生产还是后期，在实验室的技术研发成功后，转移到生产线，在试生产时要把产品调整到能合乎市场销售性能，还需经历痛苦和漫长的过程。另外，水电气、人工消耗、时间成本都是相当大的。我们要按照真正的高新企业的特点来制定企业发展战略，加大科技投入，要有试错精神，建

立起新产品开发快速反应机制。

4. 改变传统思维模式，做好创新文化的培育

我国特种纸领域存在一个普遍现象，即国外某些产品国内企业也能实现生产，但只能满足用户的基本使用需求，高端产品仍需进口。把产品做到顶尖水平不仅需要技术，更需要的是文化，这体现在：科研人员要有一种精益求精的情怀和精神，没有精神技术要做到顶尖是不可能的；当一个新的开发思维和导向确定以后，首先要做的是市场推广，包括概念推广、思维推广和文化推广，当这些理念深入人心后，技术推广才水到渠成，同时通过市场分析和信息反馈还可以校正研发方向和技术路线。与我们相比国外同行更善于提出概念，并争取国家政策的支持。

5. 培养高素质的人才队伍

特种纸产业的特征决定企业要想长盛不衰，必须要有一支高素质的人才队伍，包括管理、研发、生产和营销人才。我国特种纸企业普遍人才短缺，严重制约了科技创新能力。特种纸的技术创新需要企业家、工程技术人员及其市场营销人员的相互协作配合，在这个过程中企业家起着主导作用，企业家必须营造出企业的创新文化和管理机制，企业的工程技术人员才能用创新的思维和创新的理念，形成一些创新产品，企业的营销和策划人员，必须了解掌握市场需求，引导市场，把创新性的产品推向市场。

参考文献

［1］中国造纸学会特种纸专业委员会. 特种纸产业发展概况［J］. 造纸信息，2016（9）：11.
［2］夏银凤. 透析纸阻菌性及孔隙结构影响因素的研究［D］. 西安：陕西科技大学，2012.
［3］刘文. 2015年我国特种纸产业发展现状及分析［C］. 2016全国特种纸技术交流会暨特种纸委员会第十一届年会论文集. 池州：中国造纸学会特种纸专业委员会，2016：18.
［4］谢兰英，金勇，刘琦，等. 纳米纤维膜改性纤维素成型纸的制备方法及其应用［P］. 中国专利：CN201310576101. 9，2014-03-12.
［5］李月明. 非织造布/木浆纸复合过滤材料的研究进展［C］. 2016全国特种纸技术交流会暨特种纸委员会第十一届年会论文集. 池州：中国造纸学会特种纸专业委员会，2016：63.
［6］胥正安，沈玲，清水壮夫. 一种对位芳纶纤维［P］. 中国专利：CN201410238057. 5，2017-02-15.
［7］张诚. 电解电容器纸用麻浆纯化工艺的改进［J］. 纸和造纸，2015，34（6）：29.
［8］刘俊华. 国产对位芳纶纤维悬浮液体系的分散性及机理研究［D］. 西安：陕西科技大学，2014.
［9］丁孟贤，谭洪艳，吕晓义，等. 聚酰亚胺纤维纸的制备方法［P］. 中国专利：CN201210334745. 2，2015-04-08.
［10］陆赵情，花莉，丁孟贤，等. 一种间位芳纶沉析纤维增强聚酰亚胺纤维纸的制备方法［P］. 中国专利：CN201210434470. X，2015-11-12.
［11］陆赵情，张大坤，王志杰，等. 一种高性能环保纸基摩擦材料原纸及摩擦片的制作方法［P］. 中国专利：CN201010108363. 9，2013-03-20.

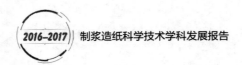
［12］王文静. 碳纳米管改性碳纤维增强纸基摩擦材料的制备与研究［D］. 西安：陕西科技大学，2014.

［13］方志强. 高透明纸的制备及其在电子器件中的应用［D］. 广州：华南理工大学，2014.

［14］李媛媛. 纳米纤维素及其功能材料的制备与应用［D］. 南京：南京林业大学，2014.

［15］陈文帅. 生物质纳米纤维素及其自聚集气凝胶的制备与结构性能研究［D］. 哈尔滨：东北林业大学，2013.

［16］李勖. 纤维素纳米纤丝高强度膜材料的制备与性能［D］. 哈尔滨：东北林业大学，2013.

［17］毛慧敏. 木浆纤维/NFC 高性能锂离子电池隔膜纸的制备及其性能研究［D］. 西安：陕西科技大学，2016.

撰稿人：张美云　宋顺喜　杨　斌

制浆造纸装备科学技术发展研究

一、引言

（一）制浆造纸装备及其制造业在造纸工业发展中的地位和作用

造纸工业是典型的流程工业，具有系统工程和信息融合特征，其生产过程既有化学化工过程，又有物理处理和流变过程，这就决定了制浆造纸装备的连续性、复杂性和多样性。因此，制浆造纸装备是实现制浆造纸工艺过程的载体；制浆造纸装备科学技术水平在很大程度上直接影响和决定着造纸工业的发展水平及生产率，包括生产规模、产品质量、品种结构、节能降耗、人力成本、环境保护和经济效益等。近二十年来，我国造纸工业迅速发展并与国际水平接轨，除原料结构调整和工艺技术改进外，主要得益于装备水平的迅速提高；反过来，造纸工业快速发展的需求促进了制浆造纸装备科学技术的进步和制浆造纸装备制造业的发展。

（二）制浆造纸装备制造业概况

我国造纸工业面临的主要问题是资源、结构和环境以及减本、增效问题，造纸装备行业面临着对环保、高端、大型造纸设备的大量需求，对设备的大型化、高速化、自动化、专用化和高效、节能、低耗、状态自动监诊等要求越来越高；同时，在老旧造纸设备改造、更环保高效的生产流程等服务领域也会产生大量的需求。

现代制浆造纸装备制造业属于技术资金密集的大型装备制造业，是我国国家战略性新兴产业的重要组成部分，是我国造纸大国向造纸强国转变的实力象征和根本条件保障。我国制浆造纸装备制造业沿着"引进技术，消化、吸收、国产化，部分自主创新"这条主线在追赶国际先进，不少具有相当水平的大中型制浆设备及中高速宽幅纸机不断涌现。

2010年，全国制浆造纸机械制造业列入国家统计范围的有313家企业，从业人员

3.54 万人，工业总产值为 252.07 亿元，工业销售收入 249.11 亿元，利税总额为 25.11 亿元，利润总额为 16.82 亿元，出口交货值为 6.92 亿元。到 2015 年，列入国家统计范围的有 213 家企业，资产总额约 266.36 亿元，实现工业销售收入、利润总额、出口交货值分别为 371.09 亿元、22.28 亿元、12.22 亿元，分别比"十一五"末的 2010 年增长 48.97%、32.46%、76.59%。

经过"十二五"的发展，我国造纸装备制造业基本形成了从人才培养、研究开发、设计制造、质量控制、标准检测、安装调试到交钥匙工程承包的较完整生产型服务体系。特别是技术创新模式的不断探索，出现新的突破：以山东泉林纸业有限责任公司、河南江河纸业股份有限公司为代表的制浆造纸企业研发为造纸行业服务的技术装备；汶瑞机械（山东）有限公司作为大型浆纸企业的子公司，实现了纵向一体化，大大降低了研发的交易费用。

（三）制浆造纸装备科学技术发展主线和整体水平

1. 制浆造纸装备科学技术发展主线

总体上，制浆造纸专用装备科学技术的发展主线是装备（或关键部件）沿着功能化、高效化、大型化、自动化、智能化、成套化、节能低耗、环保安全、经济耐用、紧凑方向发展。

围绕着专用装备的工艺功能满足度不断提高、单机产能不断增加、更加节能降耗、体积更加紧凑和零部件更加耐用价廉等，以此不断推出新型或改进关键部件的装备来发展制浆造纸装备科学技术。制浆造纸装备工艺功能满足度主要指满足生产过程的化学化工过程、物理机械处理和输送混合贮存功能，要满足高速生产过程纸浆纤维悬浮液等多相流、多介质、宏观微观均衡分布和质量能量动力传递等功能。通过对这些装备工作运行相关的机理或原理或微观过程进行应用基础科学研究，为新装备技术推出提供理论依据；同时需要现代的"工匠精神"去研发新技术。

围绕着实现制浆造纸装备的成套联动、高速连续、智能自控、故障自诊的机、电、仪和计算机一体化。把造纸工艺技术、机械设计、制造技术、信息技术和相关技术融为一体，实现工艺流程和装备技术的高效率、低消耗、低排放、连续化、自动化，融入大数据信息化时代，实现信息融合的智能化运行来发展制浆造纸装备科学技术，向着智能制造、绿色制造、服务型制造方向发展，为制浆造纸企业提供可持续发展的技术和全流程、全过程解决方案。

"造纸工业 4.0"的概念、架构及其发展方向的形成为发展制浆造纸装备智能化运行的科学技术提供了方向。"造纸工业 4.0"已被业界人士明确认同为三个模块，即：OnEfficiency（实现造纸过程可监测、可量化和可控制）、OnCareCM（基于状态监测、自我诊断的主动预知性维护系统）和 Smart Service（全天候在线服务和远程服务支持）。

2. 制浆造纸装备科学技术整体水平

近年来，我国通过成套引进或引进关键部件的方法，促进了我国制浆造纸设备制造能力和科技水平的提高。世界先进装备厂商在我国的落户和国产化设备制造水平的提高，缩小了我国与国际先进水平的差距，同时也引入了先进的管理和技术人才，提高了产品研发能力和自主创新能力。整体水平具有以下特点：

（1）已拥有世界上领先的制浆造纸技术和装备

我国造纸工业已拥有世界上领先的制浆造纸技术和装备，如连续蒸煮、氧脱木素、二氧化氯制备及漂白、各种化学机械制浆、涂布加工、废纸脱墨装备、带有水力式流浆箱、夹网成形器、靴式压榨、单排烘缸、机内超压、软压光等配置的高速纸机，深度废水处理系统，QCS、DCS、MCC、PLC 等运行自动控制和机械故障自诊系统。

（2）成套装备的规模扩大，稳定性、可靠性提升

我国在"十二五"期间，制浆造纸国产化成套设备在可靠性较大提升的基础上，规模能力得到显著提升。如 20 万 ~ 30 万吨 / 年的废纸处理成套设备；10 万 ~ 15 万吨 / 年废纸脱墨成套设备；10 万 ~ 30 万吨 / 年非木材纤维原料成套制浆生产线；15 万吨 / 年规模的漂白硫酸盐竹浆生产线；30 万吨 / 年包装纸板生产线；20 万吨 / 年文化用纸生产线；2 万吨 / 年生活用纸生产线等。我国国产制浆造纸装备已发展成为工艺适应性强，技术复杂，品种繁多，具有机、电、仪、计算机相结合的高新技术配套产品，不少产品已接近甚至达到国际先进水平。

（3）开始国际化布局，"走出去"稳步推进

我国制浆造纸装备具有优良的性价比，因而在国际竞争中突显其良好的竞争力，近几年出口速度以每年 20% 左右的速度增长。国产制浆造纸装备出口已实现从小型单台到成套设备、从为外国大公司配套低附加值零部件到大中型整机出口的转变。"中国技术""中国制造"越来越受到国外造纸企业的青睐。

（4）与世界先进水平的差距明显

我国制浆造纸装备发展尽管取得不少成果，但从技术创新层面看，产品的可靠性、先进性及技术和产品的科技含量与世界先进水平的差距并没有缩小多少，特别是运用智能化手段在产品制造和运行的优化、管控和故障预测等方面为用户创造价值的服务还未真正起步。因此，在我国进口设备依然占主导地位，主要的大型制浆造纸成套设备全由国外进口和被垄断，1949 年的"市场洋纸垄断"变为现在的"造纸洋设备垄断"。目前，芬兰维美德公司、德国福伊特公司、奥地利安德里茨公司三家企业的营业额之和，相当于我国 200 多家制浆造纸装备企业的营业额；国产装备主要销往中小制浆造纸厂。

（四）制浆造纸装备科学技术学科建设情况

制浆造纸装备科学技术一方面对应的专业性明显，表现在装备的专用性强和一个成套装备生产线与特定产品的生产工艺技术参数的特定适配性越来越明显；另一方面，学科交叉性强，与现代高新技术（新材料、信息工程技术等）关联度大、结合紧密。因此，专门

针对制浆造纸装备建立的综合应用基础性研究实验装置费用高、难度大，技术开发性新装备中试生产线投入资金多。

虽然我国拥有的制浆造纸装备水平迅速提高，加强其科技研发的战略重要性也愈凸显，但制浆造纸装备专业人才的培养和科研力度相对制浆造纸工艺技术发展来说却在减弱。在国内专门从事制浆造纸装备科学技术研究与开发的科研机构和院校很少，直接系统地致力于开展具有自主知识产权的制浆造纸装备科学研究和技术研发的企业也更加缺乏。结果势必导致我国自身的制浆造纸装备科学技术发展落后于造纸工业发展的要求，更落后于国际先进制浆造纸装备科学技术水平。我国要成为制浆造纸及其装备业制造强国，必须走工业化与信息化深度融合、科技含量高的新型工业化道路。

制浆造纸装备技术水平的提升是其科学发展与技术进步共同作用的结果。"制浆造纸新工科"主要以信息科学与技术为牵引，恰恰深度融合了科学和技术的各自优势。

（五）制浆造纸机械与设备专业方向人才培养情况

全国 22 所轻化工程（制浆造纸工程）本科专业高校中，培养的人才中绝大多数偏重于制浆造纸工艺方面；而机械类本科专业培养的人才虽然有很强的机械设计与制造、自动化控制等相关的知识，但对制浆造纸工艺过程和原理缺乏了解。

我国轻化工程本科（制浆造纸工程）专业的 22 所高校中，较早设置制浆造纸机械与设备本科专业方向的高校是华南工学院（现为华南理工大学），陕西科技大学也曾有较长时间段设置制浆造纸装备与控制本科专业方向。但随着时间的推移和制浆造纸工业的快速发展、特别是制浆造纸装备水平的迅速提高，从事装备方面的教学和科研师资以及人才培养的院校数量却在不断减弱，且有相当数量原从事制浆造纸装备教学科研的教师却转向工艺方向。

目前，只有南京林业大学具有制浆造纸装备与控制专业方向招收本科生，并且有相应的教研组。开展制浆造纸装备科学技术研究和研究生培养较多的高校有华南理工大学、南京林业大学和陕西科技大学，形成跨院系、跨学科、跨专业的交叉培养研究生的新机制。

（六）相关的设计研究院所

专门从事制浆造纸装备研究的设计院所主要有轻工业杭州机电设计研究院等；部分大型制浆造纸机械制造企业设有设计研究所，如西安造纸机械研究所；还有专门从事制浆造纸过程装备控制系统的设计研究院所。

二、制浆造纸装备科学技术发展现状

（一）近年来制浆造纸装备科学技术进展

近几年来是我国造纸工业处在结构调整、转型升级的重要时期，制浆造纸企业在结构调整、转型升级、绿色发展等方面明显提速。在原生纤维原料的制浆方面，新建木浆项目较少，木材与竹类原料备料与蒸煮设备开发力度不大，仅在单机产能上有所提高；新建非木材浆项目也不多，但非木材纤维原料的研究开发成果较多，进一步丰富了非木材纤维制浆的经验。

1. 备料装备的进展

（1）备料装备科学技术发展的主线

制浆备料装备开展相关的科学技术研究主要是围绕着采用机械法对木材原料剥皮和非木材原料切断的作用机理、影响因素、高效节能机构设计。

近年来，我国造纸原料结构的调整以及为克服草类原料利用过程中杂质干扰，相应的备料设备的研发，如废纸的分选设备系统、杨木的剥皮削片和再碎设备系统、草类原料的湿法备料设备系统成套设备等的研发均有所进展。

（2）废纸原料备料设备

针对废纸原料的杂质种类多，长期以人工分拣为主，一方面劳动强度大、工作环境差；另一方面分拣质量不高，影响下道工序生产。郑州运达造纸设备有限公司开发生产的节能型废纸散包干法筛选分选设备系统已在生产系统推广应用，单线最大处理能力100吨/天，筛筒直径3750mm，实现了机械化和连续化。

（3）木材与非木材原料备料设备

近年木片厚度筛分机、大型水力式或滚筒式剥皮机、大型劈木机等得到发展：鼓式削片机最大规格达 Φ2000mm，生产能力190m³（实积）/h，适合 Φ370mm 以下的木材类原料的切片；木片筛最大规格达 30m²，处理能力 800m³（虚积）/h；贮存仓体积3000m³，出料螺旋 Φ1000mm，单根螺旋出料量 1200m³/h。大型商品木片贮料场设备和出料系统还有待完善。随着林纸一体化和 APMP、CTMP 高得率制浆技术的发展，国内削片机和木片筛的规格向大型化、自动化程度高、工作环境好、操作劳动强度小的方向发展。

湿法备料是目前较为先进的草类原料的备料方法，是国内上规模的造纸企业新建项目的首选，已有标准配置。近几年来，新开发的湿法备料相关设备为：鼓式洗涤机＋斜螺旋脱水机，适用于木片或竹片，鼓式洗涤机最大规格 Φ2000mm×3000mm，双鼓、双轴斜螺旋脱水机规格 Φ1000mm×7000mm，处理能力 800m³（虚积）/h；适合蔗渣横管连蒸系统的水力洗渣机，生产能力 10 万 ~ 20 万吨/年草浆的 Φ460mm 销鼓计量器和 Φ710mm 喂料螺旋以及适应草类原料生物机械法管式连蒸系统的新型螺旋喂料器结构及其功率配置。

2. 制浆装备的进展

根据制浆方法和原料的不同，其设备需求和发展的侧重点也不同。

（1）化学制浆设备

1）蒸煮设备。近年来，我国化学法制浆设备的研发主要围绕着实现新的制浆工艺功能、清洁制浆、节能降耗、与制浆废液处理的衔接、连续生产、提高产能规模和纸浆质量及其均匀性、机电一体化、生产线成套化、设备的可靠性和稳定性等方面进行，取得较大技术进步。新建制浆项目都采用了新技术。

国产适用于草类原料横管连蒸系统可达 10 万吨 / 年（300 吨 / 天），设备和自动控制系统已全部实现国产化，并且成熟、可靠、稳定。其中螺旋喂料器规格为 711mm（28in）、762mm（30in）。配套 PLC、DCS，其浆料得率和运行效率已达到国际先进水平。

大型木片及竹片的超级间歇蒸煮主体设备已基本国产化，目前已经生产出国内最大的 400m³ 双相钢间歇置换蒸煮的蒸煮锅及 1500m³ 喷放锅；超级间歇蒸煮系统中的关键输送泵、自控软件包国内已进行开发。

在立式连蒸系统中，我国已试制出 400m³ 立式连蒸锅，秸秆原料立式连续蒸煮器成套装置最大生产能力达到 20 万吨 / 年，并已在实际生产中正常运行。

2）提取洗涤设备。已开发出具有节水节能、提高制浆质量等优点的封闭洗涤筛选系统。新型双辊挤浆机或其组合成为大型企业提取浓缩设备的首选，以满足中、高浓制浆快速发展的需求，具有置换功能、压辊最大规格 Φ2200mm×8400mm、可配 150 万吨 / 年制浆系统的双辊挤浆机，进浆浓度 3.5% ~ 10%、出浆浓度 25% ~ 35%，有压力折流布浆和螺旋布浆两种类型；真空洗浆机是非木材浆和中小型木浆厂普遍采用的设备，新建非木材浆项目较广泛应用 ZXV 型第五代鼓式真空洗浆机，转鼓最大面积为 140m²（转鼓规格 Φ4500mm×10m），无论在结构上还是性能上，已达到国际先进水平；已能生产最大螺旋直径 Φ1500mm 螺旋挤浆机，产能 650 吨 / 天，进浆浓度 8% ~ 10%，出浆浓度 26%；多圆盘浓缩机的最大规格 Φ5500mm，过滤面积超过 1000m²。

在双网挤浆机方面，福建省轻工机械设备有限公司开发的 ZNS 系列中六压区双网挤浆机，汶瑞机械（山东）有限公司开发出新型 SW635 液压式六压区双网挤浆机。

3）筛选净化设备。近年来，南京林业大学在充分研究锥形除渣器的净化分离原理、分离动力、分离阻力的基础上，研究提出了两种创造性的新型锥形除渣器系统：一种是减少净化分离阻力的"新型导流式高浓锥形除渣器"；另一种是创造增加浆杂比例差、提高分离动力的"基于注入溶气水式纸浆净化原理的锥形除渣器系统"。

国产除杂、净化、筛选系统，已实现封闭循环且成为企业的标准配置，具有波纹筛鼓的压力筛和具有棒式波形筛鼓的低脉冲压力筛等关键设备已达到系列化、标准化，技术水平向国际先进水平靠拢。在国产化进程中，成功开发出多种节能防缠绕的转子和具有高筛选效率的粗筛选缝筛鼓以及多干扰条波纹板筛鼓。但在设备的稳定性和易损件耐磨性上需进一步提升。

（2）高得率制浆设备

目前，高得率制浆工艺技术及关键装备技术基本被跨国公司安德里茨公司和维美德公司垄断。安德里茨公司的高浓磨浆机为单盘或双盘形式，随着生产线能力的提高，由常压磨向压力磨发展，单盘磨向双盘磨发展，高浓盘磨机最大规格 72in，单盘磨最大生产能力为 15 万吨 / 年，双盘磨最大生产能力为 25 万吨 / 年；维美德公司的高浓磨浆机为锥形磨，最大规格 82in，单条线最大生产能力为 25 万吨 / 年。

300 吨 / 天高得率的化学机械浆 APMP 及 BCTMP 等在国内也有很大的发展，由轻工业杭州机电设计研究院、华南理工大学等单位承担完成了"10 万吨 / 年高得率化学机械浆制浆关键设备的研制"，关键设备如双螺杆磨浆机、螺旋撕裂机、高浓盘磨机等研制成功。湖北工业大学研制成功 TS 双螺杆制浆机，该机更适于特长纤维原料（棉、麻、皮）的疏解。

（3）废纸制浆设备

废纸制浆设备规模不断由小到大；转鼓碎浆机在新脱墨线上大量采用，由于脱墨浆在生产新闻纸中的使用比例逐步增加，碎浆所用的间歇式水力碎浆机正逐步被碎解较温和的转鼓碎浆机所取代，并且出现了双转鼓（即碎浆区和筛选区使用不同的转鼓）；从单级浮选脱墨到二级浮选脱墨；为了提高白度及降低尘埃，筛选段添加了预精筛。

1）碎浆设备。在碎浆设备方面的技术进展，仍然以水力碎浆机和鼓式碎浆机为主，而鼓式碎浆机则在去除胶黏物和油墨效率方面优于高浓水力碎浆机；鼓式碎浆机近年来的应用不断增加，20 万 ~ 30 万吨 / 年的废纸成套处理设备已经实现国产化。D 型低浓水力碎浆机也比较流行，筛孔直径 Φ6 ~ 16mm，碎解浓度 < 5%，最大体积达 120m³，生产能力 1000 吨 / 天；高浓水力碎浆机，采用三头的螺旋碎解转子，最大体积 70m³，生产能力 450 吨 / 天；鼓式碎浆机最大规格 Φ4000mm × 39m，筛孔直径 Φ6 ~ 12mm，生产能力 1000 吨 / 天。

与低浓水力碎浆机配套的圆筒筛，直径 < 3m，筛孔 Φ6 ~ 12mm，筛鼓长度 < 8m；杂质分离机容积 3 ~ 5m³，筛孔 Φ6 ~ 14mm，可满足 130m³ 水力碎浆机生产需求。

南京林业大学从碎浆作用效率、节能节水降耗、部件受力平稳角度出发，结合国内外现有的 O 型、D 型、σ 型、G 型槽体结构优点和不足，创造性提出一种"鼓槽体螺旋返流板立式水力碎浆机"创新结构，已获得中国发明专利授权。

2）筛分设备。筛选与分级设备方面的技术进展，近年来研发的重点是通过基于 FLUENT 计算机流体模拟等手段开展压力筛的节能降耗的结构改进和优化，尤其是粗选压力筛。目前已成功开发出多种节能防缠绕的转子和具有高筛选效率的粗筛选缝筛鼓，以及多干扰条波纹板筛鼓，能满足 30 万吨 / 年废纸制浆线上筛选设备需求，但在设备的稳定性和易损件耐磨性上需进一步提升。

设计制造的外流压力筛最大规格 5m²，粗筛孔筛 Φ1.6 ~ 3.2mm，缝筛缝宽 0.2 ~ 0.7mm；精筛孔筛 Φ1.2 ~ 2.4mm，缝筛缝宽 0.1 ~ 0.35mm；处理浓度 0.8% ~ 4.0%（一般不超过 3.5%）；生产能力 1000 吨 / 天。设计制造的内流压力筛最大规格 6.4m²，筛孔 Φ1.2 ~ 2.0mm，缝筛缝宽 0.2 ~ 0.5mm；处理浓度 0.8% ~ 1.5%，生产能力 700 吨 / 天。

设计制造的纤维分级筛最大规格 4m²，缝宽 0.15 ~ 0.25mm，处理能力 800 ~ 1000 吨 / 天。

设计制造的振动筛最大规格 4m²，包括孔筛和缝筛，筛孔 Φ2 ~ 5mm，筛缝 0.7 ~ 2.0mm；

处理浓度0.5%~1.5%，生产能力10~50吨/天。

设计制造的轻渣分离机最大规格容积2m³，筛孔Φ4~6mm，处理尾渣能力70~160吨/天，可柔性疏解粗筛尾浆的纸片和分离粗筛尾浆中的轻重杂质，由于是立式结构，更容易进行轻杂质的分离，逐步替代纤维分离机，避免杂质的再次碎解，可减轻后续筛选设备的负担。

设计制造的排渣分离机最大规格Φ480mm，筛孔Φ3~6mm（一般Φ3.5mm），处理尾渣能力30~50吨/天；回收粗筛尾浆中的纤维，减少纤维损失，同时提高轻杂质的排渣浓度（达到25%~30%）。设计制造的尾渣筛最大规格为1.5m²，处理能力达到80吨/天，作为精筛选系统的末端筛，代替振框平筛，进一步提高纤维的回收效率；其筛选部分包含两个筛选区，在两个筛选区之间设有疏解区域，使精筛尾浆中的纤维得到最大程度的回收利用。

3）搓揉和热分散设备。近年来用于对热熔物去除的技术进展主要是研究盘式热分散机，辊式搓揉机较少厂家使用。目前国内生产的盘式热分散机最大盘径达Φ1050mm，产能500~600吨/天；采用单液压缸液压进刀形式，交齿式盘片，盘片间隙精度达到0.01mm；浆料温度（100±5）℃，进入热分散前的浆料浓度必须大于26%，否则分散效果差，能耗高。与国外的热分散系统相比，国产设备的热分散效果、浆料流动性、能耗等有待改进和提高。

4）脱墨系统设备。目前市场上新建项目应用较多的是多级布气式脱墨浮选槽。需要解决的关键技术：10万~20万吨/年废纸脱墨浆生产线上高脱墨率的脱墨装备和胶黏物、热熔物等杂质的检测技术及去除装备；重大技术难题为能够在3%以上、甚至在7%以上的流体化状态下完成脱墨过程的高浓脱墨装备的研发。

多级布气式浮选机最大规格为长径4400mm，短径2800mm，单槽长度3000mm；产能350吨/天，处理浓度1%~1.2%。福建省轻工机械设备有限公司自行开发的新一代ZFC系列浮选脱墨设备和诸城市利丰机械有限公司开发的超效浮选系统是典型代表。

（4）浆料漂白设备

近年来，国产漂白系统设备主要向连续、大型和ECF/TCF方向发展。进口漂白系统多采用氧漂、二氧化氯及过氧化氢漂白组合，而漂白浓度多采用中高浓。浓缩设备、混合设备及塔反应设备是漂白过程中必备的装备，中高浓混合设备是实现药液和浆料充分混合的关键设备。高浓混合器主要有盘式高浓混合器、转子高浓混合器等。塔反应设备主要针对不同的漂白技术、从防腐蚀角度和充分反应的角度采用不同漂白塔。

在适应当前ECF/TCF清洁漂白生产工艺的基础上，漂白设备技术进展主要向效率高、能耗低、投资省和环保等方向发展。

我国中浓输送、中浓混合等中浓技术理论研究与设备开发，接近国际先进水平；中浓纸浆清洁生产漂白成套设备已经实现国产化。发展了大中型国产ECF/TCF成套技术设备，以降低排放的 AOX。已着手开发 Φ3500mm 大规格漂白塔中的布浆器及刮料器部件；中浓泵的能力及效率与国外产品的差距在缩小；更大规格的设备仍需依赖进口。二氧化氯制备最大生产能力达 35 吨/天。

在非木材纤维中浓制浆漂白设备方面，我国处于国际领先水平，主要包括双升流塔氧脱木素段、过氧化氢漂白段技术装备及配套的中浓浆泵和中浓高剪切混合器，部分设备的最高产能达 50 万吨/年。中浓浆泵的能力及效率与国外产品的差距在缩小，但更大规格的产品仍需依赖进口。

汶瑞机械（山东）有限公司开发设计了直径为 5000mm、体积为 300m³ 的 GPT500 高浓漂白塔，采用先进的行星齿轮减速机双点驱动回转支承传动，独特的唇形密封结构，底部稀释中间卸料等关键技术，成为国际上配套化学机械浆项目规格最大的设备。

3. 打浆装备的进展

近年来，南京林业大学开展了通过包括预添加 CMC 等方法来改变中浓浆料屈服应力的变化来研究高效节能打浆方式的原理与可行性路径。

（1）打浆设备形式进展

近年来，国内外针对打浆设备的结构形式以及磨片等核心部件开展了相关的研发和改进。

1）新一代圆柱形磨浆机。近年来国内借鉴国外的模式设计和制造了新型双向流式圆柱形磨浆机，这种磨浆机浆流方向对称式设计，不仅克服了传统单向流式轴向受力较大的缺陷，同时无需在两端加轴向推浆叶轮而节约能耗。由于在整个磨浆区的磨浆速度不变，不仅降低了磨浆能耗，而且提高了磨浆质量；空载动力消耗大幅度降低，可降低 45%。

2）双磨腔锥形磨浆机。近些年来国内外已经开发并应用了双磨腔锥形磨浆机。目前有两种形式（均为悬臂式）：一是三锥式双磨腔锥形磨浆机，相当于 2 台磨浆机并联，故生产能力相应提高，而磨浆能耗和设备费用却小得多，占地面积也相应减少；完全适用于阔叶木浆、废纸浆和非木材浆等短纤维浆种磨浆。二是四锥式双磨腔锥形磨浆机，主要是为克服锥形磨浆机转子的轴向受力的缺陷，同时提高其单位体积设备内有效磨浆区面积而构思设计出来的。可自动平衡和移动转子轴，以克服两个锥形磨浆区间隙不同，或者因磨浆区磨浆压力不同使磨浆质量均匀性不一致。

3）改进型盘式磨浆机。一是转轴动盘浮动装配式盘磨机。近年来，国内借鉴国外的模式设计和制造了一种花键、轮毂与转轴配合固定，轮毂外齿与动盘中心孔内圆齿作宽松式配合的盘磨机。二是螺旋进浆管口式盘磨机。国内借鉴国外的模式设计和制造了一种具有螺旋进浆管口和双切出料口新的盘磨机，纸浆进入流、磨浆流和出浆流始终保持平顺过度，无垂直拐弯等造成摩擦能耗，纸浆流也平稳均匀。

4）改进型锥形磨浆机。OptiFiner Pro 低浓磨浆机是改变传统悬臂式锥形磨浆机从锥形外壳的小端进浆、从大端出浆的方式，将进浆结构改进成从锥形外壳的两侧面。在锥形转子上设置了开口面积较大的槽状开孔，流入的浆料通过该槽状孔进入磨浆区；定子设有开口面积较大的槽状孔，经过磨浆处理的浆料从该槽状孔排出。避免了进入转子齿槽内底部的浆料和定子齿槽内的浆料只通过齿槽内部而不能进入磨浆区，并最终未经打浆处理就被排出的情况发生。

5）带锥形区盘式磨浆机。为了克服大直径磨盘所带来的问题，在盘磨外圈加一"锥形区"，与磨盘成 75° 的磨浆区，可不增加转子圆盘外径而使磨浆面积增大。磨盘内的纸浆移动速度是通过磨盘纹形及磨盘加工面的锥度来调整。在锥形区比例大的纤维部分被挤压到定子磨盘一侧，越过在磨盘沟里的几个磨齿向外周移动，离心力不是作为排出力而是将纸浆向定子磨盘上推压，作为磨碎的补助力，使浆料停留时间长。

6）节能式双盘磨浆机。与传统磨浆机同向转动不同，节能式双盘磨浆机的主要特点是逆向输出主轴（逆向被动磨盘）和顺向输出主轴（顺向转动磨盘）的旋转方向相反，这样对物料的研磨更加完全，从而提高了磨浆效率，大大减小了电能消耗。

7）恒定打浆强度的盘磨机。通过液压缸中的活塞带动滑动座，使定盘进行轴向移动，调节定盘与动盘之间的间隙，从而避免主轴进行轴向移动，简化盘磨机的结构，同时减缓了主轴的磨损，能避免因浆料输送突然中断而引起定盘与动盘之间的摩擦碰撞。

（2）磨片磨纹和锥形磨转子的优化与改进

1）细齿型磨片。采用细齿型磨片，其磨齿宽度为 1.1mm，齿槽宽度 2.2mm。该磨片工作时，磨齿间交错点增多、打浆能力上升，因而与传统磨片相比，磨浆负荷更高，堵塞现象更少；可使磨浆能耗降低 10% 以上；低强度磨浆，减少了磨片间的接触，降低了磨齿磨损。

2）圆钉结构型磨片。采用了按圆周排列的小圆钉，增加了纤维在破碎区的停留时间及纤维的碰撞次数，将得到更大的比容积，降低了磨齿对纤维的切断作用。同时，总体能耗降低，纤维特性和成纸质量都得到改善。

3）可反向旋转工作的磨片。为避免经一段磨浆后，磨齿出现顺着旋转方向齿前刃角磨损较大，而齿后刃磨损不突出，齿面磨损不规则的情况，可采用可反向旋转工作的磨片，动静磨片的磨纹呈 V 型或 W 型，动磨片槽深度要比静磨片的深一些。动静磨片都设以相同的性能反向旋转，并保证打浆的效果。

4）人字齿形磨片。此种磨片改变了以往磨齿和齿槽的直线或光滑弧线的形式，为连续弯折的"波浪"形磨纹。具有耗电量低、生产量显著提高、噪声小、浆种和浓度适应性广、寿命长、打浆过程易于控制等优点。

5）功能深度细化的磨片。为了适应不同的浆料、纸种，不同的工艺和指标，出现了功能深度细化的系列磨片，包括切割鳍磨片、软鳍磨片、扫帚鳍磨片和疏解鳍磨片。

6）高效锥形磨浆机转子。改进的锥形磨浆机转子锥体上开有若干环形分布的安装槽，安装槽呈"弓"型，安装槽内的纵向槽部位分别安装有角型的刀片，刀片中央设有涡流孔，刀片上位于涡流孔的两侧分别开有 U 型的搅拌孔，刀片的顶部两侧分别开有锯齿槽。其优点在于通过安装槽设计成"弓"字形，使得浆料在安装槽中曲折流淌，不断激出更多的旋流，有助于将浆料搅拌的更加均匀；另外，刀片设计成角型，并在刀片顶部两侧设计出锯齿槽，可以提高锥形磨浆机的打浆效果。

（3）中浓打浆设备的开发与应用

基于中浓打浆过程中磨齿机械剪切、磨区内湍流流体剪切应力对纤维网络单元以及纤维网络单元之间"摩擦形变效应"理论，在原有的 ZDPM 中浓液压单盘磨浆机的基础上，开发出适应这种变化和发展趋势的更加高效的大功率 ZDPS 中浓液压式双盘磨浆机，其功率为 280 ~ 1000kW，盘磨机磨片直径 750 ~ 1000mm，适用浓度 8% ~ 12%，生产能力可达 80 ~ 200 吨 / 天绝干浆。该设备及技术已经在贵州、福建、湖南等地的多家造纸企业中推广应用。

（4）打浆设备控制进展

国内发明了一种盘式磨浆机磨浆间隙在线直接精确测量装置，克服了传统上间接测量方法不能实际准确反映磨浆间隙而近似依赖于电机电流作为参考的缺陷，使打浆过程处于封闭、高温、高压条件下的微观刀间距得到精确测量与有效控制，从而直接稳定调控了打浆度。

4. 纸机进展

（1）纸机整体进展

近年来，国内外纸机围绕高速、宽幅、节能、紧凑和自动化等方面开展研究，国产化装备研究开发涉及的主要科学技术进展有纤维悬浮液非牛顿流体的高速流送与分散技术、快速成形脱水与压榨脱水技术、高效率干燥技术、干湿纸幅高速传递技术、高速多段分部传动与协调控制技术、纸张质量与纸病快速侦测技术、纸张表面压光技术、各部套动态运行机械状态监测与故障诊断技术等。

研发成果主要体现在：①对高速纸机智能型稀释水横幅定量调节系统的研发，包括等百分比稀释水阀的研制、智能执行器的研制、CAN 总线通信技术智能执行器的应用等方面具有创新性；②夹网成形技术，其中的浆料着网点及喷射角调节机构、弹性加压脱水靴、弧形脱水箱的研发，气流干扰消减器和白水收集装置具有创新性；③靴式宽压区压榨技术，其中的靴板、靴梁、油压加载系统、靴套张紧系统、靴套润滑系统、靴板温控系统及靴套安装系统具有创新性；④高效、节能干燥技术，其中的封闭引纸技术、防止纸幅抖动的纸幅稳定器及干燥部通风系统、烘缸必备的冷凝水快速排出装置、干燥部整体结构等具有创新性。

福伊特公司、维美德公司几乎垄断了世界上所有大型纸机设备的订单，对纸机的流浆箱、靴型压榨、软压光、涂布机等有其独特的创新和技术；而 ABB 公司在电气传动控制、DCS、QCS 管理计算机系统等方面具有优势，为大型纸机的配套做得相当成功。由于我国制浆造纸工业产能一直在快速扩张，近年来新推出的最先进纸机在我国得到应用。目前，新闻纸机幅宽可达 11000mm，车速 2000m/min，纸机全封闭运行，自动引纸，自动卷取；书写印刷纸生产线幅宽达 9770mm，车速 2000m/min；涂布纸板生产线幅宽 8100mm，车速达 900m/min；牛皮卡纸、牛皮箱纸板、高强瓦楞原纸生产线幅宽 7000mm，车速达 1300m/min；卫生纸生产线幅宽 5600mm，车速达 2100m/min。

近年来，我国造纸装备自主研发和制造取得突破性创新成果，主要为：由河南江河纸业股份有限公司、华南理工大学、轻工业杭州机电设计研究院等联合研发，河南大指造纸装备集成工程有限公司、辽阳造纸机械股份有限公司等单位制造，设计制造出幅宽 5600mm、车速 1200 ～ 1500m/min 以上、单机产能 20 万吨/年的文化用纸机；主流配置为水力式流浆箱、水平夹网、靴式压榨、膜转移/施胶涂布机、软/硬压光机等，国产装备实现了整机系统集成创新，关键技术取得突破。

能够设计制造出幅宽为 5800mm（具备制造幅宽 7000mm 能力）、车速 1000m/min，35 万吨/年涂布纸板机、箱纸板机，20 万吨/年瓦楞原纸机；主流配置为水力式流浆箱、长网或四叠网或五叠网成形、全封闭式引纸、高线压大辊径压榨或靴式压榨、带纸幅稳定器的单排缸加双排缸的干燥形式、独立引纸绳引纸、斜列式或者膜转移施胶机、软/硬压光机等，上网成形器结构配置主要包含三/四真空室的上真空脱水箱和弹性加压下刮水板组。

卫生纸机实现了国内主力机型从普通圆网纸机到真空圆网纸机、新月型纸机的重大转变，单机生产量大幅提高，吨纸消耗大幅降低。能够设计制造出最高单机产能达到 2.5 万吨/年，核心技术取得突破（如满流型流浆箱、夹网成形、新月型成形、钢制扬克烘缸、纸幅高速运行稳定技术等），纸机性能得到优化，运行可靠性提高。真空成形卫生纸机幅宽 3600mm，工作车速 700m/min；新月型卫生纸机幅宽 4100mm、工作车速 1200m/min，高速新月型卫生纸机幅宽 2850mm、工作车速 1500m/min，配置满流流浆箱（低回流率）、双向不锈钢辊体大直径真空托辊和钢制 $\Phi4572mm$ 大直径扬克烘缸。

2015 年，我国卫生巾生产线速度达到每分钟 1600 片，全伺服在线复合全弹力腰围婴儿纸尿裤生产线速度达到每分钟 800 片，成人失禁裤生产线速度达到每分钟 300 片，湿巾折叠机速度达到每分钟 1000 片以上，且主要供应商都提供与生产线配套的堆垛机和包装机。

国产特种纸机的性能进一步完善，单机可产最薄定量 $5g/m^2$、最厚定量 $2500g/m^2$。其中斜网成形器的特种纸机发展较快，国产最大幅宽 3520mm、车速 300m/min，但多数幅宽 1260 ～ 2640mm、车速在 60 ～ 200m/min 之间，主要适用于长纤维或混合纤维的超低浓度分散成形生产特种纸。

国内已具备机内纸板涂布机幅宽 7000mm、车速 900m/min 的整体制造能力。对于机外薄页纸涂布机，由沙市轻工机械有限公司设计生产了 2640mm、车速 600m/min 热敏纸涂布机，首次采用喷射式上料，涂层更平整，横幅均匀性更好，能适应更高车速，目前使用情况良好。机外铜版纸涂布机已实现幅宽 3450mm、车速 1000m/min，首次采用喷射式上料。

我国自主研制的带高效浆料除气器的上浆系统、高湍动稀释水流浆箱、带真空成形箱的辊式顶网成形器、适合高速运行的四辊三压区复合压榨、配置高精度外挂齿箱的高效节能的干燥部、适合高速运行的膜转移施胶（涂布）技术、高度集成的 DCS 与 MCS、高精度电气传动控制系统、纸病快速检测系统等单项装置具备国际先进水平，为造纸成套设备赶超国际先进水平提供了技术保证。

（2）流浆箱与成形装置

国内流浆箱的发展趋势主要为可视化稀释水控制的水力式流浆箱，另外包括一些传统流浆箱的技术改造。目前已完整地开发了高速纸机稀释水流浆箱技术；生活用纸机多采用新月型成形器，对国产高速纸机及其流浆箱技术的发展产生了有力的推动作用。

（3）压榨与干燥装置

近年来，我国在压榨、干燥技术上进展集中为：靴形压榨靴套的制造技术、提高纸机烘缸干燥效率应用技术、高速纸机网毯制造技术、全封闭式气罩和干燥部热回收技术、干燥部烘缸供热技术、非接触干燥技术、无绳引纸技术。

靴式压榨是压榨领域的最新技术，世界上大型纸机生产商都有自己的靴式压榨技术。带可控挠度辊、蒸汽箱的复合靴式压榨是目前比较有效的压榨方式。目前已扩展到所有纸产品脱水的应用，实现了车速范围从 50m/min（浆板机）到 2000m/min（卫生纸机）。近年来，我国压榨部装置方面进步主要是在靴式压榨的国产化（如山东昌华造纸机械有限公司、河南大指造纸装备集成工程有限公司等）及其在各类纸机的应用上，但是靴套目前主要依赖进口。

近年来，国内生活用纸产能迅速扩大，纸机核心装备——扬克烘缸国产化制造技术和应用取得快速发展，其中钢制扬克钢正逐渐替代铸铁（如江南烘缸制造有限公司、佛山安德里茨公司、山东信和造纸工程股份有限公司等），使热传导率由 42 W/m·K 提高到 44 W/m·K，强性系数由 135GPa 提高到 212GPa；另外，缸壁可薄，同样生产量能耗较低，不会出现缸面裂纹，全部使用寿命期间其操作压力无需降低。

穿透式热风干燥系统（TAD 缸）是生产高松厚度和高柔软度干燥装置。近几年来，在国内开始研发并应用，布置方式有在扬克缸前的，也有在扬克缸后的；TAD 缸也有混合型烘缸，纸张首先进入气缸的热风冲击干燥区进行热风冲击干燥，其次进入热风穿透干燥区进行热风穿透干燥，最后进入冷却区进行冷却。

在干燥的高效和节能控制等方面，国内开展了"烘缸密闭气罩内外压差变化曲线与零位控制量化模型""大型纸机干燥部温湿参数动态特征及热能节约原理的研究""气罩内外压差变化曲线与零位控制量化模型""穿透式热风干燥过程的数学模型"等研究，为干燥部装置设计和运行优化提供了理论指导。

（4）压光与卷取设备

国内新颁布了《纸机压光机技术条件》，标准编号 QB/T 1424-2015 代替标准 QB/T 1424-1991。新标准适用于造纸行业，工作车速不大于 1200m/min、幅宽不大于 5000mm 的纸机压光机。

金属带式压光机可确保生产线生产出外观质量良好的一流印刷纸，在印刷质量不受影响的情况下，降低纸张定量。2011 年 4 月底，由维美德公司提供的 Val Zone 金属带式压光机在山东兖州华茂纸业有限公司 23 号文化用纸机上开机运行，继珠海经济特区红塔仁恒纸业有限公司之后成功运用带式压光技术开发的新产品。

在造纸行业硬压光被软压光取代是必然趋势。国内很多公司肯定了软压光技术对产品品种升级换代的重要性，认识了软压光机作为纸机标准配置的重要部套，并且在新的项目建设中，采用了进口国外的单区可控中高软辊压光机，提升产品附加值，满足客户要求。

5. 涂布机加工与完成设备的进展

（1）涂布机加工设备

近年发展较快的帘式涂布，目前已在特种纸领域得到了应用。帘式涂布装置解决了现有涂布装置产生过量沉积、纸幅断裂、设备故障率高、涂布质量不稳定、转换规格需要停机处理、过程复杂、纸幅留边不稳定等问题。帘式涂布具有以下优点：①能够均匀地涂布到涂布材料上，长时间稳定地连续运行，避免了纸幅轻微跑偏及纸幅留边不稳定的现象，故障率低，产品质量高。②成本低，减少了转换停机处理。

新研制出的一种用于无碳复写纸和热敏纸的多功能特种纸涂布机，采用刮刀涂布器和气刀涂布器相结合的涂布方式，满足不同涂料不同涂布量的要求，循环热风干燥系统的风机采用变频控制配以温度自控系统，达到温度设定后的自动调节，实现节能的目的，退卷和收卷在全速工作状态下实现自动换卷，提高效率，减少辅助时间。

（2）完成设备

纸机后完成设备的研发主要围绕：①适应高速、品种规格变化、卷取质量稳定、体积小、能耗低，且可精确调节的操作运行方式及实现其功能要求的装置机构。②运用质量指标的自动监测与控制系统。

卫生纸复卷机主要的供应商为亚赛利公司、Gambini 公司等。国内金顺重机（江苏）有限公司开发了"SDW2516 单底辊复卷机"，复卷机幅宽 2480mm，采用无轴式放卷架、中心扭矩控制、实心夹头、单底辊等技术，攻克了复卷表面容易出现纸病、分切并包等技术难题。潍坊凯信机械有限公司自主设计的第一台车速为 1200m/min 的高速卫生纸复卷机在英国爱丁堡 Tm rewinder 2750 高速卫生纸复卷机试车成功。

株式会社丸石制作所和意大利皮萨拉特公司合作生产高速全自动平张纸切纸机，采用地面式退纸架、手动及自动设定的单幅 / 双幅分切，横切单元采用全自动平张纸切纸机，堆纸采用特殊空气喷射系统，实现了通用型平张切纸机的生产。

6."造纸工业 4.0"

（1）"造纸工业 4.0"区别于传统的自动化方案

近年来，造纸业界结合行业现状，广泛地探讨了"造纸工业 4.0"，明确了其概念的目标就是为了降低运营成本，提升纸机生产效率和产品品质，通过智能化、网络化来提升所有设备可操作的便利性和灵活性，为现在的纸机提供数据支持，一个庞大的数据库可以引导纸机永远运行在一个非常完善的水平上。

在提高生产效率方面，"造纸工业 4.0"的重点是：①减少非计划停机时间；②降低不合格产品率；③减少断纸及改产时间。在降低运营成本方面，"造纸工业 4.0"重点是：①节省浆料纤维、化工等原材料；②节省能源消耗；③节省人力成本；④节省维护费用。

"造纸工业 4.0"能够使产品生产过程的关键参数高速透明化，且与其他界面和系统很好地连接。所以，在提高运行效率和降低运营成本之后，"造纸工业 4.0"根本的目标是要进一步改善并稳定基础目标，从而带来造纸企业利润的持续增加。"造纸工业 4.0"概念最终落实为产品，推行整合到现有的设备机台上去，就是"系统中的系统"，集合了三大技术的多系统的系统：

一是 On Efficiency 智能工艺控制模块。基于状态监测、自我诊断的主动预知性维护系统。实现造纸过程可监测、可量化和可控制，提供了可持续稳定的性能绩效解决方案。包含了分散自动和自发控制模块化和集成控制方案，分散在整个纸机和纸板机的生产过程中，使得生产者很容易利用关键参数来运行工厂，并持续地达成经营目标。

二是 On Care 智能维保模块。基于智能状态的可预测性的设备维护。智能的自我诊断能力和与"造纸工业 4.0"产品的无缝对接，使得工厂拥有高度的预见性、自动化服务和高效的物料管理，并在最低维护总成本下促成最高的设备利用率。

三是 On Serve 智能服务模块，全天候在线服务和远程服务支持。通过远程、现场和电话服务的安排来日以继夜的发挥功能和协助部署；利用数据分析，诊断和实时过程优化来帮助客户，确保工厂的最好绩效和利用率。

"造纸工业 4.0"区别于传统的自动化方案，最大的不同是它拥有高度的模块化性能，潜移默化地一步一步接近和协调生产、维保和服务工作。"造纸工业 4.0"方案的总价值传递超过了任何单个产品的贡献价值之和，这是我们的造纸知识融合到方案里产生的。

（2）过程控制、机械监测与自动化

近年来，国产设备的技术进展之一就是新建高速纸机在配套引进世界先进的开放式控制系统（OCS）、质量控制系统（QCS）、集散控制系统（DCS）、纸病侦测系统（WIS）等和液压、气压控制系统的同时，开发了国产相关系统。在现有的单机集中式监测与诊断系统（MMS）基础上，开发分布式多机状态监测与故障诊断技术装备，提高纸机运行的快速性、安全性、可靠性与稳定性。

国内有关公司在这方面针对高速纸机配套的具有自主知识产权的包括上述各类的综合

系统还没有，只是在某些系统有研发。如国内某些公司研发的定量水分控制系统（QCS）和纸病表面缺陷检测系统（WIS）、全过程集散控制系统（DCS）等在国内中、低速纸机上得到配套应用，但相关系统的稳定可靠性以及适应的纸机的车速与国外先进水平有较大差距。

国内开展了"干燥部纸幅水分控制系统优化方案""密闭气罩外压差与零位控制量化模型"等研究，为造纸过程控制提供了依据。

（3）造纸机械状态监测与故障诊断技术

国内外实践证明，用现代高新技术开展机械设备的状态监测和实施故障诊断技术与机械设备日常管理相结合是保障机械设备安全正常经济运行的重要措施。

在国外，状态监测与故障诊断技术在现代化纸机中的研究和应用已较为广泛，但国内在这一方面显得非常薄弱。近年来，国内相关企业和南京林业大学等有关高校着重在以下几个应用方面开展了研究：①对造纸机械旋转件现场动平衡技术进行了系统研究，表明对于现场诊断过程中可能出现的耦合故障，通过模拟研究确定；实现了快速、准确对不平衡故障的诊断，成功地完成了目标辊体的现场动平衡。②在高速纸机结构动力共振现象研究方面取得了进展，同时探讨了其研究方法、结构动力共振车速。不同纸机各部套动态结构动力共振车速有差别，可通过不同车速范围运行过程与提速过程中的跟踪比较综合确定。③对高速纸机干燥部烘缸轴承运行状态振动监诊技术、故障发生过程振动信号变化规律及谱图特征、故障发生的主要原因与对策进行了研究，并结合油液分析技术对纸机干燥部润滑系统关键参数的控制及其影响度进行了研究。④针对造纸企业装备特点，对基于虚拟仪器的纸机轴承振动监测与诊断系统开发的原理、方法进行了研究，为简易制浆造纸设备的故障诊断提供了一个途径。

7. 节能节水技术与设备

（1）制浆造纸节能节水技术与设备的进展

近年来，制浆造纸节能节水技术与装备体现在各工序、各类设备中，例如各种化学品的添加与混合（新型高效低能耗不易挂浆的混合器）设备、高效节能的打浆换代设备、多盘浓缩机、节能节水型双压区双网挤浆机、节水型浆料洗涤系统、低浓低能耗打浆技术等；在成形部采用 Ecopump 变速透平机技术，根据纸机实际生产状况对真空度和抽气量进行调节，可以显著提高真空控制能力，同时提高纸机运行性能和效率，现已成功应用于各类纸机（生产浆板、卫生纸、文化用纸、瓦楞原纸、箱纸板、特种纸、新闻纸等）。

（2）纸机干燥部余热回收技术与设备

纸机干燥部排出的热湿废气，由于其中水蒸气含量大、温度高，所以具有很高的热焓，干燥部排风大约带走了 90% 的干燥耗汽量的热量。

配备有捕热器和洗涤器或只配备捕热器的通风装置（热回收机组），回收纸机干燥部排气余热、预热干燥部送风、加热车间送风以及工艺用热水。可做成单级、两级、三级

（有时为多级）串联热回收。回收级数视排风参数和生产对热水的需要量而定。对于密闭纸机，因其排风温度高、含热量大，一般都采用三级热回收设备：第一级用捕热器加热干燥部送风，第二级用捕热器加热室外空气供车间送风，第三级用洗涤器加热水。

（3）碱回收技术与设备的进展

我国在草类原料碱回收技术方面处于世界领先水平。目前在建麦草浆碱回收系统最大规模为日处理黑液固形物1200t，蒸发采用了十一体六效全管式降膜蒸发站，蒸发水量为350t/h，采用了黑液降黏及结晶蒸发技术，出蒸发站设计浓度为60%。碱回收炉采用单汽包、内走台双侧吹灰布置，蒸汽参数为5.4MPa、450℃。苛化工段采用预苛化降低硅干扰，以提高白泥洗净度和干度，降低白泥残碱。

（4）造纸过程"三环节"能量结构优化

制浆造纸过程中，电、汽（热）等能耗较多，华南理工大学等开展了以生产过程中"能量转换与传输环节、能量利用环节和能量回收环节"进行统筹综合优化分析，获得了造纸工业能量系统的结构及用能规律，建立相应模型与控制系统，并得到了工程化应用，取得了较好的节能减排效果。

8. 制浆造纸机械与设备的标准化

近年来，造纸机械设备的标准及其体系的建立在不断加强，特别是加强了关键基础零部件标准研制，制定基础制造工艺、工装、装备及检测标准，提高机械加工精度、使用寿命、稳定性和可靠性，从全产业链综合推进标准化工作，通过智能制造和装备升级标准化工程，提供技术支撑。随着造纸装备国产化水平的提升，一批原有造纸装备的标准以及新开发的装备标准不断制定。仅2016年工业和信息化部公布12项造纸机械行业标准：卧式水力碎浆机（QB/T 1420–2016），圆筒卷纸机技术条件（QB/T 1423–2016），造纸机械通用部件—真空辊技术条件（QB/T 1422.2–2016），卷纸辊轴承外壳及联轴器互换性尺寸（QB/T1418–2016），双辊挤浆机（QB/T5020–2016），预挂过滤机（QB/T5021–2016），鼓式真空洗浆机（QB/T5022–2016）等。此外，郑州运达造纸设备有限公司起草的"散包机行业标准"即将颁布。

（二）制浆造纸装备科学技术近年来取得的重大成果

1. 近年来制浆造纸关键设备及成套装备技术的主要研发成果

根据我国制浆造纸工业的原料结构、企业规模状况和国际制浆造纸装备的发展趋势，从市场需求和装备制造业技术开发能力实际，产生了一批新的成果。这些装备具有工艺适应性强、技术复杂、品种繁多，机、电、仪、计算机相结合的高新技术配套特点，不少产品已接近国际水平。

（1）非木材原料的横管连续蒸煮系统

由江苏华机集团华杭造纸机械设备有限公司研发制造的ZHⅢ型蔗渣横管连续蒸

煮及湿法备料设备，设计产能粗浆 440 吨 / 天，蒸煮电耗 28 ～ 32kWh/bdmt，吨浆耗电 36 ～ 40kWh，蒸汽消耗低（≤ 1.8 t/bdmt）。设备配套成熟、控制实现自动化，已处于国际先进水平。

（2）禾草类原料立式连续蒸煮系统

由山东泉林纸业有限责任公司、天津市恒脉机电科技有限公司研发制造的湿法备料、立式连续蒸煮技术，400m³ 立式连蒸锅（分预浸区、循环升温区、保温区、置换洗涤区和调浓区），生产能力 10 万 ～ 20 万吨 / 年草浆，配备 Φ460mm（18 in）销鼓计量器、Φ710mm（28in）喂料螺旋。

（3）草类原料生物机械法管式连续蒸煮系统

由轻工业杭州机电设计研究院设计、监制。干湿法备料、连续蒸煮、生物（酵素）处理、洗选等组成，生产能力 10 万吨 / 年。配备 200m³ 新型料仓、90m³ 水力洗涤机、Φ635mm 喂料螺旋、内凸式封头、大型蒸煮管（Φ2100mm×10000mm，4 管）、25m³ 弧形活底喷放仓、Φ1100mm 中浓磨（二段）等。研制完成了挤压撕裂机、高浓盘磨机、压榨脱水机及高浓漂白塔等关键设备。

（4）双辊洗浆机 / 双辊挤浆机

由汶瑞机械（山东）有限公司研发制造的 SJA2272 型置换压榨双辊挤浆机：采用压力折流布浆，压辊规格 Φ2200mm×7200mm，进浆浓度 7% ～ 8%，出浆浓度 30% ～ 33%，生产能力 4300 吨 / 天（风干硫酸盐化学木浆），单机洗涤效率＞80%。SJA2284 型双辊挤浆机：压辊规格 Φ2200mm×8400mm，生产能力 4500 adt/d。目前国内年产 100 万吨的木浆厂基本使用此设备；年产 40 万 ～ 90 万吨的木浆厂也有使用双辊挤浆机（或使用 DD 洗浆机）的。

由福建省三明市三洋造纸机械设备有限公司研发制造的 XJ557 紧凑型双辊洗浆机，每个压榨辊为脱水区、置换洗涤区、压榨区 3 个区，筛板开孔率 23%，在 270° 的角度内均有洗涤作用。进浆浓度 3% ～ 8%，出浆浓度 32% ～ 35%。洗涤未漂白桉木浆时，产能达 3000 吨 / 天（风干浆）。

（5）鼓式真空洗浆机

汶瑞机械（山东）有限公司向市场推出 ZXV 型第五代鼓式真空洗浆机，鼓体采用锥形格室技术，减小了滤液流动阻力，解决了滤液"倒灌"现象，提高了生产能力，单位面积生产量提高 30% 左右。平面阀芯由之前整体结构的二点支撑技术改进为采用分体结构、多点固定技术。阀芯分体设计；保持多点固定平面阀间隙稳定，有利于稳定真空度。

（6）双网挤浆机

由福建省轻工机械设备有限公司研发制造的 ZNS 系列双网挤浆机，有 2 ～ 6 个压区，进浆浓度 3% ～ 5%，出浆浓度 26% ～ 35%；其中 4 ～ 6 个压区的双网挤浆机主要用于湿浆的压榨，进浆浓度 3% ～ 5%，最大出浆浓度 47%，单机最大生产能力 350 吨 / 天，各项技术指标已达到当前国际先进水平。

汶瑞机械（山东）有限公司在气胎式双网挤浆机的基础上，开发出新型 SW635 液压式六压区双网挤浆机，压榨装置配有 6 对压榨对辊，分别是两对 S 型压榨对辊以及三压、四压、五压、六压压榨对辊，六压对辊最大工作线压力（高压）300N/mm。其主要技术参数为：进浆浓度 4% ~ 6%，出浆干度 ≥ 45%，生产能力 350 adt/d 杨木化学机械浆，辊面宽度 3800mm，网布有效宽度 3500mm，网布类型为无端网，网布运行速度 25 ~ 40m/min，电机功率配置：$2 \times 55kW$（六压）、$2 \times 45kW$。

（7）节能型筛选净化系统

国内郑州运达造纸设备有限公司、山东杰锋机械制造有限公司、福建省轻工机械设备有限公司等企业研发了具有节水节能、减少纤维流失等优点的封闭筛选系统，主要设备有除节机、压力筛、高浓除渣器、液体过滤压力筛等。其压力筛多为外流式中浓压力筛、封闭型转子，均具有创新性和实用性。该系统的筛多为缝筛，一段筛缝为 0.2 ~ 0.25mm，二段筛缝为 0.3mm。目前封闭筛选系统可满足 300 ~ 450 吨 / 天生产规模。国内用于封闭筛选的具有波纹筛鼓的压力筛和具有棒式波形筛鼓的低脉冲压力筛已系列化，接近国际先进水平。

（8）中浓漂白系统

汶瑞机械（山东）有限公司提供的中浓纸浆少污染氧脱木素、多段漂白关键技术设备（升降流漂白塔、过氧化氢漂白混合器等）与系统集成，产能为 20 万 ~ 100 万吨 / 年，技术水平为国内领先、与国际接轨，性价比高，价格是进口同类设备的 1/2。华南理工大学研究开发的中浓浆泵、中浓混合器等产品，已应用于生产实践，技术装备水平国内领先。

（9）全无氯漂白系统

国内蒸煮与漂白全部配套国产设备的木浆或竹浆生产系统较少。这里举一个全部配套国产设备的全无氯漂白系统实例——广西马山和发强纸业有限公司 200 吨 / 天漂白化学浆生产线。

（10）废纸散包干法筛选技术

郑州运达造纸设备有限公司等企业，开发了具有自主知识产权的废纸散包干法筛选系统，集废纸散包、分类、干法筛选等功能于一体，实现废纸原料分类处理的机械化和自动化。

（11）鼓式碎浆机

郑州运达造纸设备有限公司开发的鼓式碎浆机，在 14% ~ 22% 高浓度下运行，产生柔和的揉搓和摩擦运动，使纤维充分润胀分离，比传统高浓碎浆机节能 50% 左右。近期开发的 ZDG425 型鼓式碎浆机，转鼓直径 4250mm，最大废纸处理量 1200 ~ 1600 adt/d，适用于 AOCC、ONP、OMG 等多种原料，分类拣选效率提高 60% ~ 70%，重渣去除率达 90%，电机功率仅 1000/1400kW。

（12）高效浮选脱墨系统

福建省轻工机械设备有限公司自行开发的新一代 ZFC 系列浮选脱墨设备，多级布气式脱墨浮选槽，槽体规格 4400/2500，单槽长度 3000mm，处理浓度 1% ~ 1.2%，产能 350 吨 / 天。保留悬浮液高速流入文丘里产生负压吸入空气产生气泡形式，气泡进入阶梯扩散器能不断产生微湍动，使油墨粒子有较大的机会与气泡接触，保证脱墨效果。

（13）5600/1500 水平夹网多缸文化用纸机成套设备

5600/1500 水平夹网多缸文化用纸机成套设备由河南江河纸业股份有限公司、华南理工大学、轻工业杭州机电设计研究院等联合研发，河南大指造纸装备集成工程有限公司、辽阳造纸机械股份有限公司等单位制造。项目建成产能 20 万吨 / 年高档特种纸 / 文化用纸生产线，比传统投资节约 5.5 亿元左右；工作车速 1200 ~ 1500m/min，净纸幅宽 5740mm，产品定量 45 ~ 100g/m^2。配水力式流浆箱、夹网成形、靴式宽压区压榨、封闭引纸等。

（14）高速节能新月型卫生纸机

基于宽幅、高速、安全、稳定、节能、高效、高品质、自动化等现代纸机设计理念，上海轻良实业有限公司、金顺重机（江苏）有限公司、潍坊凯信机械有限公司等相继研制开发出新月型卫生纸机，采用单层满流水力式流浆箱、新月型成形器、大直径真空压辊、大直径钢制扬克缸等，幅宽 2860mm，车速达 1600m/min，起皱率 25%，产能达 70 吨 / 天（2.3 万吨 / 年）。

（15）纸机的关键部套

近年来，国内在纸机的关键部套的研发与制造及应用上，取得了很大的进展，有的已接近或达到国外先进水平，主要有：稀释水水力式流浆箱、夹网成形装置、薄页纸长网成形器、靴式压榨、钢制扬克烘缸、帘式涂布装置、膜转移施胶装置等。

（16）过程和质量智能检测与控制技术

过程与质量智能检测与控制技术是一种自动化整体解决方案，包括纸病在线检测系统、自动控制系统、专用仪表阀门等，已是高速 / 中高速纸机的标准配置。在河南江河纸业股份有限公司的 5600/1500 国产高速纸机上，配有大指装备开发的 DZ-WIS 纸病检测系统，由内触发模式、灵敏度达 408DN/（nJ/cm^2）的 CCD 扫描工业相机和 LED 线阵光源等组成，包括图像采集模块、计算机工作站、纸病检测软件 3 部分。在工作车速达 1500m/min 的纸机上，检测精度可达 0.1mm^2。

2. 近年来制浆造纸装备技术相关的获奖成果

山东泉林纸业有限责任公司的"秸秆清洁制浆及其废液肥料资源化利用新技术"项目，荣获 2012 年度国家技术发明二等奖。整套技术包括锤式备料（粉碎机替代切草机）、置换蒸煮（连续蒸煮器）、机械疏解 + 氧脱木素、本色浆和制浆废液创制有机肥五大部分，系统解决了传统秸秆制浆质量差、黑液处理难两大技术难题。技术核心是以高效备料和蒸煮实现秸秆纤维质量的提高和生产过程污染物产生的最小化和资源化。

汶瑞机械（山东）有限公司研制的 SJA2272 型、SJA2284 型置换压榨双辊挤浆机，设计产能达 4000 ~ 4500adt/d，通过成果鉴定，在性能规格、运行可靠性、能耗及效率方面已达国际先进水平，并在国内外得到广泛应用。

河南江河纸业股份有限公司、华南理工大学、轻工业杭州机电设计研究院等单位研制的幅宽 5600mm、运行车速 1500m/min 的现代文化用纸机，通过成果鉴定，主要技术指标达到国际同类装备先进水平，其整体技术水平国内领先。

三、制浆造纸装备科学技术国内外比较分析

（一）制浆造纸装备的技术研发方面

科技创新的主体在企业。近十几年来，随着我国造纸工业的快速发展，客观上对制浆造纸装备的技术进步提出了新的、更高要求。但国内制浆造纸装备的技术研发和制造水平跟不上制浆造纸工业发展需要，势必大量引进国外先进的制浆造纸装备。一方面，促进了制浆造纸工业的发展，同时给国内制浆造纸装备的技术研发和制造带来了压力和机会；另一方面，许多国内制浆造纸装备制造业，借助制浆造纸企业引进装备的机会，采取吸收、消化和再创新等措施，研究开发和升级了一批制浆造纸装备，对快速提升民族制浆造纸装备研发水平、满足国内部分中小型造纸企业新、改、扩建项目起到了很好的作用。

尽管如此，我国制浆造纸装备技术的研发与国外仍有很大差异，国内外最重要的差距是国内"研发大型先进高端的造纸装备的机制体制"没有形成，主要表现在：①国外制浆造纸装备制造企业数量不多，但规模较大，形成一种长期的新产品研发机制，研发经费投入量大，研发人员的配备方面专业性强、门类配套全、数量较多；而且着眼从装备的基础机理研究开始；②注重工艺技术与装备的结合配套研发，注重生产线各工序的相关装备的成套化研发，注重装备与运行电气、控制等结合配套研发；③装备的推出都建立从小试和中试生产线，各种工艺和装备技术研发参数经过试验成熟后方用于大生产，确保制浆造纸装备在用户安装调试后很快正常运行达产；④在提供装备与售后运行维护等方面均为全面跟踪、全方位的服务等配套研究。

相反，国内制浆造纸装备制造企业数量较多，但规模小，没有形成一种长期的新产品研发机制，表现为：即使一些装备制造企业开展一些自主研发，但投入不多，研发人员中跨学科多专业等配套的团队少；研究没有从基础机理开始、且只对设备局部的研究，缺乏从工艺到装备以及控制等的系统性、整条生产线的成套性研究，以至于在部分仿造、消化过程中，不知其机理等基础数据而使设计时缺乏依据，一旦改变工艺适用条件和产能时，设备的效能无法体现。除此之外，缺乏对装备的关键部件使用的材质和加工工艺的研究，以致关键部件结构、形状和尺寸即使设计了，也无法加工到预期使用效果；在人性化、经济性和美观等细节设计方面考虑相对较少。

国外专门的制浆造纸装备专业方向的高等学校也极少，但却有企业的研究机构与高校机械、电气控制与自动化等专业联合研发新装备的产学研较多，新装备研发的主体为企

业；而我国这方面不多，取得较大成果的更少，处于劣势状态。

（二）制浆造纸装备制造业方面

近些年来，虽然我国制浆造纸装备产品的技术水平在装备的大型化、高速化、高效化、自动化等方面有了很大的进步，但总体上与国外先进水平相比仍有很大差距，适应不了大型造纸项目的建设需要，也面临着巨大的挑战。表现在：

1. 缺乏高层次的多学科专业技术人才队伍

制浆造纸装备高新技术的专业知识涉及面较广，许多知识和经验需要与时俱进，需要一批具有新的知识结构和创新能力的高级人才，否则将难以实现制浆造纸装备技术上的突破。仅靠企业自己的力量很难在短时期内拥有能攻克高新技术的高级人才，而且也会面临来自国际跨国公司在我国的人才争夺。

2. 规模与集中程度小

相对来说，我国造纸装备企业数量多、规模小，技术装备水平低，能耗、物耗高，单个企业与国际大公司相比，无论在规模上、技术上以及质量上还有巨大差距；而且相互之间技术类同、特色不突出，基本上没有太多的研发能力。

3. 技术水平与自主创新条件和能力相对较低

缺乏具有自主知识产权的高新技术开发机制模式和基础性原创性配套研究。由于国外公司加强了对知识产权的保护，国内企业要采取以往的形式进一步获得高质量、高效益、高效率、节能、降耗、减少污染等的制浆造纸装备研发方面高新技术难度极大，但国内企业普遍缺乏自主开发能力。如在造纸装备方面，国外对于高速纸机的设计概念已有较大突破，已不仅仅是应用机械设计和制造技术等专业知识，而是将流体力学等科学理论和试验纸机的实践成果以最现代化设计手段应用到纸机的关键技术和装备的发展中。

4. 材料与加工能力受到制约

关键装备或关键部件的制造所需的材料国产化不过关；加工缺乏试验设施和全面验证手段，无法准确掌握产品性能，以降低投产风险以及对产品进行有针对性的改进，进而提高产品质量和稳定性。投入与产出不能形成良性循环，影响了企业对技术创新的投入热情，延缓了新产品的研发速度，制约了新技术产品的更新换代。

5. 设备技术开发与工艺技术的发展相脱节

设备技术开发跟不上工艺技术的发展速度，设备技术开发与工艺技术的发展脱节，难以形成整机或成套生产线供应能力。

6. 产业政策与资金投入不能满足创新需要

产业政策层面，未能将造纸装备提升至关系国家产业安全的战略层面，对行业保护力度不足；现有的政策和资金支持比较分散，多数属于一次性支持，缺乏统一的责任主体和对被支持单位的成果考核机制以及促进持续改进，使其技术积累和推广不足，未充分发挥出政策的带动作用。

（三）高校制浆造纸机械与设备方向的人才培养

国外高等院校各学科专业分得较大较宽，没有像国内那么细而具体，制浆造纸工艺专业方向设在与化工学科或农林资源利用学科下；没有专门制浆造纸机械与设备专业方向，相关的人才培养和科学研究在机械工程和化工机械等专业下。但在制浆造纸装备制造企业有自身的各门类专业人才合作的研发团队；同时，需要高校、科研院所合作开发时，由企业提出并主动与高校配合对接，开展包括基础理论和装备运行机理在内的研究，通过发挥各学科专业特长的联合研究达到和实现制浆造纸新装备的研发与推广应用。

而国外的研发机制和人才培养模式在国内无法形成。在我国，有专门的制浆造纸学科，又分制浆造纸工艺和制浆造纸装备与控制两个方向。目前大部分有制浆造纸工程学科的高校只设工艺方向，而制浆造纸装备与控制方向极少。在制浆造纸工程学科高校中，缺乏对装备开发所需基础理论和装备运行机理的研究，没有研发投入而仅依靠高校本身的平台是不可能开展制浆造纸装备高新技术的研发的；而企业又没有相关的基础机理和应用基础研究，不能适应造纸工业新装备发展需要。

四、制浆造纸装备科学技术展望

（一）制浆造纸装备科学技术发展

1. 发展背景

我国造纸工业虽然是第一大国，但不是强国，因此，一方面将在总体上继续保持低速稳定增长；另一方面，不断淘汰落后产能，在相当长时间内面临的主要问题仍然是资源、结构和环境以及减本、增效问题。所以，造纸行业将面临着对环保、高端、大型的造纸设备大量需求，对设备的专用化和高效、节能、低耗以及大型化、高速化、自动化、成套化、机械状态自动监诊等要求越来越高；同时，在老旧造纸设备改造、更环保高效的生产流程等服务领域也会产生大量的需求。

因此，国产制浆造纸装备的今后市场发展主要途径是：研发完善生产一批相当于现代中等技术装备水平的制浆造纸装备来更新换代现有小型造纸企业装备；研发生产一批接近或相当于现代国际先进技术装备水平的制浆造纸装备来更新换代部分现有小型造纸企业或现有中型企业或部分大型骨干企业或配套新建企业生产线；研发生产一批在将来与国际先进水平同步的制浆造纸装备武装各类企业。其中，以前两种途经为主。

2. 发展方向

我国制浆造纸装备业科学技术发展方面，要突出"论学究理"和"匠心智造"。"论学究理"就是要从制浆造纸装备的功能作用出发，开展与专业装备相关的科学基础研究和功能原理，为高效、节能和耐用装备的关键部件的设计制造提供依据；"匠心智造"，即既要有"工匠精神"的技术创新，又要融合现代信息工程高新技术的"智能制造"。通过市场和行业引导相结合、当前和长远利益相结合、整体和重点相结合、自主创新和国际合作相结合、制造业和制造服务业相结合、传统制造和"互联网＋智能化"相结合，攻克一些技术瓶颈，在单机产能和关键技术等取得较大突破，整体水平向国际一流靠近，继续研发与这一要求相适应的具有自主知识产权的新技术装备，以满足我国造纸工业可持续发展的需要。

3. 发展主要内容

制浆造纸装备科学技术要赶上或缩小与国际先进水平间差距，有大量科学技术需要研究，遇到的难度也较大。重点在下列方面需要加强科学技术研究：

（1）与纸浆纤维悬浮液流变特性相关的基础科学研究

各种浆种、不同浓度、不同流量与流速、不同压力（压头）、不同温度、不同流道形状变化尺寸下的浆料悬浮液的基本流动特性技术数据（屈服应力、流动阻力、流体状态、无功损失等）；浆料在制浆造纸工艺条件下的材料特殊性能需求；浆料中不同类型和尺寸的轻重杂质在重力、速度、压力、浓度场下分布以及与良浆纤维的分离动力与阻力等；浆料纤维在磨浆区条件下的流动特性及其与能耗关系；浆料纤维形成纸幅成形脱水机理、压榨脱水机理和数学动力学模型。

（2）主要功能设备的功能、作用原理和技术与核心功能部件的研究

各种原料、浆料高效节能搅拌混合和输送原理、技术与设备；洗涤与浓缩设备的核心构件和分离界面（过滤网或板、鼓）等相应的技术与装备；各种浆料在中高浓度下高效节能筛选技术与设备的技术特征、不同结构的转子结构以及筛浆内的各部位流道结构尺寸等；各种高效节能净化技术与设备；高效节能磨浆原理、技术与装备；高效节能废纸碎解技术与机械设备；与高速纸机配套纸浆纤维悬浮液非牛顿流体的高速、中高浓流送与分散技术，快速成形脱水与压榨脱水技术，高效率干燥技术，干湿纸幅高速传递技术，高速多段分部传动与协调控制技术，纸张质量与纸病快速侦测技术，纸张表面压光技术，各部套动态运行机械状态监测与故障诊断技术等。

（3）成套技术的研发

集成及其成套化模式的研究；整线制浆造纸装备的高效节能节水的工艺优化和技术与装备集成及其成套化，包括各类原料和成品浆的制浆生产线、各种纸种的造纸生产线等。

（4）关键专用部件的材料及其加工技术的研究

制浆造纸装备有关关键专用部件的材料与制造加工技术，例如，靴式压榨的靴套的制造、烘缸表面的喷涂材料与喷涂技术、磨浆设备的磨齿材料与制造技术、新型漂白及其化学制备装备用材料及其加工技术、高效节能耐用的脱水器材材料及其加工技术等。

（5）与"造纸工业4.0"相关的科学技术研发及其推广应用

主要包括相关的三大模块（On Efficiency 智能工艺控制模块、On Care 智能维保模块、

On Serve 智能服务模块）的科学技术研发及其推广应用。

（二）主要技术装备发展任务

1. 原料处理及制浆系统

完善和强化非木材原料制浆设备，非木材原料连蒸装备能力向 10 万 ~ 15 万吨 / 年发展、竹 / 木片蒸煮能力向 20 万吨 / 年 ~ 30 万吨 / 年发展。重点是在节能技术开发、智能控制技术及操作软件包方面有新的突破，着重解决大型秸秆原料须处理系统水洗关键装备及废水利用技术，实现大型原料堆场自动化装卸料智能化自动作业。

2. 废纸处理系统

发展 30 万吨 / 年废纸处理系统和 15 万吨 / 年 ~ 20 万吨 / 年的脱墨生产线成套装备。重点解决大型盘式热分散机（40in 以上）的加工和结构精度及运行稳定性，脱墨槽的流态结构，提高脱墨效率，降低能耗；低能耗碎浆设备、中高浓筛选、漂白设备。

3. 高得率化学机械浆系统

发展 15 万吨 / 年 ~ 20 万吨 / 年化学机械浆成套设备。重点突破盘磨机（68 in 以上）、撕裂机的制造及材料技术，完善中高浓混合器的技术，优化性能，形成完整的成套系统。

4. 洗选漂装备

发展 15 万吨 / 年 ~ 20 万吨 / 年的清洁漂白技术成套装备。重点完善和推广高扬程中浓纸浆泵；完善 ClO_2 制备技术及系列化，完善材料、塔设备技术和制备技术，解决防腐和价格的矛盾。研发大型筛鼓（3m 以上），研究转子流体力学性能的优化。重点研发中高浓筛选设备，重点解决能耗和效率问题，切实改善筛板加工技术问题，提高性能和质量。

5. 浆板机

发展和完善 10 万吨 / 年以上高干度湿浆板机。重点解决高干度成形压榨技术。

6. 成套纸机

重点发展大型的高速宽幅纸板机和高速多层斜网特种纸机，优化和完善中高速文化用纸机和生活用纸机。

对纸板机：研发 50 万吨 / 年 ~ 70 万吨 / 年大型纸板生产线关键及成套设备技术，其性能、能耗和生产稳定性接近进口机水平。要集中优质资源，解决一些技术上的瓶颈问题，包括系列流浆箱技术、靴式压榨技术、高速引纸技术和高效干燥技术，开展中高浓流送及成形技术的研究和应用，多层流浆箱及二次流浆箱的研究和应用。使国产纸板机幅宽可达 9000mm，车速 900m/min 以上。

研发高速多层斜网特种纸机：重点开发幅宽 3000mm 左右，车速 300m/min 以上纸机，满足日益需要的添加非植物纤维的生产要求的特种纸机；重点研发多种纤维分层同时成形技术，脱水曲线及白水在线脱气智能控制技术，成形网高速拖动减阻技术等，以满足特种市场不断增长的需要。

研发 3 ～ 10mm 特种超厚纸基材料生产关键装备：主要包括特种成形器、新型缠绕缸和叠合装置等，并进一步优化和完善超厚纸基材料生产的成套装备技术。

文化用纸机：主要是要在完善和优化现有技术和集成的基础上，重点提高水力式流浆箱性能和控制，夹网成形（水平、垂直）和上成形器的稳定性，着重提升其性能，逐渐推广靴式压榨在复合压榨中的应用。

生活用纸机：重点开发和优化流浆箱技术，完善钢制大烘缸的加工制造，表面喷涂技术。大力推广应用国产新月型纸机。

7. 制浆造纸关键设备（部件）

靴式宽压区压榨技术的深化研究：对压区压力曲线等工艺理论、靴板材料、制作加工工艺和液压系统可靠性等各方面进行进一步的研究，开发出更具技术先进性的分区可控靴式压榨技术。

关键设备制造技术：流浆箱、压光机、软辊压光机、高速复卷机、膜施胶机等关键设备制造技术。

一些关键零部件要进一步提高性能和稳定性：如大型筛鼓和转子、各类真空辊类、可控中高辊、精密刮刀、脱水器材。重点解决加工精度、材料、热处理等问题。

涂布机及完成设备：重点研制功能性涂布工艺需要的涂布器如帘式涂布器、高速自动接纸系统、高效干燥器等关键设备，并借助互联网实施远程诊断、远程服务等技术。

（三）相关建议

1. 将制浆造纸装备制造业提高到战略高度认识

彻底改变对现代制浆造纸装备科学技术含量与水平的传统低估认识，将制浆造纸装备制造业提高到战略高度认识。

现代制浆造纸装备是大型、连续、高速、自动化程度极高、价格昂贵、高科技含量很大的成套装备系统，是其他产业少有的，属典型的先进制造技术领域。

2. 加强制浆造纸装备学科建设

在人才培养方面，根据现代制浆造纸装备科学技术及其研发特点，联合各相关学科和专业以及相关企业，在人才培养方案和培养方式上优化组合，培养出具有机、电、仪、计算机和工艺装备一体化的高端专门人才。通过制浆造纸装备行业间的国际人才和学术交流、国内行业间或跨行业间产学研的技术合作、投入一定资金研制开发高新技术来填补国内制浆造纸高新技术的空白。

3. 在发展我国制浆造纸装备科技方面，坚持引进技术和自主研发相结合的原则

跟踪研究国际前沿技术，发展具有自主知识产权的先进适用技术和装备。鼓励原始创新、集成创新、引进消化吸收再创新。建立国家制浆造纸装备技术研究中心，支持重点院校科研机构、设计单位、造纸企业、装备制造企业联合开展技术开发和研制，支持行业关

键、共性技术成果服务平台与信息网络建设。组织实施重大装备本地化项目，提高技术与装备制造水平。

4. 加强两化融合

信息化和工业化的融合是主攻高端、强化基础的有力保障，也是机械工业转变发展方式的重要途径。"两化融合"不仅在于将信息技术融入机械产品之中，加快机械产品向数字化、智能化发展，实现传统机械产品功能的提升和可靠性的提高；也不仅在于将信息技术应用于机械企业的经营管理，使研发、生产和企业管理向信息化、自动化、网络化发展，大幅度改善企业的经营管理水平；"两化融合"的深度推进更在于可以促进新发展理念的建立，促进研发能力、产品水平、市场模式、服务体系等方面的创新，提升研发设计、加工制造、企业管理及营销服务的效率和效益。

5. 加强标准化工作及知识产权保护

加强制浆造纸装备行业标准化体系建设，规范行业的标准化工作。积极参与国际标准的制修订工作，努力提高我国造纸装备行业在国际上的话语权。鼓励企业对自主知识产权的保护，特别是专利技术和发明的保护，对在国外申请专利的企业给予适当补助；研究制定产学研合作，产业联盟合作等活动中知识产权的规范性政策，同时要加大对知识产权违法的打击力度。鼓励企业加强品牌建设，开展各种形式的国际合作，提升我国造纸装备的国际知名度。

参考文献

［1］陈克复. 中国造纸工业绿色进展及其工程技术［M］. 北京：中国轻工业出版社，2016.

［2］张辉，李征磊，张笑如. 现代造纸机械状态监测与故障诊断［M］. 北京：中国轻工业出版社，2014.

［3］胡楠. 产业升级中的中国造纸装备制造业 砥砺前行 成就辉煌《"十二五"自主装备创新成果》系列报告［J］. 中华纸业，2016，37（4）：6.

［4］杨旭，张辉. 我国制浆造纸装备制造业"十三五"发展展望［J］. 中华纸业，2016，37（11）：32.

［5］刘安江. 制浆造纸装备业的现状与发展趋势［J］. 中华纸业，2015，36（13）：32.

［6］中国造纸学会. 2014 中国造纸年鉴［M］. 北京：中国轻工业出版社，2014.

［7］中国造纸学会. 2015 中国造纸年鉴［M］. 北京：中国轻工业出版社，2015.

［8］中国造纸学会. 2016 中国造纸年鉴［M］. 北京：中国轻工业出版社，2016.

［9］傅晓. 造纸4.0：智能造纸，引领未来［J］. 中华纸业，2016，37（1）：33.

［10］陈克复，曾劲松，冯郁成，等. 纸浆纤维悬浮液的流动和模拟［J］. 华南理工大学学报（自然科学版），2012，40（10）：20.

［11］张辉. 造纸工业能耗与先进节能技术装备［J］. 中国造纸，2013，32（3）：52.

［12］张辉. 造纸工业能耗与先进节能技术装备（续）［J］. 中国造纸，2013，32（4）：58.

［13］Sha J, Nikbakht A, Wang C, et al. The effect of consistency and freeness on the yield stress of chemical pulp fibre suspensions［J］. Bioresources, 2015, 10（3）：4287.

［14］Sha J, Mitra S, Nikbakht A, et al. The effect of blending ratio and crowding number on the yield stress of mixed hardwood and softwood pulp fiber suspensions［J］. Nordic Pulp Paper Research Journal，2015，30（4）：634.

［15］ Sha J，Zhang F，Zhang H. Thixotropic flow behavior in chemical pulp fiber suspensions［J］. Bioresources，2016，11（2）：3481.

［16］ 窦靖. 立式水力碎浆机内部流场及其新型槽体结构的研究［D］. 南京：南京林业大学，2016.

［17］ 蔡慧，李金苗，沙九龙，等. 高浓锥形除渣器中废纸浆特性与浆杂分离阻力间的影响关系［J］. 中国造纸学报，2016，31（1）：20.

［18］ 朱文，叶平，沙九龙，等. 压榨模拟实验：宽区压榨毛毯 – 纸幅体系脱水机理的研究［J］. 中国造纸学报，2016，31（4）：30.

［19］ 屈云海，张辉. 现代纸机压榨部振动及减振方法的研究［J］. 中国造纸学报，2013，28（2）：49.

［20］ 王舟，于日智，张正伟，等. 非木纤维连蒸设备结构的改进［J］. 轻工机械，2014，32（2）：91.

［21］ 王玉鹏，张鹏. 国产制浆装备技术的创新研发及应用实例［J］. 中华纸业，2015，36（2）：35.

［22］ 刘文燕，陈安江，张善锋，等. 国产高浓漂白塔的开发与应用［J］. 中华纸业，2016，37（22）：79.

［23］ 毛受正治，八田章文. 浆料磨浆工程节能方案［J］. 中华纸业，2016，37（16）：75.

［24］ 徐红霞. 高效锥形磨浆机转子［J］. 中华纸业，2015，36（10）：79.

［25］ 于海波. 模糊 PID 在气垫式流浆箱控制系统中的应用［J］. 中国造纸，2015，（09）：55.

［26］ MarcF. Foulger，杨华. BTF ~（TM）流浆箱稀释水控制技术［J］. 中国造纸，2015，（09）：74.

［27］ 杨旭. 现代造纸机关键技术与结构研究［D］. 广州：华南理工大学，2016.

［28］ 徐红霞. 高速强脱水圆网造纸机［J］. 中华纸业，2015，36（22）：83.

［29］ 韩鹏高，张锋，魏涛. 非直喷型燃气烘缸干燥技术［J］. 中国造纸，2016，35（10）：66.

［30］ 陈晓彬，李继庚，张占波，等. 高强瓦楞原纸干燥曲线在线测量与分析［J］. 中国造纸，2014，33（8）：7.

［31］ 孔令波. 基于工艺流程的纸机干燥部建模与模拟［J］. 中国造纸学报，2015，30（4）：44.

撰稿人：张　辉　王淑梅　程金兰　王　晨　胡　楠

制浆造纸化学品科学技术发展研究

一、引言

目前，发达国家制浆造纸化学品的消耗量占整个造纸工业总生产量的 2% ~ 3%，且加工纸和特种纸用化学品发展很快。2016 年，我国制浆造纸化学品产值约 600 亿 ~ 700 亿元，目前大部分大宗制浆造纸化学品均已国产化，部分化学品性价比超过进口的同类产品。但是，功能性和过程性制浆造纸化学品的实际生产能力较低，其中高性能化学品品种少，特别是加工纸用化学品仍需要大量进口。随着环保要求的日益增强、纸机车速的增加、印刷行业对纸张性能要求的提高、造纸水封闭循环系统的使用、废纸用量的增加、特种纸品种及质量的不断提升，对制浆造纸化学品提出了更高的要求。为了适应上述变化，制浆造纸化学品在造纸工业中必然会得到大量应用，同时其品种会不断增加、质量会不断提高。

我国造纸工业的发展空间仍然很大。高中档纸的消费仍在增加，我国造纸工业的核心竞争力也在不断增加，从而为造纸化学品工业的发展提供了难得的机遇。本专题报告主要对我国制浆造纸化学品的现状及发展进行阐述，对国内外化学品进行对比分析，并对高性能和功能化制浆造纸化学品加以重点报告，最后分别对制浆化学品、抄纸化学品、加工纸用化学品、特种纸用化学品和造纸废水处理化学品的发展做出展望。

二、制浆造纸化学品科学技术的发展现状

制浆化学品主要有蒸煮助剂、漂白助剂及脱墨剂等。抄纸化学品一般可分为功能性助剂和过程性助剂，功能性助剂以提高最终纸产品使用功能为主，而过程性助剂可加快车速或改善加工条件。

（一）制浆化学品的发展

1. 蒸煮及漂白化学品

（1）蒸煮助剂

1）蒸煮助剂仍以蒽醌（AQ）及其改性物为主。蒽醌本身是疏水性化合物，近年来的研究主要是在其分子中引入极性基如磺酸基、羟基来增加其水分散性。加入亲水性表面活性剂可加快 AQ 溶解，缩短蒸煮时间。目前报道较多的是采用十二烷基苯磺酸钠、聚氧乙烯氧丙烯醚高分子表面活性剂作为增溶剂和分散剂。多硫化钠（PS）与 AQ 协同作用具有显著的增效作用。添加羟胺、氨基磺酸或蒽醌与甲醇配合对于碱性亚硫酸盐蒸煮过程具有十分明显的增效作用。有研究以有机溶剂将蒽醌溶解，然后对蒽醌进行乳化。蒽醌乳液在一定程度上改善了晶体蒽醌分散性、渗透性差的缺点。其高细度、高分散性的悬浮粒子增大了助剂与蒸煮原料的接触面积，使蒸煮更加均匀，同时增强了蒸煮效果。但同时会引进新的污染。

2）深度脱木素技术。随着全球环保压力的日益增大，世界范围内的造纸工作者必须尽最大可能降低浆厂的废水排放量，减少废水中 COD_{Cr}、BOD_5 和 AOX 的含量。研究表明，漂白前纸浆卡伯值越低，则漂白废水中 AOX 的含量越低，污染也就越小。为此，深度脱木素技术，实现封闭筛选、漂白工段的封闭循环成为减少制浆污染的主要手段，其中最成熟的就是深度脱木素技术。

深度脱木素技术把深度脱木素的基本理论应用到实际生产中，降低纸浆进入漂白程序的卡伯值，减少碳水化合物的降解，提高纸浆的得率和改善纸浆黏度。在深度脱木素技术中，蒸煮助剂正在由使用单一的蒸煮助剂向使用性能优良的复配型蒸煮助剂的方向发展；蒸煮器的改良使得整个蒸煮过程的碱浓度分布更为合理，蒸煮过程中的最高温度更低，在降低纸浆进入漂白程序卡伯值的同时也提高了得率、改善了纸浆黏度，使深度脱木素技术不但有好的环保效益，还具有好的经济效益。

3）离子液体在制浆造纸中的应用。离子液体独特的性能及其良好的溶解和分离能力决定了其在纤维素工业和制浆造纸领域必将发挥越来越重要的作用。目前，在实验室研究中离子液体能达到较高的反应分离性能，在现代纤维素工业应用方面显示出较强的优势。研究表明，用水回收离子液体 4 次后，回收率达 91%，可以在一定程度上降低成本，而且溶出再生木料量也高于甲醇作为回收液的情况。但总体来讲，离子液体黏度高，价格较为昂贵，因此这方面的研究还有一段路要走。

4）有机溶剂制浆化学品。有机溶剂制浆过程中常用的有机酸溶剂为甲酸和乙酸，在同一制浆过程中两者可同时存在，保护碳水化合物，促进脱木素，且在木素脱除过程中两者与木化纤维素生成相应的酯类物质，最后经过酸法处理再生成甲酸和乙酸，可循环利用。此外，还可降低脱木素的压力和温度，降低成本。有机溶剂制浆是一种低污染、高得率和较高强度的制浆方法，虽然就目前来看，有机溶剂制浆要取代传统的硫酸盐制浆几乎是不可能的，但以后该制浆方法可能具有较好的前景。

（2）漂白剂及漂白助剂

1）氧元素漂白剂。近年来，制浆造纸工业主要采用氧元素漂白剂，尽可能采用无氯或少氯漂白纸浆新技术。无氯漂白（TCF）也称无污染漂白，使用 O_2、H_2O_2、O_3 等作为漂白剂在中高浓条件下进行纸浆漂白。目前，臭氧漂白在发达国家已经实现了工业化。臭氧以其能有效地脱除木素，提高纸浆白度，并能彻底地消除有机氯化物污染的特性，成为TCF漂白工艺中的重要一员。相信臭氧漂白也会成为我国制浆造纸工业无氯漂白的一个重要发展方向。

2）氧漂活化剂。用氧漂活化剂进行漂白是对传统双氧水漂白的一个重大革新。漂白活化剂主要有四乙酰乙二胺（TAED），它能与过氧化氢负离子作用生成漂白能力明显强于双氧水的过氧乙酸，从而具有较好的低温漂白能力。其他漂白活性剂有：N-〔4-（三乙基胺甲撑）苯酰基〕己内酰胺氯化物（TBCC）、烷酰氧基苯磺酸盐（AOBS）、6-（N，N，N-三甲基胺甲撑）己酰基己内酰胺对甲苯磺酸（THCTS）、壬酰基氧苯磺酸钠（NOBS）和甜菜碱氨基腈氯化物（BAN）等。

3）二氧化硫脲漂白化学品。甲脒亚磺酸（FAS），在工业上也称二氧化硫脲（Thiourea Dioxide）。目前造纸行业FAS的用量每年以13%的速度增长。FAS作为一种无氯环保纸浆漂白化学品，对环境危害小，而且漂白废水可以回用。近几年的研究表明，FAS作为一种新型的纸浆还原性漂白剂，对空气中的氧气比较稳定，能够在已有设备的浆浓下漂白；还原电位高，稳定性好，特别适合高温连续漂白；对环境友好，不增加废水污染负荷，符合环保要求，显示了广阔的开发应用前景。

4）生物酶漂白技术。木素降解酶可以直接与浆中的木素作用，氧化降解残余木素，降低纸浆的卡伯值，达到脱木素和漂白纸浆的效果，研究较多的主要有木素过氧化物酶，锰过氧化物酶和漆酶。

2. 脱墨剂及制浆消泡剂

（1）脱墨剂

1）超低表界面张力表面活性剂。纸张脱墨过程中首先是表面活性剂对纤维表面活油墨表面进行润湿，帮助水分向纸张内部和纤维内部渗透，然后在剪切力作用下疏解纤维，剥离油墨。在此过程中，表面活性剂的渗透性和润湿性尤其重要，而超低表界面张力的表面活性剂具备这两种优势，因此，开发兼具超低表界面张力和良好分散乳化稳定性的表面活性剂体系显得尤其重要。一般含氟和含硅特种表面活性剂在降低表面张力方面优势明显，而在此基础上复配以其他表面活性剂增强对油墨粒子的乳化分散能力可极大促进纸张脱墨效果。

2）高分子表面活性剂在脱墨中的应用。与小分子离子表面活性剂相比，高分子表面活性剂具有良好的耐高温和耐酸碱性，同时高分子表面活性剂分子质量大，亲水基与疏水基之间的位置可变，能合成多种类型的表面活性剂，更重要的是对油墨粒子具有良好的吸附稳定性和乳化分散稳定性，有效阻止油墨粒子剥离后的再次沉降和吸附在纤维表面，更有利于油墨的脱除，同时高分子表面活性剂对纤维的损伤小，制得的纸浆白度好，强度较高。目前，在脱墨过程中应用的高分子表面活性剂主要以可聚合型表面活性剂为主，然后加入与油墨分子结构相似的长链脂肪醇单体进行共聚得到高分子型表面活性剂，这类高分子表面活性剂分子结构可调，本身具有疏水基和亲水基，具有乳化分散和防油墨再沉积的能力。

3）中低温脱墨剂用表面活性剂。目前，在工业上使用的主要有直链烷基苯磺酸钠、脂肪醇聚氧乙烯醚硫酸酯钠盐、壬基酚聚氧乙烯醚（10）磺基琥珀酸单酯二钠盐等阴离子表面活性剂，以及烷基酚聚氧乙烯醚、烷基聚氧乙烯醚、聚氧乙烯氧丙烯嵌段聚合物、聚氧乙烯失水山梨醇脂肪酸酯、脂肪酸聚氧乙烯酯等非离子表面活性剂。单独使用时，非离子表面活性剂的脱墨效果优于阴离子表面活性剂，但阴离子表面活性剂有较好的高温脱墨性能。一般是将不同离子表面活性剂复配作为脱墨剂。

4）中性脱墨剂。传统的废纸脱墨工艺需要氢氧化钠的参与，以使纤维充分润胀，利于油墨从纤维表面的剥离，但也对纤维有所损伤，致使成纸的强度性能下降，废液的污染负荷也较高。鉴于此，开发具有特定结构的高分子表面活性剂类中性脱墨剂，是脱墨技术发展的重要途径。利用合成高分子表面活性剂与油墨连接剂之间的良好相容性，使油墨易于从纤维表面剥离，通过乳化进入水相，并借助其他小分子表面活性物质的协同作用，可以增加脱墨的作用效果。

5）利用离子液体脱墨。离子液体预处理可以改善废纸浆的物理强度性能，提高废纸浆的质量，使其满足中低档纸种的抄造要求。

（2）生物脱墨技术

1）近年来国外生物脱墨研究进展。当前酶法脱墨技术在废纸的利用中已经取得了一些成果。美国林产品实验室（FPL）用纤维素酶连续处理彩色印刷办公废纸，结果表明，纤维素酶能提高不含磨木浆的印刷废纸脱墨效率。丹麦研究人员在脱墨试验中用研制的中性纤维素酶处理的结果与FPL相同。美国Eriksson实验室组建的EDT公司，生产的酶制剂已成功在实际生产中用于废水处理、废纸脱墨等领域。

少量的商品酶与表面活性剂复配能够降低毒性和耗氧量，增加脱墨效率。Prasad首次尝试在不添加任何脱墨化学品条件下，采用一种纯碱性纤维素酶处理激光打印纸和复印纸，再用浮选法脱去分离的油墨，残留油墨（尘埃度）减少94%，纸浆白度有较大提高，纸浆具有较高的洁净度，不易返黄，游离度也有了很大的改善，并且不对纤维强度造成影响。办公废纸难以脱墨是因其制作过程中施胶度较高，阻碍了纤维和酶的直接接触，其影响程度与施胶剂的种类有关。脂肪酶和 α-淀粉酶可促进油基油墨的去除和减少废水中的

BOD_5 含量。

2）近年来国内生物脱墨技术进展。国内用生物技术对废纸脱墨的研究起步较晚，但近年来发展很快。众多研究将纤维素酶、半纤维素酶或者与超声波协同用于废报纸、废杂志纸等的脱墨，结果白度提高，残余油墨浓度下降，脱墨效率高于化学法。现在国内外许多实验成果都应用于实际工业生产中。如山东华泰纸业股份有限公司将常规化学碱性脱墨转变为中性的酶脱墨后，提高了产品得率，减少了灰分，增加了白度，提高了车间生产效率。

酶法脱墨所使用的酶种主要是纤维素酶。碱性纤维素酶与非离子表面活性剂的配合使用提供了另一种提高生产效益且有利于环保的新方法。酶制剂作为脱墨剂要在室温或略高于室温的条件使用，防止因为高温而导致的酶失活问题。

3）生物酶脱墨的优越性和局限性。与传统的化学脱墨方法相比，酶脱墨具有以下优越性：①可以使油墨脱离纤维表面，而且可以减少油墨重新沉积，从而提高油墨的去除率，降低纸浆残留油墨。②改善废纸浆的物理性能（如滤水性），而对纸浆强度无影响。③条件比较容易控制，且酶本身易于储存保管，无需低温或其他特殊条件要求，使用方便。④其他，如大大降低脱墨及废水处理的化学品用量，改善废纸浆白度、游离度和灰分，提高纸浆得率和浆料的可漂性，减少废纸处理流程中废水的 BOD_5 和 COD_{Cr} 含量，从而降低了对环境的污染程度。

生物学具有很大的局限性，需要研究的课题有：酶系组成中不同组分的协同作用；酶和纤维表面的相互作用；油墨组成和印刷方式的影响；填料、施胶剂、添加剂、离子强度、阳离子种类和 pH 值的影响；评价油墨再沉积的方法及其影响因素；酶应用地点，浓度和剪切力的影响；纤维素酶的回收与再利用；降低酶脱墨的使用成本。

（3）消泡剂

在碱性制浆过程中会产生大量泡沫，影响过程控制及纸张的均匀性等，加入的消泡剂主要为烃类、聚醚类、脂肪酰胺和有机硅类。双硬脂酰胺、硬脂酸聚氧乙烯酯等作为消泡剂效果较佳，它们相对质量较轻，可悬浮于表面，具有明显的抑泡效果。聚醚类消泡剂和有机硅消泡剂的特点是用量小，消泡能力强，抑泡效果显著。一般采用二甲基硅油与其他消泡成分的复配物，也可通过硅油改性引入适量的亲水基，如制备聚醚改性的有机硅高分子表面活性剂，其本身可分散于水中，具有优异的消泡性能，加入纳米氧化硅可起到增效作用。

在湿加工过程中添加的消泡剂一般为乳液型。近年来，湿部消泡剂主要以有机硅消泡剂为主。作为消泡成分的有机硅油或改性硅油，较低的相对分子质量可保证快速扩散，提高其消泡速率。在表面涂布过程中所使用的消泡剂常用表面活性剂与烃类复配物，但其抑泡效果一般。有机硅乳液消泡剂在表面涂布中的应用日益引起重视，其不易在纸张表面产生孔洞、硅斑等缺陷，且消泡抑泡效果显著。

3. 其他制浆化学品

（1）生物制浆技术

生物酶制浆是利用微生物所具有的分解木素的能力，去除制浆原料或纸浆中的木素，使植物组织与纤维彼此分离成为纸浆的过程。生物制浆利用的微生物菌株必须具备繁殖速率快、分解木素能力强、尽可能少分解或不分解纤维素等特点。

生物酶制浆在国内仍在研究之中。目前，生物漂白用酶研究和应用较多的主要是半纤维素酶和利用白腐菌分泌的木素降解酶。半纤维素酶主要是木聚糖酶。木聚糖是直接与纤维素和木素相连的，木聚糖酶降解木聚糖的同时破坏了木素碳水化合物复合物（LCC）连接，从而有利于这部分木素的脱除；由于被纤维吸回的木聚糖具有保护残余木素免受化学品进攻的作用，因此木聚糖降解酶通过水解部分被吸回的木聚糖可使残余木素暴露出来，使得化学品容易与残余木素发生作用，从而达到脱木素的目的。

但目前从自然界分离得到的白腐菌菌株以及诱变处理选育得到的木素降解酶产生菌，降解木素能力远没有达到生物制浆过程的要求。近年研究的生物法制浆主要有生物机械制浆、生物化学机械制浆以及麻类原料生物制浆等。生物制浆可减少电能消耗、提高纸张质量和减少制浆对环境的影响。

（2）腐浆控制剂

腐浆的产生对纸张的质量特别是强度和匀度有严重的影响。腐浆控制剂应该具有高效、快速、广谱杀菌抑菌能力。控制腐浆的方法很多，机理及效果也各不相同。腐浆控制剂包括杀菌剂、生物分散剂及生物膜抑制剂等。

1）杀菌剂。杀菌剂分为氧化型和非氧化型。传统杀菌剂主要为氧化型，但毒副作用大，对环境不友好，而且具有非选择性。它不仅能杀死微生物，也能与非活性的物质如容器、纤维、添加剂等起反应。如次氯酸盐、双氧水、溴、二氧化氯及氯胺等属于氧化型杀菌剂。非氧化型杀菌剂选择性好，对人和环境友好。近年来，使用较多的主要是广泛应用于日用化学工业的一种异噻唑啉酮杀菌剂，又名"卡松"，目前效果受到公认。非氧化型杀菌剂的杀菌机理是增加细胞膜的渗透性，切断细胞营养物质的供应，破坏细胞内部新陈代谢，或者改变细胞蛋白质结构，防止细胞内部能量产生和限制酶合成。

2）生物分散剂。生物分散剂主要是非离子或阴离子表面活性剂，如氧化乙烯氧化丙烯共聚物，能起到稳定或分散粒子，抑制微生物及特殊化学物质的吸附和增长，阻止湿部沉积连续进行。其本身不能抑制细胞增长，但能使微生物沉积物疏松，促进杀菌剂渗透到沉积物中，并除去死亡或老化的生物膜，防止快速恢复。

3）生物膜抑制剂。生物膜抑制剂近年来受到重视。研究发现，磺基琥珀酸类物质对抑制生物膜沉积很有效，其中一种改性磺基琥珀酸盐或脂效果最好。它不同于生物分散剂及酶制剂，主要作用是阻止生物膜形成，从而使微生物不能得到良好的生长环境。欧美一些造纸企业，运用生物膜抑制剂进行腐浆控制的应用结果表明，其能代替杀菌剂及生物分散剂使用。另外，生物膜抑制剂对人体及环境无毒副作用，与其他化学助剂具有较好的相容性，对废水生化处理系统无影响。因此，生物膜抑制剂是一种效率更高、环境友好的、理想的腐浆控制剂。

（二）抄纸化学品的发展

1. 中性施胶剂

目前中性施胶已经得到广泛推广。为了实现在近中性条件下的施胶，国内很多科研机构和院校一直在研制中性施胶剂及相应配套助剂。

（1）松香胶中性施胶剂

松香原料价格低廉、可再生、资源丰富。松香施胶剂在满足施胶性能的同时，可以明显地提高纸张的强度性能。特别是在造纸工艺由酸性转为中性施胶的同时，松香胶中性施胶剂也在这些年得到较快的发展。

1）阳离子松香胶中性施胶剂。近年来国内外开发阳离子松香乳液主要集中在两个方向：①采用聚酰胺多胺环氧氯丙烷（PAE）作为阳离子大分子乳化剂，辅以一定量的阳离子和非离子表面活性剂，在高压均质作用下进行分散乳化，得到稳定乳液。此类阳离子松香胶由于强阳电性的 PAE 分子包裹在松香颗粒表面，使得松香颗粒带有较强的阳电性，可极大提高其在纸张纤维表面的吸附，提高其留着率，同时在纸张干燥过程中 PAE 分子上的反应性基团亦可以与松香分子上的羧基发生交联作用，从而进一步提高其防水性能，是一类较为优异的阳离子松香胶。②采用合成的高分子表面活性剂进行乳化，如利用 DMC、DM、DMDAC 等作为阳离子单体，丙烯酰胺类单体、长碳链乙烯基类单体等作为共聚单体通过乳液聚合或溶液聚合得到两亲性高分子表面活性剂，将此高分子表面活性剂与松香混合后加热至松香溶解，然后加热水缓慢乳化，得到稳定的阳离子松香胶。此类阳离子松香胶由于高分子乳化剂的分子可控性和阳离子度的可控性，可制备得到不同阳离子度和不同黏度的松香乳液，同时合成高分子表面活性剂具有良好的防水效果，因此，其防水性能优异，用量较少，且不用高压均质设备，能够降低企业的固定资产投入。

中日合资的杭州杭化哈利玛化工有限公司（原杭州杭化播磨造纸化学品有限公司）针对国内大型纸厂白水封闭循环使用、抄造条件恶化的新情况，研究开发了 EP-03 低泡型乳液松香施胶剂，在保持施胶效果不变的条件下可使施胶剂用量降低 50%，对消除生产障碍、提高纸厂经济效益产生了明显的效果，受到纸厂欢迎。

2）阳离子松香/AKD 及松香/石蜡中性施胶剂。费贵强等以 N- 甲基吡咯烷酮（NMP）为助溶剂，苯乙烯（St）、丙烯酸十八酯（ODA）、甲基丙烯酰氧乙基三甲基氯化铵（DMC）、丙烯酰胺（AM）为单体，通过无皂乳液共聚反应合成了阳离子高分子乳液，并用其作为乳化剂制备了松香/AKD、松香/石蜡中性施胶剂。少加硫酸铝时松香/AKD 施胶剂作为浆内施胶剂具有优异的施胶效果。纸张定量为 $100g/m^2$、当以质量分数为 1% 的施胶剂进行浆内施胶时，纸张施胶度可达 298 s，环压强度达 598 N·m/g。

（2）高效高分子乳化剂 /AKD 中性施胶剂

AKD 的乳化和应用目前比较成熟。前期各企业一般采用阳离子淀粉作为乳化剂来制备 AKD 乳液，但由于阳离子淀粉易发霉、降解，尤其在夏季此类问题尤为突出。同时，由于阳离子淀粉在分子结构上与 AKD 相似性较差，导致 AKD 易于暴露在水分子中，发生水解，造成其施胶效果下降。因此，近年来主要集中在合成高分子聚合物表面活性剂用来作为 AKD 乳化剂的研究和应用方面，合成高分子可根据 AKD 的分子结构特点，设计所需高分子单体，尽可能合成与 AKD 有相似结构的高分子表面活性剂。单体选择方面可选择强阳电性单体和长短链相结合的油性单体进行共聚，得到透明的高分子乳化剂。高分子乳化剂在设计配方时还要考虑其分子质量的大小，分子质量一般较大，且分子结构一般不是简单的线性结构，而是多支链结构，这样有利于 AKD 的留着，提高其性能。同时高分子表面活性剂可解决阳离子淀粉所带来的白水系统的后处理负担，且一定程度上洁净纸机系统。

（3）易乳化高留着型 ASA 中性施胶剂

近年来，由于阳离子 AKD 施胶的综合成本不断上升，因此部分厂家将目光投向施胶成本更低的 ASA 中性施胶剂。已经开发的 ASA 专用高分子乳化剂，以 N– 甲基吡咯烷酮（NMP）为溶剂，通过功能单体和油性单体的自由基溶液聚合反应合成阳离子高分子乳化剂，并以此制备系列 ASA 乳液。

2. 增干强剂

随着我国废纸回收利用率的不断提高，用其生产的纸和纸板强度不高，尤其是环压强度、耐破度和抗张强度不高的问题尤为突出。近年来，增干强剂一直受到重视。

（1）优异滤水性能的聚丙烯酰胺（PAM）增干强剂

目前两性且具备优异滤水性能的 PAM 受到高度重视，用作增干强剂的 PAM 一般要求相对分子质量为 30 万 ~ 50 万 g/mol。为了提高其滤水性能，可适当降低其分子质量，但要依赖新的交联基团使其在纸张干燥过程中在纤维之间、纤维与 PAM 之间、PAM 之间产生化学或配位交联，形成交联网络，进一步提高其对纸张的增强作用。为了在一定程度上降低 PAM 分子质量，可适当加入分子质量调节剂，或适当加大引发剂的用量。

（2）阳离子聚丙烯酸酯共聚物增干强剂

采用丙烯酸与丙烯酸酯单体共聚，为了达到更好的增强效果，可加入其他单体，如苯乙烯、丙烯腈等。一般加入高分子分散剂，如阳离子淀粉或甲基纤维素。乳液型丙烯酸树脂增干强剂，能够明显增加纸张的干强度和撕裂度，并可以显著改善纸张的紧度和匀度。同时，增干强剂往往也是纤维的黏合剂和高效分散剂，能使浆料中纤维分布更均匀，使得纤维间及纤维与高分子间结合点增加，从而提高纸张的干强度。由于分子链是柔性链，可赋予纸张较高的抗撕裂强度。

丙烯酸酯－甲基丙烯酸缩水甘油酯自交联两性共聚物在制备过程中不添加任何有机溶剂和乳化剂，既保留了聚乙烯醇本身成膜好、能够赋予纸张所必须的表面强度和基本的物化性能，又由于引入甲基丙烯酸缩水甘油酯（GMA）作为交联单体，可极大提高纸张的干强度。

（3）表面施胶用增干强剂

壳聚糖或瓜尔胶等天然高分子物质对纤维本身有较强的增强作用，此类大分子在浆内的留着较低，因此一般用在纸张表面进行施胶增强。但此类高分子本身的增强作用有限，一般会用硼砂等进行配合使用，主要的作用是在纸张干燥过程中硼砂和天然高分子增强剂和淀粉进行配位交联，形成交联网络，提高纸张的强度。

3. 增湿强剂

脲醛树脂（UF）和三聚氰胺甲醛树脂（MF）作为增湿强剂的效果十分明显。但由于甲醛残留量较大，对环境污染严重，且只能在酸性条件下熟化，产品的稳定性不好，羟甲基易在放置过程中凝胶。这些都使得新型增湿强剂的研究和开发变得十分迫切。

（1）聚酰胺多胺环氧氯丙烷树脂增湿强剂

碱性熟化的增湿强剂聚酰胺多胺环氧氯丙烷树脂（PAE）作为增湿强剂目前仍是主流产品，但其增湿强能力有限，且导致废水中可吸附性有机卤化物（AOX）含量增加。选择合适的交联剂，可以改善增湿强的效果。除了环氧氯丙烷作为交联剂外，引入疏水性侧链则是改善这类增湿强剂的有效途径。其他如阳离子聚丙烯酰胺、阳离子聚丙烯酰胺淀粉接枝共聚物与乙二醛反应均可制成应用效果良好的含醛基树脂增湿强剂。

近年来，对改性的PAE有一定研究，可进一步提高其湿强效果。例如，利用环氧化聚乙烯醇（PVA）对PAE湿增强剂进行改性，当改性剂质量分数为16%，改性树脂添加量1%时，与改性前相比，经环氧化PVA改性后的PAE树脂干增强指数提高了23.42%，湿增强指数提高了73.78%，耐折次数提高了201.10%，撕裂度提高了22.85%，耐破度提高了288.70%。

（2）阳离子异氰酸酯乳液增湿强剂

阳离子异氰酸酯乳液增湿强剂在国外的科学研究和专利中有所报道，已用于一些特种纸张。作为纸张增湿强剂使用的阳离子异氰酸酯乳液应具有阳离子性和反应性，属于自交联和自乳化型产品，本身含有活性自交联基，在贮存过程中不加水，合成时也不采用含有活泼氢的单体。在使用时加水乳化，然后加入纸浆中。在纸张干燥过程中与纤维反应并固化形成三维网络结构，实现以湿强度为主的纸张多种物理性能指标的提高。封闭多异氰酸酯是异氰酸酯的衍生物，使用时经解封即可恢复反应活性。多异氰酸酯和异氰酸酯封端预聚体能在纤维间形成"架桥"结构，显著提高纸张湿强度，从而得到研究者的重视。

（3）表面施胶用增湿强剂

表面浸渍型增湿强剂得到越来越多的重视，其留着性能优异，且在纸张表面形成强交联网络，可极大改善纸张印刷效果和湿强效果。此类增强剂一般采用高浓度的聚乙烯醇和有机物改性的多价可配位的金属盐。

（4）暂时性增湿强剂

1）含活性醛基聚合物。这种增湿强剂适于制造卫生纸。双醛淀粉是由高碘酸氧化玉米淀粉制得，一般在 pH 值 4.5 左右使用，其湿强效果持续时间较短，易被生物降解，如长期浸水其湿强度很快降低。这可能是由于醛基同纤维素中的羟基生成半缩醛键，它虽然是共价键，但容易水解，因而具有暂时增湿强效果。

2）聚乙烯亚胺（PEI）。分子链中含有多个阳离子基，可与纤维上羟基产生强的静电吸引，形成所谓次价力交联网络。PEI 是水溶性高分子，可以任意比例与水混合，一般是直接加入浆内，不必另加硫酸铝来增加其留着率，目前国内已经有产品生产。

利用环氧氯丙烷（ECH）对 PEI 进行改性，在等摩尔比条件下可制备出具有强阳离子性和反应活性的改性 PEI 增强剂，对纸张的湿增强效果好，且具有优异的助留性能。

3）聚羧酸增湿强剂。聚羧酸主要有马来酸的均聚物（PMA）、三元共聚物（TPMA）、多亚乙基马来酸（EMA）等。处理后，纸张湿强度提高明显，而且湿强纸易回收，但耐折度和抗张强度显著下降。

（5）无氯无甲醛增湿强剂

目前纸张所用增湿强剂一般为 PAE 和少量的三聚氰胺 – 甲醛树脂，前者易导致废水中 AOX 含量增加，污染环境，后者的甲醛污染更是众所周知，因此开发一种完全环保型的纸张增湿强剂迫在眉睫。

将水溶性环氧树脂用于替代环氧氯丙烷可制得无氯无甲醛增湿强剂，或采用带有环氧基团的偶联剂与聚酰胺多胺反应亦可制备得到性能较好的增湿强剂。此类增湿强剂的效果比传统的 PAE 效果略差，需要加入更多的用量以达到良好的湿强效果，但其环保性值得重视和关注。

4. 助留助滤剂

助滤剂往往同时又是助留剂，用作助滤剂则要求有更高的相对分子质量和阳离子化度。随着国内外纸机向着高速化、封闭化、夹网型的方向发展，出现了许多针对高速纸机开发的助留助滤剂体系。

（1）PEI/CPAM 助留助滤体系

PEI/CPAM 双组分体系在使用时受外界因素的影响较小，助留助滤性能可与多组分体系相媲美。使用时先加入 PEI 中和阴离子垃圾，再加入 CPAM，通过与纤维和填料之间的静电吸附使之留着，并通过桥联作用与纤维结合，提高了细小纤维的留着率；同时 CPAM 降低了纤维表面的 Zeta 电位，细小组分在纤维表面易于凝聚，使其不能封闭纸幅的孔隙而增加了滤水速度。

（2）PEO/PFR 助留助滤系统

该助留体系在生产中已得到较为广泛的应用。它可以通过其分子中醚键上的氧原子和酚醛树脂（PFR）中的酚羟基产生氢键缔合，形成立体网状结构，起到凝聚作用。与单一高分子聚合物助留剂相比，有以下特点：①能在较宽的 pH 值范围内使用。②对纸张匀度影响小。③易通过变更体系中两组分配比来调整纸张匀度或提高填料等留着率。④对于含阴离子性物质较多的纸料，可利用其含有的木素化合物代替部分 PFR 的作用，从而可在再生新闻纸和含有较多机械木浆的纸张中充分发挥助留助滤作用。PEO 体系具有的上述特点，使其在较低用量下 PFR 最佳用量为 0.05%（对绝干浆）就能达到很好的效果。

（3）水包水型阳离子聚丙烯酰胺助留助滤剂

近年来，水包水 CPAM 的制备和应用已成为国内外研究的热点，其产品相对分子质量和固含量高、溶解性能优异。该聚合体系主要是在无机盐硫酸铵（PS）溶液中以过硫酸钾 – 亚硫酸氢钠引发单体聚合，以阳离子聚电解质（PDMC）为分散剂、聚醚（PAB）为稳定剂制备性能稳定的水包水 CPAM 乳液，在湿部助留助滤和增强中具有明显的效果。

（4）阳离子淀粉助留助滤剂

阳离子淀粉可与 PAE 化学改性，得到轻度交联的网形高分子。在提高助留助滤性能的同时，可获得较高的成纸强度。羟乙基淀粉与阳离子聚丙烯酰胺复合也可用作助留增强剂。

（5）壳聚糖改性物助留助滤剂

壳聚糖具有与纤维素相似的结构，对纤维有足够的结合强度，是一种天然的阳离子生物聚合物，易与纤维上的负电荷形成离子键，与纤维上的非离子表面形成氢键，单独或与阳离子淀粉接枝可用作助留剂。

（6）阳离子纤维素助留助滤剂

阳离子纤维素用作助留助滤剂已有报道。谢玮等在水溶液中将阳离子表面活性剂聚环氧氯丙烷 – 二甲胺（EPI₂DMA）接枝于漂白针叶木硫酸盐浆纤维上制得阳离子纸浆纤维（CPF），成纸的填料留着率、滤水性能得到明显改善，甚至优于以 CPAM 为助留剂的成纸。

5. 树脂障碍控制剂

在制浆造纸过程中，纸浆中的树脂会以多种方式沉积在设备的表面上，从而产生一系列树脂障碍。树脂障碍控制剂有滑石粉、硫酸铝、表面活性剂及螯合剂等。滑石粉能吸附胶态树脂，使其留着在纸张中，从而避免树脂沉积在设备表面，滑石粉的价格比较便宜，但用量多。近年来，表面活性剂作为树脂障碍控制剂受到重视。树脂障碍控制剂的应用效果不仅与所采用的表面活性剂的组成有关，还与应用技术密切相关，如不同的添加地点、添加量和添加方式，以及对纸浆 pH 值和 Zeta 电位的控制等都会明显影响应用效果，因此必须注重应用技术的研究。

1）树脂脱除剂。表面活性剂的主要作用是脱除树脂。非离子表面活性剂脱除树脂的效果明显高于阴离子表面活性剂。聚氧乙烯型非离子表面活性剂脱除树脂的效果主要取决于其环氧乙烷含量和添加量；阴离子表面活性剂与非离子表面活性剂复配的树脂脱除剂效果更佳。

2）生物脱除技术。碱性脂肪酶也可用于解决树脂障碍，这种酶可显著降低树脂在滚筒和其他设备上的沉积，并能够分解纸浆中树脂所含的甘油三酯。

6. 柔软剂

1）有机硅柔软剂。在硅氧烷分子上引入侧基可以改善硅氧烷对基质的亲和性，阳离子有机硅柔软剂已经成为主要产品，其中氨基硅油应用较多。利用表面活性剂和助表面活性剂与氨基硅油复配，可制备微乳液，适量的小分子醇类有助于微乳液的形成。

2）阳离子反应性柔软剂。如以硬脂酸和二乙烯三胺经酰化反应制得二硬脂酰化物，用环氧氯丙烷阳离子化后，再加入乳化剂乳化，可制得带有反应性基团环氧基的新型双酰胺阳离子乳液型纸张柔软剂。以草浆为原料抄纸，通过纸张应用实验表明，在配制乳液时加入 10% 十六烷基三甲基氯化铵作为乳化剂，所得柔软剂乳液分散均匀、稳定，有利于柔软剂与纸张纤维发生较好的吸附，当柔软剂的阳离子度为 0.6，其用量为 1% 时，纸张的柔软度可达到 575mN。

7. 聚合型荧光增白剂

聚合型荧光增白剂由荧光单体与其他单体聚合而成，可解决传统荧光增白剂耐光性差等缺点。主要以液体荧光增白剂为基质，合成一种具有双键的单体再与其他单体共聚。目前主要有二苯乙烯、萘酰亚胺、芘类聚合型荧光增白剂。聚合型荧光增白剂中基本发色团的结构不变，具有传统荧光增白剂的光学性能；发色团与高分子链间的共价键使其光化学稳定性大大增强，增白性能和荧光量子产率显著提高。开发环保型高性能新产品、不同类型增白剂共混与复配以及多个含不同发色团单体间的聚合有可能成为新的研究热点。

（三）加工纸用化学品发展现状

涂布黏合剂主要有半合成高分子和合成高分子两类。半合成高分子如改性淀粉、改性纤维素和改性蛋白质，更多被用作表面施胶剂，主要品种有氧化淀粉、甲基纤维素等。高分子类涂布黏合剂则分为水溶性高分子和水乳性高分子。合成水溶性高分子主要有聚乙烯醇、聚乙烯基吡咯烷酮等。它们更多被用作表面增强剂，但存在成膜抗水性差、与颜料颗粒结合性不好、溶液固含量低等问题。改性方法主要是引入疏水性单体或轻度交联等。用水性二异氰酸酯改性聚乙烯醇主要用作层压纸黏合剂。合成高分子胶乳可直接用于纸张涂布。涂布中使用的三大合成涂布黏合剂是丁苯胶乳、丙烯酸树脂胶乳和聚乙酸乙烯酯胶乳。这些胶乳流动性好，可调制成高浓度的涂料；黏结力强、耐水耐油性高，可提高纸张的干、湿强度，降低纸张的变形性；由于它们具有热可塑性，可改善纸张的外观，提高超级压光的效果，获得高光泽度；可提高适印性，降低卷曲等。因此，合成高分子胶乳在造纸工业中的应用日益得到发展。

1. 常用涂布胶乳

（1）丁苯胶乳涂布黏合剂

造纸工业用涂布黏合剂使用最多的是羧基丁苯胶乳和丁苯胶乳，由于胶乳中苯乙烯含量大，在低温条件下干燥效果不好，容易引起黏辊障碍，抗油性能差，制得的纸张在印刷时油墨吸收快，影响了油墨的流变性，印刷纸显得画面不清晰。当采用乙烯基吡啶共聚改性时，可得到三元共聚物胶乳，具有更好的适印性。

（2）丙烯酸酯共聚物胶乳

丁二烯－苯乙烯共聚物分子中存在不饱和双键，在空气中易被氧化而降低纸张质量。丙烯酸酯共聚物胶乳的突出特点在于其耐候性优越。因此，在高档纸张的涂料配方中普遍采用丙烯酸酯及其共聚物作为黏合剂，所生产的纸张具有表面平滑、白度高、抗老化性能好、可印刷性好等优点。交联型丙烯酸酯共聚物胶乳分内交联型和外交联型。内交联型是分子链中含有能交联的基团如羟甲基、环氧基等，交联单体是亚甲基双丙烯酰胺、N–羟甲基丙烯酰胺、二乙烯基苯、丙烯酸羟乙酯等。外交联型是外加交联剂，如含有酰胺基的聚丙烯酸酯大分子链的交联可加入乙二醛等作为交联剂[3]。水性环氧交联剂和多功能团氮丙啶交联剂则广泛用作水性丙烯酸树脂分散液中的羟基、羟基与氨基的交联剂。

（3）聚乙酸乙烯酯涂布黏合剂

用作黏合剂的聚乙酸乙烯酯采用乳液聚合或分散聚合生产，主要用聚乙烯醇作为分散剂，所得产品的抗水性差。可加入乙二醛树脂交联、与丙烯酸酯单体共聚、采用硅铝氧烷溶胶作为分散剂或加入无机物复合等进行改性。

（4）聚氨酯胶乳涂布黏合剂

水分散型聚氨酯胶乳涂布黏合剂已有报道，但在国内尚未作为涂布黏合剂应用，主要原因是成本较高。但其对提高纸张强度、抗水性和其他性能具有十分理想的作用。作为涂布黏合剂使用的聚氨酯应具有自乳化性和反应性，可以是阳离子或阴离子性，本身含有活性自交联基，与纸张纤维和颜料能够有较强的化学键合和分子间力。与丁苯胶乳、苯丙胶乳和醋丙胶乳相比，聚氨酯具有更优异的强度和抗水性能。

目前，主要研究的是单组分阴离子水性聚氨酯涂布黏合剂。技术关键在于合成高固含量聚氨酯乳液。一般的羧基扩链剂不能达到这个目的，公认的产品是德国 BASF 公司的 U54，其采用磺酸基扩链剂，而这一技术在我国目前仍在研究之中。也可以采用其他方法提高胶乳黏合性、抗水性、耐刻划性和其他性能，如在阴离子聚氨酯预聚体合成过程中，加入苯丙胶乳或丁苯胶乳进行扩链，可制备高固含量水性聚氨酯改性苯丙胶乳涂布黏合剂。

2. 表面施胶剂

对于含有较多非木材纤维的纸种来说，要获得较高的表面强度，印刷适应性和纸张形稳性，必须采用表面施胶，并不断提高表面施胶剂的性能，以改善纸或纸板的质量。随着造纸工业技术的高速发展，减少纸张的内部施胶，通过表面处理提高施胶度的趋势会越来越明显。

（1）传统表面施胶剂的改性

1）淀粉基表面施胶剂。采用阳离子淀粉进行氧化、氰乙基化，加入 AM、DMC 进行接枝共聚，制备出两性接枝共聚淀粉表面增强剂，提高了其与纤维和其他种类造纸助剂的黏接性，从而提高了成纸的强度，避免或减少掉毛、掉粉，改善了其书写性能，同时黏度稳定性高，便于涂布工艺的稳定操作，成纸质量在光泽度、抗水性和白度方面均有较大的提高。施胶剂用量 0.2%（对绝干浆），施胶 pH 值 6.5 ~ 8.5，施胶度达到主要印刷纸国家标准。

2）明胶接枝改性丙烯酸酯共聚物乳液表面施胶剂。用明胶作为保护胶体，以甲基丙烯酸甲酯、丙烯酸丁酯、丙烯酰胺等单体为主要原料，采用氧化 – 还原引发体系，通过无皂乳液聚合制得一种兼具黏结性能、成膜性能和表面强度的多功能性明胶接枝丙烯酸酯乳液，并将其用于纸张的表面施胶。研究结果表明，该产品具有良好的稳定性和优异的增强效果。

（2）合成高分子表面施胶剂

合成高分子表面施胶剂主要成分是疏水性合成聚合物。这类表面施胶剂既有黏结性能，同时可在纸张表面形成连续薄膜，分子中含有可与纤维有较强的化学或物理结合的基团。疏水性表面施胶剂能够渗入纸张纤维间隙中，并在纸张表面形成疏水层或者覆膜。这样可使纸张表面的耐水性、表面强度、内部结合程度、耐折度、拉毛速度等性能大大提高，减少透气度，增加挺度和平滑度，改进印刷性，提高纸张的耐溶剂性。主要有高分子基 AKD 表面施胶剂、阳离子丙烯酸酯共聚物表面施胶剂、水性聚氨酯表面施胶剂。近年来的研究工作重点关注对上述胶乳表面施胶性能和增强性能的提高。国外对水性聚氨酯表面施胶剂的研究和应用较多，主要用于涂布和胶版纸，国内尚无此类表面施胶剂的生产。水性聚氨酯表面施胶剂符合当今绿色产品的要求。

3. 抗水剂

随着涂布速度的加快和印刷技术的发展，对纸张的抗干、湿拉毛强度的要求更高，对抗水剂的要求也随之提高。抗水剂主要是轻度交联的高分子，目前使用的抗水剂主要有交联型聚丙烯酰胺及聚乙烯醇、三聚氰胺甲醛树脂及其改性物、聚酰胺聚脲树脂和自交联丙烯酸树脂等。

（1）交联型聚丙烯酰胺

PAM 与乙二醛复配，两者在干燥过程中可形成交联网络，提高抗水性。由于纸张中存在 Al^{3+}、Ca^{2+} 等，PAM 又有部分—$CONH_2$ 水解成—COOH，因此这些多价离子会与 PAM 中的—COOH 产生离子交联，从而在纸面形成一层耐水膜。

（2）聚乙烯醇抗水剂

将 PVA 与戊二醛进行轻度交联的产物用作表面施胶剂，有良好的抗水效果。抗水剂作为涂料的组成部分，能减少颜料、黏合剂干燥成膜后的水溶性，提高涂布纸的抗湿摩擦和拉毛强度，有效改善涂布纸的印刷适性和抗水性，减少掉毛、掉粉等现象。

（3）无甲醛三聚氰胺树脂抗水剂

三聚氰胺甲醛树脂抗水剂效果很好，但其稳定性低且甲醛污染问题严重。在有机溶剂中制备高固含量的三聚氰胺甲醛树脂，虽然解决了稳定性问题，但甲醛释放问题仍使其使用受到限制。无甲醛抗水剂研究正受到高度重视。

（4）聚酰胺聚脲树脂抗水剂

高固含量的聚酰胺聚脲树脂（PAPU）是一种新型抗水剂，可以很好地改善印刷适性。这是一种聚脲改性聚酰胺多胺环氧氯丙烷树脂，固化速度快，成纸下机就有效果，不需熟化，有优良的贮存稳定性、水溶性和优越的抗水性。交联剂可以是环氧氯丙烷、有机硅偶联剂等。

（5）碳酸锆铵抗水剂

目前，常用的抗水剂还有金属盐类如碳酸锆铵抗水剂，其作用主要是阻止胶黏剂的亲水基团和水亲和来达到抗水的目的。

4. 其他加工纸专用化学品

（1）颜料分散剂

在涂布加工过程中，分散剂能保证颜料不发生凝聚和沉降现象，具有良好的流动性和涂布适应性。离子型高分子分散剂可在颜料粒子表面形成双电层结构，使它们产生相斥性。合成所选的单体主要有丙烯酸、甲基丙烯酸、乙基丙烯酸、马来酸或马来酸酐、丙烯酰胺、衣康酸、烯丙烯磺酸。低相对分子质量的高分子表面活性剂具有十分优异的分散性能。木素质磺酸盐是性能优异且成本较低的分散剂，相对分子质量为 5000 ~ 10000g/mol 较合适。高分子分散剂分子链含有—OH、—SO$_3$H—、CONH—、—COOH 时，分散效果会更好。

（2）润滑剂

润滑剂可以改进纸张涂料的流平性和润滑性，并增进黏合性，赋予纸张涂层平滑和光泽，增加可塑性，防止龟裂，改善涂布纸的印刷适应性。目前使用最广泛的润滑剂是以硬脂酸钙为代表的水不溶性金属皂类表面活性剂。硬脂酸钠类水溶性润滑剂作用也很明显，并可防止结块，但它容易使涂料黏度提高或引起胶凝。其他润滑剂主要是石蜡、聚乙烯蜡、硬脂酸聚乙二醇酯、脂肪胺类和酰胺类、有机硅和有机氟高分子。

（3）黏度调节剂

在涂布过程中，涂料的流动性是影响其性能及涂布工艺正常进行的重要因素。在实际应用中，加入各种黏度调节剂可使涂料具有广泛的适用性。

1）降黏剂。在采用改性淀粉及干酪素涂布配方中，由于黏合剂本身黏度较大，故应加入降黏剂来调节黏度，常用的降黏剂是尿素、双氰胺和脂肪酸酯等。

2）增黏剂。主要是聚丙烯酸酯增黏剂及其他水溶性高分子。目前丙烯酸类增黏剂的应用比较广泛，国内外一般采用反相乳液聚合法制备，得到的产品为流动性乳液或粉末产品。反相乳液聚合在制备过程中需加入大量的有机溶剂和有机助剂，工艺复杂，对环境有污染。因此，水包水乳液聚合物增黏剂受到重视。

（4）加工纸黏合剂

常用的黏合剂如丁苯胶乳、苯丙胶乳可用作纸张的乳液浸渍剂，其用量一般为10%～25%。层压纸黏合剂则主要是醋丙胶乳或改性聚乙烯醇。

异氰酸酯类胶黏剂作为一种环保型胶黏剂，应用前景广阔。目前，异氰酸酯水性化的方法主要包括外乳化法和内乳化法，无论是传统的外乳化法或内乳化法都会对胶黏剂的耐水性和黏结性造成不利的影响。采用合成高分子乳化剂对六亚甲基二异氰酸酯（HDI）三聚体进行乳化，可有效保持HDI三聚体的活性。然后再与醋酸乙烯-乙烯共聚乳液（EVA）复配，从而制得一种黏合强度高、适用期长、耐热耐水性能优良的木材用胶黏剂。

（四）特种纸用化学品发展现状

特种纸的生产一般是在造纸过程中加入特殊功能性化学品，或在加工纸生产中加入特殊功能的表面处理剂。以非植物纤维抄造具有特别功能的纸张，一般称为功能纸，实际上也可以归属于特种纸。近几年，我国特种纸发展很快，如卷烟纸、电容器纸、无碳复写纸、证券纸、装饰纸、压敏标签纸、水印防伪纸、水果套袋纸、玻璃纤维纸等，大多数特种纸都能够生产并有一定的出口。但在一些具有较高技术含量的特种纸方面，如耐磨纸、人造革离型纸、热敏传真纸等，仍然是国外的产品占据主导地位。

1. 特种纸用纤维

（1）合成纤维

近年来，功能性纤维已经成为人们关注的热点，如具有耐腐蚀性的含氟纤维，熔点327℃，极难溶解，化学稳定性极好，是制造工业滤纸的重要原料之一；耐高温纤维、聚间苯二甲酰、间苯二胺纤维、聚酰亚胺纤维等能在工业烟气除尘、过滤方面发挥重要作用；酚醛纤维、PTO纤维在火焰中难燃，可用于防火、耐热纸和过滤材料等。如高湿模量纤维、超强黏胶纤维、永久卷曲黏胶纤维等，具有一些特殊功能。而在纺织工业常用的聚酰胺纤维、聚丙烯腈纤维（腈纶）、聚酯纤维（涤纶）、聚烯烃纤维、聚乙烯醇纤维（维纶）等，与造纸工业中常用的植物纤维在性能上存在着明显的差异，如何与天然纤维进行抄造或单独造纸，在基础研究和技术研究方面，仍有很多问题值得研究。

（2）无机纤维

如玻璃纤维、硅酸铝纤维、硼纤维、钛酸钾纤维、陶瓷纤维、石英纤维、硅氧纤维等，这类纤维具有耐高温、高强度、电绝缘、耐腐蚀的特点，可极大提高纸张的透气性，但此类纤维与纸张纤维之间存在黏合性差问题，因此，在纸张抄造过程中要加入适量的黏合剂，或与合成纤维混合使用，以达到增强效果。

2. 特种纸用化学品

特种纸用化学品根据其性能，可以有很多种，此处仅列举相对通用的特种纸用化学品。

（1）高湿强度耐水性表面施胶剂的应用

高湿度条件使用的纸张对其湿强度的要求极高，同时这类纸张还应具有优异的湿耐擦性能。目前的 PAE 类湿强剂均达不到良好的应用效果，即使加大其使用量，湿强度的提高也有限。而合成的带有羧基阴离子型丙烯酸酯聚合物、聚氨酯等与交联剂混合后可制备湿强度高达 50% ~ 55% 的湿强剂，可满足绝大部分高湿强度的要求。

（2）坚韧型表面施胶剂的开发

随着环保要求的不断提高，烟包内衬纸等纸张的开发已显得很有必要，此类纸张主要需要纸张有较好的抗张强度，适合机器拉伸连续生产，同时最重要的是使得纸张具有良好的力学屈服性能，即纸张折叠后不再大角度翘起，同时在纸张表面处理过程中，纸张处理剂要符合食品安全标准，不能添加有毒有害物质。此类纸张的处理剂包括聚氨酯类表面施胶剂、含硅类的聚合物表面施胶剂等。

（3）高抗水高表面强度表面施胶剂的开发应用

水彩纸已成为文体用纸的一个重要组成部分，国内有几家公司在生产，其性能与国外进口的纸张还存在一定的差距。主要的问题是纸张在高抗水性、高表面强度方面难以统一。此类纸张可通过合成功能性丙烯酸树脂、环氧改性聚乙烯醇等进行表面处理，并辅以一定量的疏水助剂如 AKD、含氟表面处理剂等即可。

（4）色粉纸用表面涂布剂

色粉画主要通过画者在纸张表面的按压刮擦将色粉留着在纸张表面形成画作。这就需要纸张表面有较强的粗糙度和表面强度，一般将酚醛树脂、合成的丙烯酸树脂、醇酸树脂等先涂敷于纸张表面，然后通过静电织沙的方式将刚玉等高强度无机物置于纸张表面，形成粗糙表面。在该方面的研究较少，研究方向是将刚玉等物质与合成高分子直接混合后涂布，然后形成色粉纸张，减少制造工序和成本。

（5）抗湿变形纸张涂布剂

装饰纸已成为日常生活中的必需品，但大部分装饰用纸尤其是壁纸等存在黏合后起皱或涂敷黏合剂后发生卷曲变形情况，此类化学品的用量和需求量正在不断加大，主要以聚氨酯及其改性体系组成，辅以一定量的交联剂，使得纸张具有较强的韧性和强度，且具有良好的抗水抗溶剂性，可极大改善该类纸张的变形问题。

（6）防水防油剂

目前，纸制品已经广泛用于餐饮、食品、糖果等包装及日常生活中，而用于这一领域的纸制品都要求具有一定的防水防油功能。纸张的防水防油剂主要是有机氟高分子。如可用含氟单体通过聚合与聚丙烯酸及其酯或丁二烯等含不饱和键的分子相连，获得相对高分子质量的聚合物。经含氟丙烯酸酯共聚物乳液处理过的纸张不仅可以得到优异的防水防油效果，还能够使纸张保持原有的透气性、色泽、强度以及印刷性能，并且能够生物降解和废纸再生利用，是目前大力发展的一类包装材料。

（7）离型剂

离型剂主要是有机硅型，有机硅化合物含有硅氧键 Si—O 骨架，硅原子上结合有机基团，如甲基、苯基等。有机硅表面张力非常小，涂布后可形成低能表面，使水及其他物料难以在其上附着。但作为线性有机硅高分子，在纸张表面涂布后，会发生迁移，导致防黏效果降低。为此，离型剂必须在涂布后进行交联，形成轻度交联的网络结构。在网络的交联点之间，链段可以较自由地运动，称为柔性链。

由于溶剂型离型剂使用方便，防黏膜层物理强度较大，老化性能较好，所以溶剂型离型剂在有机硅剥离剂中仍占主导地位，其用量至今仍居首位。而在缩合型和加成型这两种溶剂型离型剂中，加成型一般最适宜使用在 PE 底涂剂上，而缩合型通常使用在其他底涂剂上。

无溶剂型离型剂大多数为使用铂催化体系的加成聚合型。其优点是能够快速固化、安全、不污染环境。缺点是高涂布量、特殊涂布机、需要高质量基材、易在薄膜上停滞。由于其成本较高，所以在使用上受到了限制。

（8）抗静电化学品的开发应用

聚苯胺（PANI）和聚吡咯具有良好的导电性能和环境稳定性，电性可控，并且合成方法简单，是一种成本较低的本征型导电高分子，受到了越来越多的关注，近年来在各种领域广泛使用。然而，由于其溶解性、加工性能和力学性能很差，其潜在的应用受到了极大的限制。为了提高聚苯胺的物理性能，研究者常利用其他高聚物的优势来克服 PANI 自身的缺陷。聚乙烯醇（PVA）是一种分子链上含有大量氢键的亲水性物质，力学强度高，无毒无害且易生物降解，是非常理想的聚苯胺基材。

（五）造纸废水处理化学品发展现状

目前，制浆造纸工业废水排放量占全国废水排放总量的前位，制浆造纸工业环保技术升级迫切。从目前的情况看，制浆造纸工业节能减排的压力较大。

近年来，水处理絮凝剂在我国发展十分迅速，从低分子质量到高分子质量，从无机物到有机物，从单一到复合，形成了系列化和多样化产品。目前使用的主要有淀粉基絮凝剂、壳聚糖及其改性物絮凝剂、季铵化阳离子高分子絮凝剂。废水处理剂主要有无机高分子和有机高分子两类。

1. 无机高分子絮凝剂

主要有聚合氯化铁（PFC）、聚合硫酸铁（PFS）、聚合氯化硫酸铁（PFCS）等。近年来，还出现了兼有聚铝和聚铁特点的聚铝铁复合絮凝剂。除常见的聚铝聚铁类外，还有活性硅胶及其改性产品。活性硅胶主要用作助凝剂，用于低温低浊水的混凝处理中，但由于容易缩聚而析出凝胶，且聚合度难以控制，所以限制了其应用。

2. 有机高分子絮凝剂

主要有半合成及合成高分子两类，主要代表是壳聚糖及其改性物、阳离子聚丙烯酰胺。

壳聚糖凝聚剂与阴离子高分子凝聚剂配合使用具有明显的增效作用。可先用壳聚糖醋酸盐阳离子聚合物，中和废水中带负电荷的悬浮污泥粒子的电荷，生成凝聚物－高分子电解质复合物，再用阴离子聚合物聚丙烯酸钠处理，使其成为大的易于脱水的凝聚物而沉降。阳离子表面活性剂在废水处理时，还可起到显著的杀菌作用。

PAM 与阳离子型 PAE 复合可得到高效复合净水剂。超高相对分子质量聚丙烯酰胺及其衍生物由于本身具有独特的长分子链，对颗粒本身具有极强的附聚能力和桥联作用，因而一直作为高效凝聚剂使用。将高分子凝聚剂和无机聚合物如聚合硫酸铝、聚合氯化铝等复配使用，可提高凝聚效果。还可将阳离子单体与丙烯酰胺共聚，同时，为了提高凝聚能力，还可将其制备成乳液型轻度交联共聚物。

3. 生物技术在制浆造纸工业废水处理中的应用

白腐菌是现阶段对木素及其衍生物降解最具潜力的菌株，在碱性黑液中可以发挥产酸与降解的双重功能，可用于造纸黑液的生物处理。虽然白腐菌在制浆造纸工业废水中的应用研究起步较晚，但对于白腐菌特有的降解机制及其木质素过氧化物酶系的研究开展得很早，研究成果丰富，而且已经深入到基因水平，这为白腐菌的应用研究提供了深厚的基础。由此可以展望白腐菌在制浆造纸工业废水处理方面具有光明的应用前景。

三、国内外制浆造纸化学品比较分析

近年来，国外制浆造纸化学品发展很快，给我国制浆造纸化学品工业提出了新的课题及挑战。我国制浆造纸化学品产业正处于发展的关键时期，要适应国际造纸工业的发展，必然要提高我国制浆造纸化学品的技术研发水平，提高科学技术创新能力。

与国外相比，我国制浆造纸化学品工业的主要差距是：

（一）研究深度不够，各方面投入需加强

经过前几年快速发展，我国制浆造纸工业无论从规模还是设备、技术方面均得到大幅提升，但我国制浆造纸化学品的研究方面并未得到极大重视和投入，据不完全统计，在国家自然科学基金对制浆造纸化学品的资助方面，各学科合计每年不超过 10 项。造纸企业相对重视，但是投入的资金也是明显不足，化学品制造企业投入的开发费用参差不齐，大部分企业投入有限。这些都导致制浆造纸化学品的研究开发速度受到了极大影响。

（二）缺乏高效特种纸专用型造纸化学品

我国规模以下的造纸企业面临转型升级问题，特种纸的高附加值属性是他们调整的重要方向之一，但我国的特种纸专用化学品研究较少，主要靠进口，如防水防油纸用的含氟表面施胶剂主要来自日本。我国特种纸用的化学品基本都是其他造纸化学品的转用品。

其他行业的化学品及作用机理如水性涂料方面的成膜、防水、交联固化机理可以借鉴到制浆造纸化学品的开发方面，甚至部分产品可以通用。同样，造纸化学品也可以与其他行业的化学品形成共用，如人造板防水可以采用 AKD 乳液等。因此，注重交叉学科，借鉴相似行业的理论基础和专用化学品可为我国的特种纸化学品开发提供依据。

（三）制浆造纸化学品生产过程中的质量控制有待加强

我国制浆造纸化学品企业的生存现状不容乐观，大部分企业为了保密和降低企业生产成本而聘用了对技术和生产不在行的人员，因此，我国制浆造纸化学品在质量稳定方面存在较大问题，这也导致国内制浆造纸化学品的口碑欠佳，在与进口产品竞争过程中存在短板。

四、制浆造纸化学品科学技术发展的展望

（一）重视纸张后加工助剂的应用和开发

1. 注重赋予纸张特殊功能的化学品的开发和应用

纸张通过后加工处理或在表面施胶、表面涂布过程中添加功能型助剂如抗静电助剂、电致变色助剂、pH 值响应助剂、防霉防腐助剂、防水防油助剂、抗划伤助剂等，赋予纸张功能性，大幅提高其附加值，增强企业核心竞争力。

2. 显著改善纸张原有特性的化学品的开发和应用

除设计合成具有特定结构及性能的聚合物外，还可以通过加入纳米材料、纤维材料及其他水性高分子纤维达到增强效果。使用有机偶联剂加强纤维与纤维、纤维与填料之间的结合。加入纳米材料对表面增强和改性，大幅提高纸张物理强度，扩大其应用领域。

同时可以通过改性的有机硅等化学助剂大幅改善纸张柔软性和抗屈服性。此类化学品既要注重纸张柔性的改善，也要保证纸张具备一定的物理强度，甚至在提供柔性的同时大幅增加纸张的物理强度。

3. 表面处理化学助剂占比应增加比例

不需要浆内施胶即可达到施胶度要求。这要求表面施胶剂具有高效疏水和黏结性能。

在表面能够快速成膜，形成疏水低能表面。同时不影响油墨印刷的适印性等。其中，水分散型聚氨酯涂布黏合剂值得大力开发。阳离子淀粉接枝丙烯酸酯共聚物细微乳液合成需要应用新的合成及均质技术。同时浆内增强助剂也可向表面化发展，减少白水污染，向清洁化生产靠近。

（二）再生纸及低强度纤维用专用化学品

1. 开发高性能的废纸脱墨剂

尤其是浮选法脱墨剂，特别要加强研究碱性脂肪酶和纤维素酶在制浆和脱墨中的应用。要针对废纸脱墨合成专门高效的表面活性剂，特别是高分子聚醚类表面活性剂。重视开发中性或近中性废纸脱墨剂，减少碱带来的脱墨二次废水污染，降低企业废水处理负担。

2. 研究能够提高再生纸和草浆成纸性能的专用化学品

提高专门化学品的功能性，开发具有某种专门增强功能的产品，如提高挺度、韧性、环压强度、耐撕裂强度、耐折度等的各类专门增干强剂；具有在纸张干燥过程中强化交联能力的增湿强剂，这类湿强剂可在浆内应用。

（三）注重纸张纤维及造纸废弃物的利用

以纳米微晶纤维素为平台的生物精炼用于我国非木材生物质的开发和利用，如生物质聚合物纳米系统、纳米微晶纤维素天然纤维、纳米组装层合修饰材料、改性纳米微晶纤维素复合材料、特殊光学性能产品、纳米微晶纤维素重构强化材料、磁性产品、自留着型造纸填料、纳米微晶纤维素生物质可再生填料等，对于提高我国造纸工业的整体水平，具有重要的战略意义。

（四）产品生产过程中的自动化技术的应用

国内制浆造纸化学品的生产部分处于手工状态，部分处于半自动状态，这些均难以精准控制化学品生产过程中的 pH 值、温度、黏度、滴加速度等，导致造纸化学品的质量参差不齐，给造纸企业的应用造成了极大不方便，影响生产质量和效率。因此，应将成熟的自动化技术及时的应用于造纸化学品生产过程中，准确控制产品质量，提高产品核心竞争力。

（五）将产品与企业问题的解决方案相配套

应将制浆造纸化学品的供应与解决纸张实际问题相结合，同时，可针对造纸企业存在的共性问题开发相应高性能的化学助剂，不仅可高效解决造纸企业的实际问题，也给制浆造纸化学品的开发带来了新的方向。

参考文献

［1］夏华林. 新常态下我国造纸和造纸化学品工业的发展与展望［J］. 华东纸业，2016，47（1）：1.

［2］姚献平. 对我国造纸化学品行业"十三五"发展的思考和建议［J］. 中华纸业，2016，37（13）：22.

［3］中国造纸学会. 中国造纸年鉴［M］. 北京：中国轻工业出版社，2016.

［4］黄芳，李小瑞，杨晓武，等. 烯基琥珀酸酐改性 AKD 专用淀粉作表面施胶剂研究［J］. 中华纸业，2012，33（4）：27.

［5］李文，唐星华，张爱琴，等. 松香基水性聚氨酯施胶剂的制备及其应用［J］. 现代化工，2015（10）：118.

［6］Y Guo，S Li，G Wang. Waterbornepolyurethane/poly（n-butyl acrylate-styrene）hybrid emulsions：Particle formation，film properties，and application［J］. Progress in Organic Coatings，2012，74（1）：248.

［7］孙成进，王松林，邢仁卫，等. 造纸施胶剂新形态：液体 AKD［J］. 中华纸业，2015，36（24）：41.

［8］尹超. ASA 中性施胶剂在文化用纸生产中的应用［J］. 中国造纸，2015，34（10）：81.

［9］孙浩，徐清凉，朱勋辉. 浅谈造纸工业常用湿强剂［J］. 湖南造纸，2017，46（2）：15.

［10］严维博，王志杰，王建. 聚酰胺多胺环氧氯丙烷树脂的制备研究［J］. 造纸化学品，2014，26（s1）：5.

［11］刘艳，沈一丁，费贵强，等. 环氧化聚乙烯醇改性 PAE 湿增强剂的合成及作用机理［J］. 精细化工，2015，32（9）：1051.

［12］张瑞芹，马伟伟. 造纸干强剂的研究进展［J］. 华东纸业，2014，45（2）：34.

［13］刘克. 2013 年中国特种纸市场概况［J］. 造纸信息，2015（1）：45.

［14］王春华. 制浆造纸废水处理新技术的研发与应用［J］. 天津造纸，2014（2）：23.

［15］全玉莲. 造纸废水处理新技术的研究进展［J］. 产业与科技论坛，2016，15（12）：65.

［16］刘军钛. 造纸工业供给侧改革——造纸化学品行业如何应对？［J］. 湖南造纸，2016，45（4）：8.

［17］武建峰. 用于一体化施胶技术的实践［J］. 中华纸业，2012，33（2）：73.

［18］陈根荣. 全球制浆造纸化学品工业发展现状与趋势［C］// 华东七省市造纸学会学术年会暨山东造纸学会 2013 年学术年会. 泰安：山东省造纸学会，2013：2.

［19］姚献平，陈根荣. 造纸化学品研究与进展［J］. 精细化工，2013，30（4）：404.

［20］刘军钛. 国内外造纸化学品的发展及现状（2010—2013 年）［J］. 中国造纸，2014，33（2）：49.

撰稿人：沈一丁　费贵强

制浆造纸污染防治科学技术发展研究

一、引言

"十二五"期间，我国纸及纸板的生产量、消费量、出口量总体上呈逐年增大的趋势，而进口量、各类主要污染物［化学需氧量、氨氮、二氧化硫、烟／（粉）尘］排放量总体上呈逐年减小的趋势。根据 2015 年环境统计数据，2015 年我国造纸和纸制品业（统计企业 4180 家，比 2014 年减少 484 家）废水排放量为 23.67 亿吨，占全国工业废水总排放量 181.55 亿吨的 13.0%，首次下降至 41 个调查行业中的第二位；化学需氧量（COD_{Cr}）排放量为 33.5 万吨，比 2014 年减少 29.9%，占全国工业 COD_{Cr} 总排放量 255.5 万吨的 13.1%，首次下降至 41 个调查行业中的第三位；氨氮排放量为 1.2 万吨，比 2014 年减少 1.5%，占全国工业氨氮总排放量 19.6 万吨的 6.1%；二氧化硫排放量 37.1 万吨，比 2014 年减少 10.0%；氮氧化物排放量 22.0 万吨，比 2014 年增加 13.4%；烟（粉）尘排放量 13.8 万吨，比 2014 年减少 2.8%[1]。造纸行业污染减排成效得益于"十二五"期间造纸行业污染防治现有技术方法的不断发展成熟和新技术方法的大量应用，环保科技创新平台建设加快，相关人才队伍培养壮大，这都为今后制浆造纸污染防治技术的快速发展夯实了基础。

二、我国制浆造纸污染防治科学技术的发展现状

（一）近年来我国制浆造纸污染防治科学技术的研发与应用

造纸行业在生产过程产生的废水、固体废物、废气、噪声会对环境造成污染，其中废水对环境的污染尤为突出。

"十二五"期间，随着国民环保意识的日益增强以及国家对造纸行业环境管理和整治

力度的加强，与造纸行业相关的产业政策、标准和法规相继出台，促使国家对造纸环保研发支持力度不断加大，同时企业也自主加大治污资金投入，从而使我国制浆造纸污染防治技术的研究与应用步入一个新的历史时期。从制浆造纸废液、废水的处理，到固体废物的资源化利用，再到废气的治理、噪声的控制，以及持久性有机污染物的消减，现有技术日益成熟完善，新技术大量涌现且相当一部分已陆续进入产业化应用阶段。以下为近年来我国制浆造纸污染防治科学技术在研发和应用领域的最新发展概况。

1. 化学制浆废液处理技术

化学制浆废液主要分为碱法化学制浆黑液和亚硫酸盐法制浆红液。

碱法化学制浆黑液：目前，国内外对制浆黑液的主流处理技术是采用碱回收法。黑液碱回收技术在国内制浆造纸企业生产中普遍应用，黑液提取率和碱回收率至少可达到国内清洁生产先进水平。例如，海南某公司年产100万吨漂白硫酸盐木浆生产线项目，采用压榨式洗涤技术，碱回收系统采用管式降膜蒸发，2台碱回收炉固形物日处理能力为7200吨，目前黑液提取率达到99%，碱回收率达到97%。

亚硫酸盐法制浆红液：亚硫酸盐法制浆蒸煮废液回收利用的经济效益较低，近年来亚硫酸盐法制浆工艺在造纸行业应用甚少，红液处理新技术亦为少见。

2. 制浆造纸废水处理技术

制浆造纸废水排放量大，主要污染物为各种木素、纤维素、半纤维素降解产物和含氯漂白过程中产生的污染物质，是目前造纸行业污染防治的重点。造纸行业水污染防治技术可分为源头控制和末端治理两方面。

（1）造纸行业水污染源头控制技术

从源头控制来看，目前国内制浆造纸废水的清洁生产技术主要包括高效黑液提取、深度脱木素、氧脱木素、无元素氯漂白（ECF）、全无氯漂白（TCF）、本色纸浆、低白度漂白等。

1）高效黑液提取。高效黑液提取技术主要应用于纸浆清洗和筛选两个工段。

①采用纸浆高效洗涤技术，提高黑液提取率，降低硫酸盐法化学木（竹）制浆废水污染负荷。纸浆高效洗涤技术是通过挤压、扩散及置换等作用，以最少量的水最大限度地去除粗浆中溶解性有机物和可溶性无机物。对于多段逆流洗涤系统，黑液提取率可达96% ~ 98%。

②采用多段逆流真空洗浆技术或挤浆＋多段逆流真空洗浆技术，提高黑液提取率，降低碱法或亚硫酸盐法非木材制浆废水污染负荷。多段逆流真空洗浆技术，是采用多台真空洗浆机串联洗浆，除最后1台洗浆机加入新鲜水（当系统配置氧脱木素时，最后1台洗浆机的洗涤水来自于氧脱木素洗浆滤液）外，其余各洗浆机均使用后段洗涤滤液作为洗涤水，黑液提取率通常可达80%以上，洗浆水用量约为9 ~ 12m³/adt。挤浆＋多段逆流真空洗浆技术，是在多段串联的逆流真空洗浆机前增加挤浆工序。该技术具有洗涤效率高、热

量损失少、滤液中纤维含量少及出浆浓度高等优点，黑液提取率通常可达 85% 以上，洗浆水用量约为 8 ~ 10m³/adt。

③采用封闭筛选技术，提高黑液提取率，降低化学法制浆（中段）废水污染负荷。封闭筛选是指用水完全封闭的粗浆筛选系统。通常是组合在粗浆洗涤系统中，使用洗浆机滤液作为系统稀释用水，多级多段对纸浆进行筛选，筛选后的滤液最终进入碱回收系统。筛选系统一般采用两级多段模式，通常一级除节采用孔筛，二级筛选采用缝筛。筛选长纤维时通常采用 0.25 ~ 0.30mm 缝筛，筛选短纤维时通常采用 0.15 ~ 0.25mm 缝筛。在筛选过程中采用压力筛等设备进行逆流洗涤，可以实现洗涤水完全封闭。筛选系统无清水加入，除浆渣等带走水分外，无废水排放。

2）深度脱木素。深度脱木素技术主要应用于硫酸盐法化学木（竹）制浆的蒸煮工段，蒸煮深度脱木素可实现纸浆中残余木素含量的降低，减少漂白化学药品的消耗，进而降低漂白废水的污染负荷。

①用新型连续蒸煮技术，降低纸浆的卡伯值，进而降低漂白废水的污染负荷。新型连续蒸煮技术主要包括低固形物蒸煮技术和紧凑蒸煮技术等。低固形物蒸煮技术是将木（竹）片浸渍液及大量脱木素阶段和最终脱木素的蒸煮液抽出而大幅降低蒸煮液中固形物的蒸煮技术，该技术可最大限度地降低脱木素段蒸煮液中的有机物。紧凑蒸煮技术是将等温蒸煮与黑液预浸渍相结合，即在大量脱木素阶段，通过增加氢氧根离子和硫氢根离子浓度，提高硫酸盐蒸煮的选择性，并提高木素脱除率，从而减少慢速反应阶段的残余木素量。该技术与后续氧脱木素技术结合，可使送漂白工段的针叶木浆卡伯值降低 6 ~ 7，阔叶木浆或竹浆卡伯值降低 4 ~ 5。纸浆的卡伯值每降低一个单位，漂白过程中产生的 COD_{Cr} 将减少约 2 kg/adt。

②采用改良型间歇蒸煮技术，降低纸浆的卡伯值，进而降低漂白废水的污染负荷。间歇蒸煮一般采用多台蒸煮器交替运行，改良型间歇蒸煮技术是通过置换和黑液再循环的方式深度脱木素，主要包括由快速置换加热发展起来的 DDS 置换蒸煮、由超级间歇蒸煮发展起来的连续间歇蒸煮和优化间歇蒸煮等技术。该技术可降低纸浆卡伯值而不影响纸浆性能，蒸煮后的纸浆卡伯值以针叶木为原料可达 20 ~ 25，以阔叶木为原料可达 14 ~ 16。该技术与后续氧脱木素技术结合，可使送漂白工段的针叶木浆卡伯值降低 6 ~ 7，阔叶木浆或竹浆卡伯值降低 4 ~ 5。

3）氧脱木素。氧脱木素通常采用一段或两段氧脱木素，在氧脱木素过程中，氧气、烧碱（或氧化白液）和硫酸镁与纸浆在反应器中混合。一般采用中浓氧脱木素，浆浓为 10% ~ 15%，残余木素脱除率可达 40% ~ 60%。氧脱木素产生的废液可逆流到粗浆洗涤段，然后进入碱回收车间。该过程可减少漂白工段化学品用量，漂白工段 COD_{Cr} 产生负荷可减少约 50%。

无元素氯漂白（ECF）、全无氯漂白（TCF）、本色纸浆、低白度漂白等控制技术将在

"持久性有机污染物消减技术"部分详细叙述。

（2）造纸行业水污染末端治理技术

从末端治理来看，目前国内制浆造纸废水的处理技术一般分为一级处理技术、二级处理技术、三级处理技术。其中，一级处理技术主要包括过滤技术、沉淀技术、混凝气浮技术、混凝沉淀技术等；二级处理技术主要包括厌氧生化技术（水解酸化技术、上流式厌氧污泥床（UASB）技术、内循环升流式厌氧（IC）技术、厌氧膨胀颗粒污泥床（EGSB）技术等）和好氧生化技术（完全混合曝气、氧化沟、生物接触氧化、序批式活性污泥（SBR）法、厌氧/好氧（A/O）工艺等）；三级处理技术主要包括高级氧化技术、混凝气浮技术、混凝沉淀技术等。

3. 固体废物处理及资源化利用技术

造纸行业的固体废物包括备料废渣、废纸浆原料中的废渣、浆渣、碱回收工段废渣、脱墨污泥、废水处理站污泥等。

备料废渣：备料废渣（树皮、木屑、竹屑、草屑）目前可行的处置方案包括焚烧、热解、堆肥等。

废纸浆原料中的废渣：对于废纸浆生产企业，废渣主要成分为订书钉、塑料、尼龙、铁丝等，一般交由回收公司资源化利用。

浆渣：对于所有制浆造纸企业，浆渣目前可行的处置方案包括作为造纸原料或焚烧等。

碱回收车间废渣：绿泥主要成分为氧化钙、有机物、少量碱等，目前可行的处置方案包括填埋、焚烧等。白泥主要成分为碳酸钙，目前可行的处置方案包括烧制石灰回用、生产碳酸钙等。石灰渣主要成分为砾石及未烧透的碳酸钙等杂物，目前可行的处置方案包括填埋、焚烧等。

脱墨污泥：对于废纸脱墨浆生产企业，脱墨污泥目前可行的处置方案包括专用焚烧炉焚烧、委托处置等。

废水处理站污泥：废水处理站污泥目前可行的处置方案包括堆肥、焚烧等。

4. 废气治理技术

制浆造纸行业的废气主要包括工艺过程恶臭气体、碱回收炉废气、石灰窑废气、焚烧炉废气、原料堆场及备料工段的扬尘、废水处理站厌氧沼气等。自备热电站锅炉废气目前可行的治理技术主要在火电行业进行论述。

（1）工艺过程恶臭气体

制浆造纸行业的恶臭气体主要产生于硫酸盐制浆企业，工艺过程恶臭气体分为高浓臭气和低浓臭气，主要治理技术包括碱回收炉燃烧、石灰窑燃烧、火炬燃烧、专用焚烧炉燃烧等。

碱回收炉燃烧技术。高浓臭气通过碱回收炉中的燃烧系统直接焚烧，低浓臭气通过鼓风机输送到碱回收炉中作为二次风或三次风进行焚烧，消除制浆过程的工艺臭气影响。

石灰窑燃烧技术。将收集起来的高、低浓臭气作为二级空气引入到石灰窑中统一进行焚烧处理，消除臭气的影响。对于现有制浆企业，通过改造实现对低浓臭气的收集和处理存在一定困难。

火炬燃烧。高浓臭气放空管道头部安装火炬燃烧器，消除臭气的影响。该技术可单独使用，也可作为其他臭气处理技术的辅助技术，通常作为事故状态下的臭气处理装置。

使用专用焚烧炉燃烧。将收集起来的高、低浓臭气送专用的焚烧炉中统一进行焚烧处理，消除臭气的影响，通常作为备用处理设施，需要处于热备用状态。

（2）碱回收炉废气

碱回收炉烟气污染物主要包括烟尘、二氧化硫、氮氧化物、总还原性硫（TRS）。对于碱回收炉烟尘，目前可行的治理技术主要为电除尘，适用于所有制浆企业的碱回收炉烟气粉尘治理，除尘效率通常可以达到 99% 以上。对于碱回收炉二氧化硫，目前可行的治理技术一般采用提高黑液固形物浓度的方法。对于所有制浆企业的碱回收炉氮氧化物，目前可行的治理技术主要为优化燃烧控制条件。对于所有硫酸盐法制浆企业的总还原性硫（TRS），目前可行的治理技术主要是控制燃烧条件：保持适当供风，可燃物与空气能够很好地混合，需要有适当的停留时间；提高进风温度；过量氧气保持在 2.5% ~ 4.0%。

（3）石灰窑废气

所有硫酸盐法木材制浆企业的石灰窑烟气污染物主要包括烟尘、二氧化硫及 TRS。对于石灰窑烟气中的烟尘，目前可行的治理技术主要为电除尘，同碱回收炉。对于石灰窑烟气中的二氧化硫及 TRS，目前可行的治理技术主要为有效的白泥洗涤及过滤：通过对白泥进行有效的洗涤和过滤，能够有效地降低白泥中 Na_2S 的浓度，残碱的含量在 0.5% ~ 1.0%（Na_2O），可以有效地减少石灰窑二氧化硫及 TRS 排放。

（4）焚烧炉废气

制浆造纸企业的焚烧炉烟气污染物主要包括烟尘、二氧化硫、氮氧化物、二噁英。对于焚烧炉烟气中的烟尘，目前可行的治理技术主要为袋式除尘，除尘效率一般能够达到99.5% 以上。对于焚烧炉烟气中的二氧化硫，目前可行的治理技术主要包括石灰石/石灰 – 石膏湿法脱硫、循环流化床法脱硫、喷雾干燥法脱硫等。对于焚烧炉烟气中的氮氧化物，目前可行的治理技术主要为选择性非催化还原（SNCR）脱硝。对于焚烧炉烟气中的二噁英，目前可行的治理技术主要为活性炭吸附。该技术是在布袋除尘器前喷入粉状活性炭，通过活性炭吸附作用去除二噁英，以降低焚烧炉废气的二噁英排放。

（5）原料堆场及备料工段的扬尘

造纸行业原料堆场产生的扬尘，目前一般采取设置防风抑尘网、水喷淋等防治措施。造纸行业备料工段一般设在车间内部，用得较多的是旋风除尘器或布袋除尘器，除尘后通过排气筒有组织排放，同时定期在备料车间内洒水抑制扬尘的无组织排放。

（6）废水处理站厌氧沼气

采用废水厌氧处理技术的制浆造纸企业，废水厌氧生物处理过程的密闭式厌氧反应器会产生厌氧沼气，目前可行的治理技术包括锅炉燃烧或发电、火炬燃烧等。

5. 噪声控制技术

（1）噪声来源

造纸行业主要噪声源一般来自备料车间、制浆车间、浆板车间、碱回收车间、造纸车间、化学品制备车间、自备热电站、废水处理站、冷却水循环系统等。

（2）噪声控制

噪声污染的控制通常从声源、传播途径和受体防护3个方面进行，制浆造纸行业一般可行的噪声控制技术为：噪声源控制；传播途径控制；受体防护控制。

在采取上述措施的情况下，确保制浆造纸企业厂界噪声可满足《工业企业厂界环境噪声排放标准》（GB 12348-2008）3类标准要求，厂界外声环境保护目标可满足《声环境质量标准》（GB 3096-2008）中相应声环境功能区标准要求。

6. 持久性有机污染物消减技术

制浆造纸行业中的持久性有机污染物（POPs）主要包括可吸附有机卤素（AOX）和二噁英。《制浆造纸工业水污染物排放标准》（GB 3544-2008）明确AOX、二噁英的控制点为车间或生产设施废水排放口，目前制浆造纸行业对持久性有机污染物的消减技术以源头控制为主，末端治理为辅助手段。

（1）AOX

制浆造纸行业漂白工段使用的含氯漂剂和纸浆中的残余木素作用，会产生AOX，其结构复杂而又易变，具有致毒、致畸、致癌作用。目前国内制浆造纸行业主要采用工艺源头控制措施减少AOX的产生量。减少AOX的产生量核心在于提高黑液提取率、蒸煮深度脱木素和减少含氯漂剂的用量。主要技术包括高效黑液提取、蒸煮深度脱木素、氧脱木素、无元素氯漂白（ECF）、全无氯漂白（TCF）、本色纸浆、低白度漂白等。此外，制浆造纸企业AOX末端治理技术主要包括活性污泥法、厌氧法、物化法等。

（2）二噁英

二噁英是多氯二苯并二噁英（PCDDs）和多氯二苯并呋喃（PCDFs）的统称。根据氯原子取代的位置和数量的不同，二噁英总共可以分为210种异构体，其中PCDDs75种、PCDFs135种。二噁英属于持久性有机污染物（POPs），具有高毒性、长期残留性和持久性、生物蓄积性、半挥发性和长距离迁移性，被认为是最有必要被控制的一类POPs。在《关于持久性有机污染物的斯德哥尔摩公约》中把首批受控的12种POPs物质分为了三大类：第一、第二类为故意生产的含氯杀虫剂，第三类为包括二噁英在内的非故意产生的持久性有机污染物（UPOPs），制浆造纸被认为是化学品和消耗性产品中最大的UPOPs排放源。

目前制浆造纸行业二噁英消减技术主要包括[2]：①在原辅料的选取方面，不使用被多氯化物污染的原料生产纸浆，不使用含多氯酚类物质的防腐剂，不使用含二苯基二噁英和二苯基呋喃的消泡剂。②在蒸煮过程中，添加蒽醌或多硫化物、改良连续蒸煮工艺，能在蒸煮过程中尽量脱除木素以减少二噁英前驱物的形成。③采用高效黑液提取技术，提高黑液提取率。④采用深度脱木素技术，减少进入漂白车间的残余木素量，使用氧气脱木素技术，继续脱出蒸煮后的残余木素。⑤在洗浆环节，强化漂白前洗浆，通过增加洗鼓真空度、合理设计喷淋水位置、增加洗涤段数或选用压榨洗浆机来提高纸浆的洗净度，降低水相中有机物的含量。⑥在黑液提取环节，增加螺旋挤浆设备等提高黑液提取率，减少中段水中的 COD_{Cr}、BOD_5、SS 等污染物质，降低氯化过程中二噁英的形成风险。⑦在漂白环节，采用无元素氯漂白工艺，或者通过增加过氧化氢、臭氧漂白及生物酶预漂等工序，减少含氯漂白剂的使用量、削减后续工段二噁英的生成量。⑧合理控制碱回收燃烧工艺。⑨对废纸脱墨污泥进行有效处置。

（二）制浆造纸污染防治科学技术在生产中的作用和成果

1. 近年来我国制浆造纸污染防治科学技术在生产中的作用

根据环境保护部统计，2015 年我国纸及纸板生产量比 2010 年增长 12.9%，而废水排放量由 39.4 亿吨降至 27.6 亿吨，降低 29.9%；排放废水中 COD_{Cr} 排放总量由 2010 年的 95.2 万吨降至 2014 年的 47.8 万吨，降低 49.8%；氨氮排放量由 2.5 万吨降至 1.6 万吨，降低 18.9%；二氧化硫排放量由 50.8 万吨降至 41.2 万吨，降低 18.9%；氮氧化物排放量由 23.6 万吨降至 19.4 万吨，降低 17.8%[1]。由此可见，我国造纸行业对社会经济发展做出很大贡献的同时，也在环境保护方面取得了较好成绩。

（1）相关政策法规颁布

2013 年 12 月 27 日，环境保护部发布《造纸行业木材制浆工艺污染防治可行技术指南（试行）》《造纸行业非木材制浆工艺污染防治可行技术指南（试行）》《造纸行业废纸制浆及造纸工艺污染防治可行技术指南（试行）》等 3 项指导性技术文件。2015 年 4 月 15 日，国家发展和改革委、环境保护部、工业和信息化部联合发布《制浆造纸行业清洁生产评价指标体系》。2015 年 8 月 29 日，《中华人民共和国大气污染防治法》修订发布。自 2016 年 1 月 1 日起施行。2015 年 12 月，环境保护部发布《制浆造纸建设项目环境影响评价文件审批原则（试行）》。2016 年 11 月 10 日，国务院办公厅发布《控制污染物排放许可制实施方案》。2016 年 12 月 23 日，环境保护部发布《排污许可证管理暂行规定》。2016 年 12 月 27 日，环境保护部发布《关于开展火电、造纸行业和京津冀试点城市高架源排污许可证管理工作的通知》。

（2）行业污染物变化情况

废水。"十二五"期间，各类主要污染物〔化学需氧量、氨氮、二氧化硫、烟（粉）尘〕排放量总体上呈逐年减小的趋势。根据环境统计，2015 年造纸和纸制品业废水排放量占全国工业废水总排放量的 13.0%，首次下降至 41 个调查行业的第二位；化学需氧量排放量占全国工业化学需氧量总排放量的13.1%，首次下降至41个调查行业的第三位。

废气。2011—2015年，制浆造纸行业废气中二氧化硫、氮氧化物、烟（粉）尘排放量基本呈现逐年减少的趋势。

固体废物。2011—2015年，制浆造纸行业一般工业固体废物产生量及综合利用率基本持平，危险废物产生量有所下降，危险废物100%得到处置利用。

（3）治污技术发挥的作用

1）湛江晨鸣浆纸有限公司。该公司以桉木为原料生产漂白硫酸盐浆，设计生产能力70万吨/年。

主要废水为制浆废水，废水处理工艺采用"一级沉淀预处理 + 二级好氧生物处理 + 三级芬顿氧化深度处理"的工艺，其中二级生物处理采用曝气池，实际运行状况良好，COD_{Cr}、BOD_5 及 SS 去除效率分别达到96%、98%、95%以上。根据长期的实际监测结果，企业外排废水中各类污染物浓度均能达到《制浆造纸工业水污染物排放标准》（GB 3544–2008）表2标准限值要求。

高浓臭气主要来源于化学浆车间的蒸煮、蒸发、汽提塔，低浓臭气主要来源于储槽和设备排气等。高浓臭气（CNCG）送碱回收炉燃烧系统进行燃烧，另外设置火炬燃烧系统1套，在碱回收炉开停车的情况下，高浓臭气通过火炬系统燃烧后排放，避免臭气直接排空；低浓臭气（DNCG）作为碱回收炉二次风的一部分烧掉。

碱回收炉烟气采用三室/四电场静电除尘器，除尘效率99.8%，经过处理后，烟尘浓度 < 30mg/m³，可满足《火电厂大气污染物排放标准》（GB 13223–2011）的要求；碱回收炉入炉黑液浓度达到80%以上，根据长期监测结果，二氧化硫均为未检出。石灰窑烟气采用单室三电场静电除尘器处理，除尘效率99.6%，石灰窑烟尘浓度小于70mg/m³，满足《工业炉窑大气污染物排放标准》（GB 9078–1996）的要求。

备料工段产生的树皮、木屑作为生物质气化炉的原料，经过热解后作为石灰窑燃料；碱回收工段产生的绿泥经洗涤后，与废水处理厂污泥混合进行干化处理，送入锅炉中燃烧处置。

2）广西金桂浆纸业有限公司。该公司建有 2×25万吨/年漂白碱性过氧化氢机械浆（APMP）、25万吨/年漂白化学热磨机械浆（BCTMP）、100万吨/年白卡纸生产线。

该公司制浆废液采用蒸发碱回收技术进行处理，其他废水经一级混凝沉淀 + 二级 SBR 好氧 + 三级气浮处理达标后深海排放。COD_{Cr}、BOD_5、SS 去除效率分别可达到95.5%、97.6%、97.5%，经处理后浓度达到60mg/L、10mg/L、20mg/L，可达到《制浆造纸工业水污染物排放标准》（GB 3544–2008）表2标准限值要求。在加强维护和运行管理的情况下，甚至可达到表3特别排放限值要求。

碱回收炉烟气经双列四电场静电除尘器除尘，除尘效率 > 99.9%，经处理后烟气达到《锅炉大气污染物排放标准》（GB 13271–2014）现有燃煤锅炉排放限值要求。

备料过程产生的木屑、制浆车间产生的浆渣和废水处理站污泥送动力锅炉燃烧。造纸车间产生的废浆渣回用至纸板芯层使用。白泥作为锅炉脱硫剂，石灰渣与煤掺烧，具有一定的脱硫作用。

3）山东泉林纸业有限责任公司。该公司以秸秆为原料生产秸秆未漂白浆，生产能力为精制浆 60 万吨 / 年、机制纸 120 万吨 / 年、有机肥料 60 万吨 / 年、食品医疗包装盒 100 亿只 /a。

废水处理站采用微过滤 + 物化沉淀 + 复合式化学曝气池 + 厌氧流化床 + 好氧生化 + 氧化塘 + 高级氧化 + 泉林湿地等多系统配套废水综合治理设施。废水经处理后出水水质可达到《制浆造纸工业水污染物排放标准》（GB3544-2008）表 2 中制浆和造纸联合生产企业要求。另外，达标废水水质满足一部分生产工艺用水的要求，替代清水回用到生产工艺中。

采用立锅亚硫酸铵制浆，采用如下方式控制异味产生：首先，控制蒸煮过程在中性或弱酸性条件下进行，改变蒸煮环境。其次，改变传统的喷放工艺，采用冷喷放，一方面回收热量和药品，另一方面降低喷放温度，大大减少蒸汽挥发，异味（氨气）得到控制。此外，洗浆机设置密闭气罩，用抽气的方法收集氨气送至吸收塔，喷淋稀废硫酸，反应生成硫酸铵，硫酸铵作为肥料原料送肥料公司。

备料工段产生的麦糠送有机肥料车间，与原料制浆废液、废水处理厂污泥共同综合利用生产有机肥；浆渣外卖用于生产低档纸板。

4）海南金海浆纸业有限公司。该公司二期工程生产能力为文化用纸 90 万吨 / 年、生活用纸 70 万吨 / 年。

生活用纸车间设有废水处理系统，采用纤维回收 + 高密度澄清池 + 特种滤料滤池 + 袋式过滤器工艺，废水经处理后全部于车间内部回用。文化用纸废水处理厂采用调节池 + 前化学混凝池（加 PAM、PAC）+A/O 池 + 絮凝反应池工艺，主要处理文化用纸生产线以及辅助设施产生的废水；同时，还建有中水回用系统处理文化用纸废水处理厂二沉池出水，采用高密度澄清池—纤维束滤池—脱碳塔—EDR 系统工艺，出水作为电厂冷却水塔补给水。根据废水处理厂及中水回用系统的实际运行情况及监测结果，处理后的回用水可达到工艺要求，废水处理厂外排水达到《制浆造纸工业水污染物排放标准》（GB3544-2008）表 2 中相应限值要求。

5）亚太森博（山东）浆纸有限公司。该公司是世界领先的浆纸一体化企业，拥有世界领先的制浆技术、多品种漂白硫酸盐木浆、溶解浆生产线和高档液体包装纸板、食品卡纸、烟卡纸生产线。

2014 年，建成投用的城市中水回用工程，采用反渗透深度处理技术，处理后的回用水 COD_{Cr} 浓度＜ 5mg/L，其他各项指标均达到软化水的质量标准，目前用于锅炉及循环冷却水站的补水，年可节约清水 1000 万吨。

2. 近年来我国制浆造纸污染防治科学技术取得的重大成果

"十二五"期间,我国制浆造纸行业严格执行国家和地方的政策法规及标准,加强执行建设项目环境影响评价和"三同时"制度,坚持清洁生产,加大环境治理力度,提高自我监测能力,扎实推进节能减排,行业呈现出资源消耗和污染物排放大幅降低的良性变化趋势。在此过程中,涌现出了一大批制浆造纸污染防治技术方面的优秀科学技术成果。国家级获奖项目详见表2,中国轻工业联合会科学技术奖获奖项目详见表3,主要省市科学技术奖获奖项目详见表4[1, 3-5]。

表2 2011—2015年度国家级获奖项目

项目名称	奖励类别	完成单位	完成人
2014 年			
秸秆清洁制浆造纸循环经济示范项目	2014 年第三届中国工业大奖表彰奖	山东泉林纸业有限责任公司	—
2015 年			
碱木质素的改性及造纸黑液的资源化高效利用	2015 年国家技术发明奖二等奖	华南理工大学 深圳诺普信农化股份有限公司	邱学青 楼宏铭 杨东杰 庞煜霞 周明松 孔 建

表3 2011—2015年度中国轻工业联合会科学技术奖获奖项目

项目名称	奖励类别	完成单位	完成人
		2012 年	
环保型固沙保土有机肥与制浆造纸联合生产技术研发	科学技术优秀奖	山西鸿昌农工贸科技有限公司 太原理工大学	何秀院 黄俊发 何 敏 樊风仪 黄桂英 袁 姗
		2013 年	
制浆 / 造纸水资源封闭循环利用"四位一体"集成技术	科学技术优秀奖	中冶美利纸业股份有限公司	刘崇喜 郭旭斌 王学军
		2015 年	
高速厌氧反应器结合改良氧化沟技术处理有机工业废水研发及推广	技术进步奖二等奖	陕西科技大学 陕西科技大学造纸环保研究所	张安龙 杜 飞 王 森 罗 清 景立明 赵 登 郜文君

表4　2011—2015年度主要省市科学技术奖获奖项目

地区	项目名称	奖励类别	完成单位	完成人		
2012 年						
安徽省	制浆造纸废水处理工艺技术研究与应用	安徽省科学技术二等奖	中冶华天工程技术有限公司	程寒飞 冯植飞 甘　露	陈翔宏 沃　原 刘　通	汪　旭 裴　圣
福建省	基于自主开发废水处理装置的造纸废水回收技术	福建省科学技术进步三等奖	福建优兰发集团实业有限公司	甘木林		
2013 年						
山西省	环保型多功能固沙保土有机肥与造纸联合生产技术开发	山西省技术发明奖二等奖	山西鸿昌农工贸科技有限公司 太原理工大学	何秀院 樊凤仪	黄俊发 黄桂英	何　敏 任世英
山东省	制浆造纸废水深度处理技术及应用	山东省科学技术进步奖三等奖	山东省环境保护科学研究设计院 湖北工业大学 山东晨鸣纸业集团股份有限公司	刘　勃 郎咏梅	谢益民 洪　卫	边兴玉 季华东
2014 年						
浙江省	造纸废水用有机污染物吸附剂	浙江省科学技术奖三等奖	浙江长安仁恒科技股份有限公司	张有连 童　筠	张怀滨 孙文胜	俞铁明
河南省	以造纸污泥为原料系列功能产品的研发	河南省科学技术进步奖三等奖	郑州轻工业学院	蒋　玲 孙改玲 杨艳琴	李占才 刘　云	孙晓丽 绪连彩
广西壮族自治区	单一化机浆废水回收药液循环利用的技术研发及应用示范	广西壮族自治区科学技术进步奖三等奖	广西金桂浆纸业有限公司 钦州学院	崔益存 黄再桂	谭新苗 史忠丰	马平原 石海信

三、制浆造纸污染防治科学技术的国内外比较分析

近些年，我国制浆造纸行业加大了污染防治资金及技术投入，污染物排放总量持续稳定下降，效果显著。但是，由于我国幅员辽阔，地区发展不平衡，并且在纤维原料结构及企业规模上存在较大差异，相对于国外同期发展水平，我国制浆造纸污染防治技术仍与国外先进水平存在差距。

（一）国内外造纸废水排放标准的差异

目前我国执行的制浆造纸废水排放标准为《制浆造纸工业水污染物排放标准》（GB3544-2008），该标准不仅对常规污染物 COD_{Cr}、BOD_5、SS、氨氮、总磷、总氮提出了控制要求，还对特征污染物 AOX、二噁英提出了相应的控制要求，控制的主要指标单位

为各污染物浓度和单位基准排水量。

1. 美国

美国国家环保局（EPA）在 1997 年 11 月发布了修正后的制浆厂废水排放限制准则。该标准对于 BOD_5、SS 等常规污染物，规定了与最佳实用技术（BPT）和最佳常规污染控制技术（BCT）相关的排放限值。有毒有害污染物的排放限值以最佳可行技术（BAT）为基础制定。

美国制定标准的方法是依据 BPT 制定现有污染源排放限值，而采用 BCT 制定新污染源的排放限值。1983 年制定的"造纸出水准则和标准"选取的污染物指标主要有 pH 值、BOD_5、SS、AOX 等。与我国不同，美国并未对 COD_{Cr} 规定具体的排放限值。此外，由于目前美国无非木材浆生产工艺，虽然保留了该类别的划分，但排放限值空缺。此外，美国还规定了二噁英类污染物向水体排放的限值，要求进入水体的污染物浓度不得超过 10pg/L。

2. 加拿大

除了国家标准外，加拿大有些省份还制定了地方的排放标准。加拿大国家造纸废水标准中针对二噁英排放没有具体的限值要求，但是加拿大一些地方省份针对二噁英提出了要求，如阿尔伯塔省就规定针对漂白硫酸盐木浆二噁英及呋喃不得检出，可以看出，虽然加拿大国家标准没有对二噁英提出规定，但是制浆造纸重点省份提出了严于国家标准的 AOX 和二噁英的排放要求。

3. 欧盟

2001 年版的欧盟综合污染预防与控制指令（IPPC）中《制浆造纸工业最佳可行技术（BAT）参考文件》（BREF）制订了与 BAT 相关的制浆造纸工业的排放限值（ELV），该文件是直接参考 BAT 技术来制定的，污染物控制指标主要包括 COD_{Cr}、BOD_5、SS、AOX、TN、TP 等，并加入了吨产品排水量指标，但没有二噁英指标[6]。排放标准体系的实质与我国 2001 年版的排放标准体系有些相似之处。与美国标准一样，该标准中同样没有涉及非木材浆工艺的标准限值。欧盟标准的各项数值均比美国的排放限值要严格得多。

通过上述分析可知，我国制浆造纸行业废水排放标准与发达国家的废水排放标准不尽相同。就控制指标来说，我国标准基本涵盖了上述国家所涉及的所有控制指标。就制浆厂来说，其中 BOD_5 指标标准值已经与欧盟基本持平，属于国际上最严格的水平范围；我国制浆厂的 COD_{Cr} 排放标准在世界上已经属于最为严格的水平，尤其是对于漂白化学浆生产企业，欧盟对于漂白硫酸盐木浆 COD_{Cr} 的排放限值是 8 ～ 23 kg/t 之间，而我国只有 5 kg/t；我国制浆厂的总磷、总氮排放标准比欧盟水平宽松，别的国家没有对总磷提出要求；我国的 AOX 指标值高于美国（新源）和欧盟的指标值，比美国（现源）和澳大利亚的标准严格。我国浆厂二噁英的排放限值与美国漂白硫酸盐木浆厂的比较接近，但美国标准中二噁英类分为二噁英和呋喃两类，其排放限值是指 2,3,7,8-TCDF 的量，而对于 2,3,7,8-TCDD 美国标准中要求是低于检测限，而我国是二噁英类总量的排放限值。

就制浆造纸联合企业来比较，美国 BOD_5 的限值分类很细，根据不同的浆种和纸种都给出了各自的排放限值，但都高于我国的排放限值；美国标准没有对 COD_{Cr} 做出具体限值的规定，我国制浆造纸联合企业规定的 COD_{Cr} 限值在欧盟规定的 COD_{Cr} 范围内；我国制浆造纸联合企业 AOX 的排放限值在美国新源和现源之间，但美国标准是针对漂白硫酸盐木浆，欧盟的排放标准要高于我国标准；与制浆企业要求相同，美国将二噁英类分为二噁英和呋喃两类，而对于使用 TCF 漂白的企业没有规定。

（二）污染治理装备水平存在差异

目前，我国大型制浆造纸企业的污染防治水平已经达到国际先进水平，由于我国中小型造纸企业所占比例较大，并且我国非木材制浆造纸企业受原料所限，规模普遍较小、污染负荷较大，加上部分中小型制浆造纸企业长期忙于模仿和低价竞争，缺乏拥有自主知识产权的核心技术及产品，企业效益空间收窄，对环保治理设施的投资相对滞后，使得污染治理装备水平相对较低。总之，我国要想成为造纸强国还需要继续扩大企业规模，提高行业整体污染治理装备水平和能力，提升相关设备制造企业的研发制造水平。

（三）制浆造纸行业环境管理制度差异

以美国为例，美国制浆造纸行业的环境管理制度实施比较早，目前已经处于比较完善的时期。美国联邦制环境保护局和州环境管理部门相互合作监督，相辅相成；成立州专项资金，使环境保护部门不依附于地方政府的财政；美国制浆造纸行业方面的排放标准，主要结合 BAT、BPT 等概念；对制浆造纸行业硫化物的排放征收环境税，对采用相关鼓励类设备给予税收抵扣措施；实施排污权交易法制化等。因此，美国造纸行业的环境规制实施效果相对比较好[7]。

我国造纸业环境管理方面的制度相对实施比较晚，目前正处于转型发展关键时期。造纸业环境管理制度的主要特点有：立法标准以浓度和排放量为基础，逐渐结合相关工艺技术要求；以环境保护部为中心，地方环境保护局受环境保护部和上级监督管理；与地方政府关系密切，尤其是运转资金依附地方财政，受到地方政府的监督和掣肘等。虽然，我国不断完善的环境规制在控制造纸业污染治理方面取得了显著效果，但是在我国环保法律法规的日趋严格和民众的环保意识日益增强的环境下，我国造纸业在环境管理制度方面仍有较大的改善空间。

四、我国制浆造纸污染防治科学技术的展望与建议

近年来，国务院及各级地方政府对制浆造纸企业环保要求不断提高，制定了更加严格的一系列法律法规文件，包括：《关于"进一步加强造纸和印染行业总量减排核查核算工

作"的通知》《造纸行业木材制浆工艺污染防治可行技术指南（试行）》《造纸行业非木材制浆工艺污染防治可行技术指南（试行）》《造纸行业废纸制浆及造纸工艺污染防治可行技术指南（试行）》《制浆造纸行业清洁生产评价指标体系》《污染物排放许可制实施方案》、新修订的《中华人民共和国大气污染防治法》《排污许可证管理暂行规定》等。对此，国内涌现出许多新的制浆造纸污染防治技术，现有技术也在原有基础上得到了不断的改进和提升。这些新技术和新方法主要是从清洁生产和末端治理的角度，注重在源头上控制生产过程中污染物的产生并从末端减少排放量，未来将更加广泛地应用到我国制浆造纸企业的生产及污染物治理工程实践中。

（一）展望

1. 非木材浆黑液碱回收技术

目前，我国运行的较先进的木浆黑液碱回收系统基本上都是从国外引进的项目，从能耗水平、污染物治理等各方面均处于世界领先地位，实现了与国外先进技术接轨。非木材浆黑液的碱回收具有我国特色，是业内人士在借鉴木浆碱回收设备和技术的基础上，总结多年成功与失败的经验，根据非木材浆黑液的特点逐步创新和发展而来的。

非木材浆碱回收主要研发和应用的技术包括：①非木材浆黑液的除硅技术（蒸煮除硅或预苛化除硅）；②非木材浆黑液高效提取技术；③非木材浆黑液管式降膜蒸发技术；④非木浆黑液降黏技术及优化的Ⅰ、Ⅱ效蒸发器配置；⑤蒸发冷凝水减量化和回用技术；⑥高黏度非木材浆黑液入炉燃烧技术；⑦非木材浆黑液碱回收炉供风技术；⑧采用预挂过滤机二次出白液技术；⑨绿液过滤及澄清白液过滤技术等。

目前各种非木材浆生产厂的碱回收率大致达到如下水平：①竹子85%～96%；②芦苇85%～90%；③甘蔗渣75%～85%；④麦草70%～80%。

目前，国内应用的非木材浆黑液碱回收炉是在吸收木浆黑液碱回收炉经验的基础上，根据非木材浆黑液的特点发展而来的，所以其在设计上有很多特殊的地方。新型非木材浆黑液碱回收炉的设计具有如下特点：①采用了适合非木材浆黑液悬浮干燥的瘦高形炉膛，并且提高了黑液喷枪的高度，延长了干燥行程；②选取了较宽的水冷壁管节距，降低了炉膛的水冷程度；③选用了新型烟气—板式空气预热器，提高供风温度；④降低出炉膛烟气温度，降低飞灰的黏度，减少换热面积灰，提高碱回收炉换热面的换热效率并降低吹灰频次等。

非木材浆黑液碱回收技术在回收热能和治理污染方面虽然发挥了巨大的作用，但与先进的木浆黑液碱回收技术相比，还有很大的差距，还需要继续努力，不断提高。

2. 黑液气化技术

黑液气化技术是通过在气化室里气化黑液中的有机物，得到纯净、易燃、富含氢的裂解气体。裂解气体将在第二阶段的燃烧炉内燃烧，用于发电和生产蒸汽，或者用作进一步加工成化学品的原料，如甲醇。

国内黑液气化及应用研究已经完成了黑液气化炉的初步设计、黑液气化及气化气脱硫等实验、黑液气化过程的物料和能量平衡模拟运算等研究内容，正在进行工业应用型黑液气化炉基础研究和气化气脱硫装置研究[8]。

3. 碱灰中的氯、钾元素去除技术

随着浆厂运行封闭程度的加大以及速生木材制浆的发展，含氯、钾等非工艺元素对碱回收车间生产的正常运行及经济性产生了严重危害。通过采取析滤法、蒸发结晶法、冷却结晶法或离子交换法实现氯、钾元素的去除，减少碱灰中氯、钾元素的富集，可保证生产的正常进行。经过上述技术处理后，对于碱灰中氯、钾元素去除率分别能够达到90%～95%、50%～85%，减少其富集对碱回收炉造成的堵塞，延长稳定运行周期，有效减少停机清洗等引发的排放。

4. 镁碱部分替代氢氧化钠生产化学机械浆

在二段化学预浸渍段和高浓停留段，MgO 替代 NaOH，高浓停留段废液的 COD_{Cr}、阳离子需求量和电导率比没有 MgO 替代时降低。纸张白度与未取代时相近，纸张的松厚度、光散射系数和不透明度随取代量的增加而提高，纸张的抗张指数、撕裂指数、耐破指数和内结合强度随着 MgO 取代 NaOH 量的增加有所下降。

5. 备料废渣气化技术

备料废渣气化技术是指将备料产生的废料如木材备料的树皮、木屑，竹子备料的竹屑等，甚至制浆筛选出的浆渣，在生物质气化炉内气化，气化得到的生物质气直接送石灰窑内燃烧，降低浆厂化石燃料的用量。

进入气化炉的备料废渣首先进行干燥，通常可用石灰窑烟气，使其干度达到85%以上，随后进入气化炉。气化炉使用来自石灰窑的预热空气，空气从气化炉底部通过格栅引入，确保进气化炉空气的正确分配。单向流的旋风分离器用于分离燃气携带的固形物，含有未燃尽的碳和循环流化床垫层材料的固形物通过回流管返回气化炉，以提高气化炉转化效率，控制参数一般在850℃工况下生物质裂解产生600℃可燃气体，所得到的生物质气主要含有氢气、一氧化碳、甲烷和一些碳氢化合物等可燃性成分，通过内衬耐火材料的燃气管引到石灰窑，用双燃料的石灰窑燃烧器燃烧。该项技术可部分或完全替代石灰窑化石燃料使用量，降低碳排放，实现石灰窑无化石燃料生产。

6. 生物酶使用技术

制浆造纸行业中应用最广泛的生物酶是木聚糖酶，用在制浆漂白段，有助漂白作用。它能使纤维疏松，木素部分溶出，加快了化学品和残余木素的反应，增加了纤维强度，减少了漂白化学品的用量，从而降低或消除漂白过程中 AOX（包含二噁英）的产生，提高了纸浆白度，降低了纸浆的返黄值，节约了生产成本，同时使废水污染负荷降低，利于生化处理。

木材或者非木材化学浆采用木聚糖酶处理，均可以促使纸浆中残余木素的降解和溶

解性木素的抽除，不但可以提高纸浆的白度和白度稳定性，改善纤维的滤水性、脆性和纸浆性能，而且可以大大减少后续漂白过程中各种化学药品消耗，特别是含氯漂剂的用量降低，对提高浆料质量，减轻污染负荷均有很大作用。含纤维素酶活性的木聚糖酶中，对浆料中半纤维素起主要作用的是内切木聚糖酶，其与其他辅助酶相结合时能提高酶的处理效率，各种酶之间存在着协同作用；木聚糖酶中少量纤维素酶的存在对提高漂白浆的白度有促进作用，但当纤维素酶量较多，尤其是其中的外切葡聚糖酶和纤维二糖酶含量过高时，对纸浆的强度和得率有损伤。

此外，木聚糖酶在废纸脱墨过程中也有较大的作用。木聚糖的降解使得纤维细胞壁产生较多孔洞，残余的木素能够更好地溶出，而表面细小组分的水解使得更多的微细纤维暴露出来，这样不仅使得油墨暴露面积变大，与纤维的结合变得疏松，从而使得油墨更容易剥离，更重要的是使得纸浆具有较好的强度，而且得率变化不大[9]。

酶促打浆可以用于备浆过程，对于化学机械浆而言，在一段磨和二段磨之间加入生物酶（如纤维素酶），可以水解半纤维素并改善纤维素纤维的游离度，降低第二段磨的磨浆时间。对于 LBKP 和 NBKP 浆，使用柱形磨的均比双盘磨的单位打浆总能耗低；打浆酶和柱形盘磨相结合处理 NBKP 纸浆后，其单位打浆总能耗比单使用柱形磨的大大降低[10]。

7. 非木材原料置换蒸煮技术

非木材原料置换蒸煮是在我国非木材浆制浆经验基础上，参考木浆深度脱木素技术（RDH）发展的新的制浆方法。技术的核心是解决了草类纤维原料置换困难或不能实现黑液置换的技术难题，使蒸煮工艺更适应非木材纤维的特性，解决我国传统非木材浆蒸煮中存在的问题。

麦草浆两段置换蒸煮技术是将一段蒸煮后取出的黑液送碱回收，二段蒸煮后取出的黑液用于配制下一次循环的一段蒸煮药液，这样依次对黑液进行循环利用。该技术浆料质量好，节约能源和化学药品消耗。麦草制浆产生的黑液固形物含量由传统的 9% ~ 10% 提高到 13% ~ 14%，吨浆黑液量由 12 ~ 16m³ 减少到 8 ~ 9m³，且黑液黏度低、硅含量少、流动性强，减少了后续处理的难度，提高了资源化综合利用效率[11]。

DDS 置换蒸煮分为两级：初级蒸煮，即温充，用碱量占总碱量的 60%；中级蒸煮，即热充，用碱量占总碱量的 40%。在用碱量和最高蒸煮温度相同的工艺参数下，置换蒸煮较常规蒸煮成浆细浆得率提高了 3.3%，特性黏度也从 975mL/g 提高到 1070mL/g，说明 DDS 置换蒸煮制浆过程中纤维素被降解破坏的程度较低。卡伯值虽略高，但总体说明蔗渣置换蒸煮是较好的制浆方法，验证了置换蒸煮能够应用于蔗渣制浆，但是得浆较粗，筛渣率明显偏高[12]。

8. 深度脱木素技术

深度脱木素技术即通过尽量减少漂白前浆料中的木素含量，来减少漂白剂用量，并减少由于漂白剂与木素的化学反应而产生的副产物。近年来提出了蒸煮与氧脱木素相结合的制浆技术，针叶木硫酸盐浆的卡伯值从蒸煮后 28 ~ 32 降至 11 ~ 13，阔叶木硫酸盐浆的卡伯值从 18 ~ 22 降至 10 ~ 11，然后再进行漂白，可以大大减轻漂白废水对环境的污染程度。

先进的新型连续蒸煮技术主要包括低固形物蒸煮技术（Lo-Solids）和紧凑蒸煮技术（Compact Cooking）等。改良型间歇蒸煮技术则是通过置换和黑液再循环的方式深度脱除木素，主要包括由快速置换加热（RDH）发展起来的置换蒸煮（DDS）、由超级间歇蒸煮（Super Batch）发展起来的连续间蒸（Dual C）和优化间蒸（Opti-Batch）等技术。

氧脱木素技术是在蒸煮后，保持纸浆强度而选择性脱除木素的一种工艺。通常采用一段或两段氧脱木素，在氧脱木素过程中，氧气、烧碱（或氧化白液）和硫酸镁与中浓纸浆在反应器中混合，脱木素率可达 40% ~ 60%。

9. 复合肥制备技术

复合肥制备技术是利用原料制浆废液来制造有机肥，提取后的废液浓度约 10% ~ 15%，经蒸发后浓度约 40% ~ 48%，通过热风炉进行喷浆造粒。喷浆造粒干燥机和冷却机会排出一定的粉尘，需配除尘器回收重新进行配料造粒。利用制浆废液制造有机肥，既为农业生产提供高效有机肥，又提供了处理制浆废液的新途径。

10. 高浓成形技术

纸幅成形过程的纸浆上网浓度一般在 0.1% ~ 1.0% 范围内，当上网浓度大于 1.5% 时，普通的流浆箱则难以正常操作。一般将上网浓度大于 1.5% 的成形操作称为高浓成形。目前世界上高浓成形的试验浓度为 1.5% ~ 5.0%，在 3.0% 左右可维持稳定的操作。

由于上网浓度的提高，可节省大量的造纸用稀释水，并由于纸浆流量减少而节省了大量的输送能量。同时，高浓成形的特殊成形方式，使得纸幅中填料和微细组分的留着率增加，并赋予纸张以特殊的结构和强度特性。高浓成形技术抄造的单层纸张定量范围约 60 ~ 280g/m²。

11. 废水处理技术

（1）生物强化技术

生物强化技术（Bioaugmentation）是向传统的生物处理系统中引入具有特定功能的微生物，提高有效微生物的浓度，增强对难降解污染物的降解能力，提高其降解速率，并改善原有生物处理体系对目标污染物的去除效能。在废水生物处理技术中，由于某些污染物的复杂性、难降解性及对微生物体系的抑制性，用常规的处理方法很难有效去除。向生物反应器中投加特种微生物的生物强化技术成为有效的辅助手段。高效微生物筛选是生物强化技术成功的决定性因素。改进传统高效菌种筛选时以目标污染物的降解为唯一手段，结合微生物的遗传特征、污染物可生物降解性和生物修复速率等多方面因素，可开发出能够维持异常代谢特性或对化学污染物或环境压力具有更好耐受性的高效菌种。生物强化新技术有利于显著提高造纸废水的二级处理效果，以降低废水处理成本[13]。

目前，已有研究的技术包括：将不同白腐菌用于桉木硫酸盐浆废水的二级处理；从某制浆造纸废液中培育出一种大头茶属变异菌株 JW8，这种菌对制浆造纸废水中碱性木素具有很好的降解作用等。

（2）营养增效剂新技术

营养增效剂生物处理技术是指在生化处理过程中给微生物补充营养，建立营养平衡，强化系统中微生物的活性，从而提高对污染物的分解和对水质水量的抗冲击性，最终提高系统处理效率和出水水质。常用的营养增效剂主要有单一型（如尿素、氨水）、复合型（含两种或以上营养成分）和促生型[14]。目前，环保、高效、成本低的新型营养增效剂是研究难点，主要应用于废水的生化处理阶段，从而提高传统的生化处理效果。

目前，已有研究的技术包括：采用预处理—厌氧池—曝气池—二沉池—浅层气浮池处理造纸废水，在保证微生物对氮的需求下，用营养增效剂 X-Tend 代替 30% 的尿素用量投入曝气池，降低氮浓度等。

（3）漆酶处理新技术

漆酶处理制浆造纸废水是近年来研究的热点，主要是利用微生物产生的漆酶使废水中的有机污染物降解，转化成无毒、稳定的物质。大量研究表明，在催化氧化作用下，漆酶体系可使废水中的木素发生聚合反应，使废水的 COD_{Cr} 和色度显著降低。特别是漆酶 – 松柏醇体系在制浆造纸废水处理中能有效地减少漆酶的用量，由于松柏醇强的脱氢聚合能力，在漆酶的作用下木素生物合成为木素 DHP，从而提高了回用水的水质。

与传统废水酶处理相比，漆酶具有以下的优点：①分解效率高；②毒性小，易操作；③使用范围广，但其缺点主要是价格较高，受各种因素的影响易失活。目前利用固定化技术形成固定化酶，构成一个高效的废水处理系统，这种技术具有处理负荷大、高效稳定、便于自动控制的优势，是造纸废水处理研究的热点。

（4）新型高级氧化技术

高级氧化技术可以通过产生强氧化性自由基等作用处理废水中难降解的有机物，与传统处理方法相比，具有效率高、易操作、速度快等优点，因此被很多造纸厂用于处理废水。高级氧化技术按反应原理和条件不同可以分为臭氧氧化法、超临界水体氧化法、Fenton 氧化法、光催化氧化法、UV、UV/H_2O_2、电化学法等[15]。新型高级氧化技术主要应用于废水的深度处理过程中，使得处理后出水达到《制浆造纸水污染物排放标准》（GB3544–2008）标准的排放要求。目前该技术的研究重点和难点主要是耐腐蚀、耐高温的新型药剂、材料和催化剂的研发以及与其他处理技术结合处理工艺的开发和应用。

目前已有研究的技术包括：改进 Fenton 法，采用 IC-A/O-Fenton 联合工艺处理废纸再生造纸废水；二氧化氯催化氧化法和曝气生物滤池（BAF）法联合的工艺深度处理二沉池出水；水解酸化 – 好氧生物处理 –Fenton（Fe^{2+}/H_2O_2）氧化联合工艺深度处理制浆和造纸中段废水；用中温 EGSB 反应器和氧化沟为主要单元，高级氧化为辅助单元的组合工艺处理麦草浆中段废水等。

（5）新型膜处理技术

废水处理中应用的膜分离技术主要有微滤、纳滤、超滤、反渗透和电渗析等。制浆造纸废水色度很高，膜分离技术能够高效地去除深色物质。目前应用较多的是膜分离技术与传统活性污泥法有机结合形成的新型废水处理工艺，如MBR工艺、水解酸化/MBR工艺、A/O-MBR工艺、电解/MBR工艺等[16]。与传统工艺相比具有投资少、易操作、出水水质好、效率高、占地面积小等优点。

目前，将生物膜反应器（MBR）与其他技术联合，形成新型组合废水处理工艺，主要用于造纸废水的二级处理和深度处理。二级处理如与生化处理结合，可提高生化处理的效果。

目前，已有研究的技术包括：采用混凝法+超滤法处理制浆黑液及造纸循环白水；用预处理+水解酸化+MBR（平板膜）结合的新工艺处理废水等。

（6）磁化预处理技术

磁化预处理技术实际上就是利用法拉第电磁定律，在外力作用下的磁场能够切割磁感线进行运行，并且会形成电荷运行电动势和电荷，但是因为水内形成了电位差、电流等物理变化，会促使其在一定程度上改变废水本身以及水中存在的物质性质和状态，导致磁化水具备一定接触容器、管壁以后形成电化学变化和物理变化能量，可以发现不是绝对纯净的水都能够出现不同程度磁化，以至于改变废水中有机物质结构，从而极大程度地改变废水物化性质，因此，可以依据上述原理合理设计磁化水处理装置。相比较其他处理技术来说，磁技术占地面积小、成本低、耗能低、无二次污染、方便操作，是一种具备相应发展前景的新处理技术[17]。

12. 固体废物资源化利用技术

（1）废纸中废塑料的资源化利用

有些制浆造纸企业采用废纸作为原料，但废纸中的废塑料降解性差且含量高，很难被综合利用。目前有人专门探究用废纸制浆过程中排除的废塑料生产塑料粒子的工艺，该工艺已取得实验成功并进入推广应用阶段。此方法既解决了废塑料的污染问题，又带来了不错的经济效益。

（2）碱回收白泥的资源化利用

精制碳酸钙填料。白泥精制碳酸钙填料不仅可以用于制浆造纸行业，在塑料行业中也有了一些应用试验。在生产填料时，80%～90%的白泥可以转化为填料，从而尽可能地降低对环境的影响。目前，岳阳林纸股份有限公司、泰格林纸集团沅江纸业有限责任公司、山东中冶纸业银河有限公司、新乡新亚纸业集团股份有限公司等企业先后建立了白泥联产精制碳酸钙填料的设施。还有企业针对非木材浆碱回收白泥开发出了绿液除硅—精制碳酸钙工艺，硅去除率更高，对解决硅干扰问题是很大的技术进步。

用作建筑材料。白泥在建筑材料方面的应用途径较多。例如，对水泥生产工艺和配方进行调整后，利用湿法回转窑技术生产硅酸盐水泥，工艺成熟，技术可行，产品质量也有保障。但该工艺生产能耗较干法工艺高，生产成本上缺乏竞争优势，且国家水泥行业的产业政策也对湿法工艺加以限制，同时白泥掺用比例受限，所以这一白泥的利用途径已经受到挑战。

另外，还可以用白泥作为墙面涂料等的主要添加组分，可生产内外墙涂料和防水涂料。存在的主要问题是白泥的白度较低，难以满足对白度要求较高的内墙涂料的使用要求，需混以色料用作彩色涂料，限制了白泥在这方面的进一步应用[18]。

（3）造纸污泥的资源化利用

农业中的应用。造纸污泥中除磷含量偏低外，有机质与总氮含量均显著高于农家肥。因此，将造纸污泥进行适当处理，作为农业肥料用于农业是造纸污泥利用的主要方向之一。造纸污泥碳/氮比大于20，需要加入尿素调节氮元素的含量。据调查，波兰某化工厂利用蚯蚓对污泥进行处理，得到了一种类似腐殖质的无味、营养值高且适于用作植物生长培养基的蚯蚓肥料。亚太森博（山东）浆纸有限公司利用同样的工艺处理污泥，将消化后的蚯蚓粪用作农业肥料，其肥效和农用肥相当，在农作物生产、园艺花卉种植、草坪及市政绿化等方面具有广泛的应用前景[19]。

工业中的应用。①制备活性炭。污泥含有大量有机物和腐殖质等可利用资源，通过热解处理，能将污泥转化为具有质轻、多孔、吸附能力强的含碳吸附剂，同时污泥中90%以上的重金属如 Cd、Co、Cr、Cu、Fe、Ni、Pb 及 Zn 等被转移到固体半焦中。①热解制油。干污泥中的有机物占62%，可以进行热能资源化利用。对造纸污泥的元素分析表明，造纸污泥热解废气及残渣对环境没有危害性污染。污泥热解主要产品为衍生油，作为能源的利用价值高。目前国内外达到工业示范规模的生物质热解液化反应器主要有流化床、循环流化床、烧蚀、旋转锥、引流床和真空移动床反应器等[20]。

（4）造纸污泥处置新技术

低品质回用纤维的高值化利用。目前生产燃料乙醇所需的主要原料仍然是玉米、甘蔗等粮食作物，对农产品价格、农产品国际贸易、粮食安全、农民收入与贫困等方面的影响逐步显现，在一定程度上制约了燃料乙醇的生产。甜高粱、秸秆等纤维素质非粮食作物作为原料生产燃料乙醇的研究也方兴未艾。但因纤维素的结晶结构，必须先进行预处理才可以酶解糖化成单糖被微生物利用，而预处理的费用将占生物乙醇生产总成本的30%。选用造纸污泥作为乙醇发酵的原料，不仅解决了处理造纸污泥的问题，为造纸行业的可持续发展提供了新的技术支持，也解决了燃料乙醇发酵的原料问题，变废为宝，而且无需对原料进行预处理，节省能源，降低了乙醇生产过程中的能量投入与产出比例。

污泥的高温厌氧消化处理——产甲烷。污泥厌氧消化是在无氧环境下，利用厌氧菌菌群的生物作用，使有机物经液化、气化而分解成稳定物质，经过厌氧消化处理，污泥中的病菌、寄生虫卵被杀死，实现了污泥的减量化和无害化。厌氧消化是目前国际上常用的污泥生物处理方法，污泥经厌氧消化后，达到减量化的目的，同时还回收一部分能源，减轻后续处理负担。

污泥合成燃料。有研究表明，由 50% 坝煤、35% 消化污泥、15% 添加剂（含固硫剂）配制的合成燃料，其热效率比坝煤热效率高出 14.71%。环保测试结果表明，合成燃料的二氧化硫排放量、炉渣含碳量、林格曼黑度等级均比坝煤低。另外，污泥具有黏结性能，可以作为黏结剂用于无烟粉煤加工成型煤，而污泥在高温气化炉内被处理，同时改善了高温下型煤的内部孔结构，提高型煤的气化反应性，降低灰渣中的残炭。利用污泥制备合成燃料为污泥处理提供了一条新的途径[21]。

（二）建议

制浆造纸以植物纤维为原料，生产过程中根据产品和工艺需要添加不同的化学品，不同原料、工艺的废水中含有的有机物、无机物差异较大，废水经过二级生化处理后有机物较少，主要以木素和添加的各种无机物为主。建议对废水成分及生化处理后废水对环境产生的影响进行研究，为更加科学地管理该行业提供技术支撑。

从制浆造纸行业自身来看，通过增加废水深度处理工艺，实现了污染物减排的目标，但深度处理后废水中盐分含量及一些金属离子含量增高，排入环境后可能造成次生环境危害，部分地区废水进行农灌后可能对土壤理化性质以及农作物产生长期累积影响。建议相关部门尽快组织开展深度处理后废水可能造成的次生环境影响的研究工作。

制浆中段废水是造纸工业废水治理的重点，具有生化降解性差、色度高的特点，而废水中木素类物质是制浆中段废水颜色的主要原因。根据目前的研究表明，较高的黑液提取率可降低出水污染负荷，氧脱木素工艺可使制浆中段废水的色度降低 50% 以上。因此，建议制浆造纸企业提高黑液提取率，并采用深度脱木素等技术，进一步降低制浆（中段）废水木素含量和污染负荷，提高废水可处理性。

由于制浆造纸工序污染物产生节点较多，因此，建议对生产工序每个环节，与浆水平衡同步建立污染负荷平衡，明确各个流程污染产生状态，特别在工程设计时更应该将浆水平衡与污染负荷平衡同步编制。

与直接利用植物纤维制浆的工艺相比，废纸造纸废水的污染负荷相对较轻，但仍远远超过排放标准，若不加处理而直接排放，将对环境带来污染和危害。由于太多的未知物质存在于废纸中，建议对废纸造纸过程存在的环境隐患做详细分析，引起行业对废纸废水污染的重视，以便有针对性地制定废纸造纸废水的处理工艺，减轻对环境的影响。

五、结语

我国制浆造纸行业正蒸蒸日上地发展着，但是仍需要全行业与改革同行，与创新同步，进一步坚定信心、立足当前、着眼长远、规划未来。不但要克服我国自身资源短缺的问题，更要根据我国可持续发展的国情，坚持环境友好的原则，在大力发展制浆造纸行业的同时，保证环境的质量。目前，制浆造纸行业产生的环境污染问题不容忽视，要解决这些问题，必须结合制浆造纸行业结构调整要求，以污染物排放标准为法律准绳，以节能减排为重点，大力推进排污许可证制度，增强造纸企业的环境保护意识。针对企业自身的具体情况，坚持引进技术和自主研发相结合，改良现有传统治理技术，并注重对新兴环保技术和装备的开发，做到以结构调整为主线，以建设科技创新型、资源节约型、环境友好型现代造纸工业为目标，充分发挥造纸工业绿色、低碳、循环的特点，提升自主创新能力，节约资源，保护环境，提高增长的质量和效益，推动产业优化升级，增强国际竞争力，最终实现健康可持续发展。

参考文献

［1］中国造纸学会. 2016 中国造纸年鉴［M］. 北京：中国轻工业出版社，2016.
［2］杨传玺，董文平，史会剑，等. 制浆造纸行业二噁英生成与控制研究［J］. 环境科技，2014，27（2）：36.
［3］中国造纸学会. 2015 中国造纸年鉴［M］. 北京：中国轻工业出版社，2015.
［4］中国造纸学会. 2013 中国造纸年鉴［M］. 北京：中国轻工业出版社，2013.
［5］中国造纸学会. 2014 中国造纸年鉴［M］. 北京：中国轻工业出版社，2014.
［6］宋云. 国内外造纸行业水污染排放标准比较研究［J］. 中国环境管理，2012（1）：32.
［7］刘欣. 中美制浆造纸业环境规制比较研究［D］. 南京：南京林业大学，2014：19.
［8］农光再，张鑫磊，于龙，等. 我国黑液气化研究现状及存在的困难［C］. 造纸工业能源效率论坛论文集，2011：77.
［9］柳海燕. 生物酶在制浆造纸中的应用［J］. 黑龙江造纸，2016，44（1）：18.
［10］乔军，吴朝军. 盘磨机种类及打浆酶预处理对打浆能耗的影响［J］. 中国造纸，2014，33（11）：69.
［11］毕衍金，宋明信，陈松涛. 农作物秸秆清洁制浆技术探讨［J］. 华东纸业，2014，45（4）：35.
［12］张希，李军，李智. 蔗渣 DDS 置换蒸煮工艺研究［J］. 造纸科学与技术，2015，34（6）：1.
［13］刘娜娜. 生物强化技术在造纸废水处理中的应用［J］. 中国造纸，2015（7）：88.
［14］王春，平清伟，张健，等. 制浆造纸废水处理新技术［J］. 中国造纸，2015，34（2）：61.
［15］张延乐，王立章，李鹏，等. 高级氧化技术在造纸废水处理中的研究进展［J］. 中国造纸，2015，34（2）：61.
［16］Benjamin S，Claudia B，Harald H. Lab scale experiments using a submerged MBR under thermophilic aerobic conditions for the treatment of paper mill deinking wastewater［J］. Bioresource Technology，2012，122（5）：11.
［17］洪卫，刘勃，冯晓静，等. 制浆造纸废水深度处理工程中几个关键问题的探讨［J］. 中华纸业，2014，35（12）：14.
［18］邓晓民，秦娟，顾敏佳，等. 碱回收白泥应用技术的研究［J］. 纸和造纸，2016，35（8）：53.
［19］徐轶. 造纸废水污泥的资源化利用［J］. 环境保护与循环经济，2015（2）：27.
［20］郗文君，张安龙. 污泥资源化技术研究进展［J］. 黑龙江造纸，2015，43（4）：27.
［21］杨桂芳，苗天博，陈潇，等. 造纸工业中污泥的性质及其处理处置技术［J］. 华东纸业，2015，46（4）：43.

撰稿人：程言君　王　洁　岳　冰　刘　枫　侯雅楠　陈　月　肖小健

ABSTRACTS

Comprehensive Report

Advances in Pulp and Paper Science and Technology

During the period of 12th Five-Year, Chinese paper industry has entered a new phase of development that is replacing the capacity expansion with S&T innovation as the driving force, seeking potentials with the sustainable development. The subject of Pulp and Paper Science and Technology has formed a sophisticated S&T innovation system with abundant S&T resources and reasonable layout. In the key technology areas of fiber resource utilization, energy saving and emission reduction, environmental protection and circular economy development, a large number of innovative achievements have been accomplished, with significant improvement in the overall level of industrial technology.

In pulping science and technology area, especially in chemical pulping, some technological progress has been made in recent years, including reducing cooking temperature, shortening cooking time, strengthening oxygen delignification and so on. The compact continuous cooking adopted as mainstream technology by large pulp mills and the DDS displacement cooking with better adaptability were both promoted. At the same time, non-wood pulping technology and non chlorine bleaching technology, the key deinking technology to improve the recycling efficiency of waste paper, recycling of pulping and papermaking process water and advanced treatment of wastewater to standard discharge technology have approached to or achieved at the advanced level of international standard.

Papermaking science and technology area is mainly reflected in the cost control and reduction, and the improvement of product quality. The era of industrial 4.0, characterized by digitalization, networking and intelligentization, has played a positive role in promoting the development of paper science and technology, enhancing the operation of international mainstream technologies such as medium consistency refining, advanced press section, new technology of modern drying system for high speed paper machine, up to date coating technology and so on.

To meet the demands of energy saving and emission reduction, high efficiency and functional chemicals for pulping and papermaking process has been developed.

For the water pollution prevention and control technology of papermaking industry, it is adopted source control, mainly including the extraction of black liquor, extended delignification and oxygen delignification, elemental chlorine free bleaching (ECF), total-chlorine-free bleaching (TCF), unbleached pulp, low brightness bleaching etc. as the current domestic cleaner production technologies for pulping and papermaking wastewater. As for the end of treatment, the treatment technology of domestic papermaking wastewater is generally divided into the level of processing technology, i.e., first level, second level and third level processing technology; so the persistent organic pollutant abatement in the paper industry was mainly performed by source control, applying the end of treatment as supplementary approach, so far the governance has made breakthrough progress.

The technological innovation and product development in the field of paper-based functional materials has made breakthroughs, some high-tech products have filled the gaps in the domestic market, of which have achieved exportation with improvement in both production scale and quality.

The development in nationalization of pulping and papermaking technology equipment has noticeably accelerated, the technology gap in continuous cooking equipment for chemical pulping, waste paper pulp papermaking equipment and high-speed paper machine between China and other countries is gradually narrowing, through the complete introduction or introduction of key components, to promote Chinese pulp and paper equipment manufacturing capacity, and S&T level; meanwhile, part of the large and medium-sized pulping equipment has been initially localized.

However, currently in pulping and papermaking area, the development of S&T independent innovation in China is quite backward with few original technology achievements, mainly referring to the pulping technologies including solvent pulping, bio pulping, waste paper deinking process, biorefinery process based on conventional pulping and papermaking process, and energy saving and cost reduction equipment; the original technology invention in specialty paper industry, such as papermaking technology innovation development of paper based functional material, lags behind compared to the developed countries; the development and implementation capacity of new technology engineering, such as new generation of coating machine, and industrialization of processing technology and engineering in process control, and functional additives in pulp and paper field are still at a low level.

The subject development of Pulp and Paper Science and Technology will be implemented with the goal of low resource consumption, low emissions during process, renewable products production and recycling of waste disposal, majoring in developing a recycling economy, innovation and development mode, building a resource-saving paper-making industry, focusing on development of highly efficient and recycling of resources, pollution control, energy saving and emission reduction technology, and research on equipment.

The future development trend of pulp and paper science is focusing on the shortage of fiber resources in Chinese papermaking industry, the lack of energy and water resources, and the increasingly strict environmental protection requirements and gradually more strict industrial policies for pulp and paper industry; therefore the pulp and paper S&T will be based on the current situation of raw material structural characteristics and technical level of enterprises in Chinese paper industry, to further increase the scientific research and technology by tracking and making efforts to study the development of international advanced technology, to initiate developing advanced technology and innovation independently, to speed up science and technology progress in the pulp and paper industry, eventually to promote the sustainable development of Chinese pulp and paper industry.

The report on the subject development of Pulp and Paper Science and Technology includes comprehensive report and research report of six key areas, including pulping, paper making, equipment, chemicals, pollution control, and paper-based functional materials, which basically reflects the overall S&T progress of this subject. In addition, the report focuses on the analysis and outlook of the future trends and key technology directions of related technologies as follows:

(1) Efficient utilization and recycling technology of fiber resources;

(2) The key technologies in environmentally friendly pulping and papermaking area;

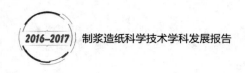

(3) The production technology of high performance paper based functional material;

(4) R&D in the large, advanced and special technical equipment with high integration and improved performance;

(5) Development and application of efficient, specific and functional paper chemicals, including the development and application of green chemicals, biomass chemicals and nanomaterials;

(6) The key technology development of circular economy and low carbon economy in paper industry.

Written by Tian Chao, Kuang Shijun, Cao Chunyu

Reports on Special Topics

Advances in Pulp Science and Technology

Pulping is a process to obtain the defibered plant fiber by mechanical, chemimechanical or chemical methods, and the products of these processes are pulps. There are two types of pulps, one of them is virgin pulp that is manufactured directly from plant raw materials, and the other one is recycled pulp that is made from recovery papers.

At present now, there are around 0.2 billion tones of chemical pulps per year on the globe, among them there are 20 million tones produced in China. During the manufacturing process of chemical pulp, the consumption of plant resources, water and energy are very huge. Some years ago, the pollution from pulping mills was serious for water system and atmosphere. The innovation of pulping technology has changed the situation greatly, especially for the new-built pulping mills with low cost and environment-friend methods.

During the last 5 years, the pulping technology was achieved greatly in the all respects of saving resources, protecting environment, improving pulp quality and obtaining economical efficiency. The pulping mills were built in modern scale with technology integration so that the plant resource can be high efficiently utilized. The chemical pulping methods include kraft cooking, soda cooking and sulfite cooking, among them the kraft cooking is the major one in China, which is account for 90% of pulping process or over. The technologies of kraft pulping are mainly divided into continuing cooking and discharging cooking. Compact cooking technology, an advance continuing cooking, is mainly setup in big pulping mills. Discharge cooking technology, such as RDH, DDS cooking, is outfitted for small-size or medium-size pulping mills. The feature of compact cooking is that the system can be setup in large scale, and operates at low cooking temperature with high ratio of solid to liquid and good selectivity of deliginification. Therefore, the system has a very high efficiency of consumption of energy and resources. There are 4 big compact cooking lines were built in Shandong (Chen Ming group), Anhui (Hua Tai group), Guang Dong (Chen Ming group). The major advantage of discharging cooking system is that the investment is not so high. This technology is especially fit to small or medium pulp mills. There are several DDS systems set up in China last a few years. The soda cooking is only used to non-wood finer raw materials, while sulfite cooking is rarely applied now. By the wany, some technologies for pulping are still in the laboratory scale, such as green liquid cooking combined with oxygen delignification, ethanol cooking, formic add pulping. The raw materials for pulping mainly include woods, such as Eucalyptus, Southern Pine, and non-wood, such as bamboo, bagasse, reed, wheat straw, rice straw. There is a new species, mulberry tree, which fiber is similar to softwood fiber.

The technology for mechanical pulps include Bleached Chemical Thermal Mechanical Pulp (BCTMP) and Alkaline Peroxide Mechanical Pulp (APMP). There are many raw materials for the mechanical pulping in China, such as, poplar, aspen, eucalyptus, acacia, bamboo, as well as some agricultural or forestry residues, such as, thinning of forest, salix mongolica.

Waste paper is the main raw material for papermaking in China, the pulp from which accounts for 65% pulps in China. The recovery and utilization of waste paper promote the development of China's paper industry. A lot of large-scale, modern waster paper pulping lines and deinking lines have been built in China. By adopting advanced technology and equipment in repulping, screening and cleaning, floatating, dispersing and bleaching, most of the lines are characterized by high efficiency, low consumption and low pollution. The general technological and equipment level has reached the advanced world level.

The technology for pulp bleaching almost transfer from traditional CEH to advanced ECF or TCF. The major bleaching sequence of ECF include $OD_0E_{OP}D_1$ and $OD_0E_{OP}D_1D_2$, which was applied to new set up mills, such as the sencondary line of Jinhai Paper, Hainan, the new pulp line of Chenming Paper. The production of ClO_2 for ECF bleaching can be manufactured by domestic advanced technology. The technology of ClO_2 production was also exported to other country, such as Indonesia. The Ozone was also used to pulp bleaching sequence, such as O-a-(Ze)-D-P in

Nantong, Jiangsu, Oji Paper.

Nanocellulose preparation from palnt fibers and its functional materials are the hot topics in recent years. The high value products from lignin was also developed in both research and practice. These new orientations may bring new economic growth points for paper mills.

Written by Fu Shiyu, Zhan Huaiyu, Li Hailong

Advances in Paper Science and Technology

In recent years, Chinese pulp and paper industry has a booming development, and the paper machine with the widest, the fastest and the most advanced automatization in the world runs in China. China becomes the centre of the global papermaking industry development. In 2016, the total output of paper and paperboard in China reached 10855 tons, having been keeping in the first place for 9 years in the world. Right now the levels of papermaking technologies, equipments and paper qualities are increased greatly, but the total number of paper and paperboard mills is 2800, decreasing 900 from 3700 about 5-6 years ago. The development of Chinese paper industry benefits from the development of Chinese papermaking science and technology.

There are many breakthroughs theoretically or technologically regarding the subject of paper science and technology, and many researches are applied successfully into the practice of paper industry. As to the stock preparation, the medium- and high-consistency beating processes are used for wood pulp fibers, to retain the fiber length efficiently. For the thick wall softwood fibers, the optimized beating process is proposed to combine the low-consistency pretreatment with the medium-consistency beating. The low-consistency beating process is still the dominant process for non-wood stock and the secondary fibers. The beaten pulp fibers have relatively high physical strength properties and low beating energy consumption. In addition, the highly efficient beating effectiveness can be obtained by the novel column refiner, so that the pulp fibers can be refined evenly with low refining energy. As for the application of papermaking chemicals, there are

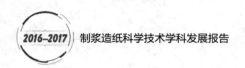

some paper grades with high filler content, and some new paper fillers appear. Nowadays, the micro-particle retention system is used widely, and a new organic ultra micro-particle retention system has become popular recently. The neutral sizing technology is generally used, especially the successful application of ASA in high-speed paper machine. The process of internal sizing is replaced step by step by that of surface sizing. Enzymes are used to improve the quality of pulp fibers, optimize the process technology, and decrease energy consumption. Also, there are some new technologies for the efficient addition of papermaking chemicals and less consumption of freshwater.

The medium-consistency screening process, short-flow pulp dilution and low-pulse pulp feeding are applied in the pulp flow system. The dilution water is used to adjust the basis weight of the paper web in cross direction during the paper forming, and the top forming and twin-wire forming technologies can improve the dewatering and properties of paper sheets. As for the development of press technology, the big-diameter press and shoe press are used to increase the dryness of paper sheets to 52%~55%, especially the through-type shoe press. Single tier dryer, paper sheet stabilizer, ventilation in dryer pocket and automatic paper drawing are used to improve the drying efficiency and runnability of paper sheets. The soft-calendaring technology is adopted for better surface finishing. Besides, there are many developments for the converted paper grades, such as coating technology, drying method.

According to the survey of the total output of paper and paperboard and the total consumption, China becomes No. 1 in the world. However, the most advanced papermaking technology does not belong to China. China still has a long way to go, compared to the papermaking levels of developed countries. Nowadays, the developing trend of Chinese paper industry is cost-effective paper machine with a high speed, value-added, energy-saving, multi-functional and environmentally friendly of paper and paperboard products. Therefore, we have to digest the advanced papermaking technologies completely, subsequently, to renew our papermaking processes, resultantly to develop the subject of Chinese papermaking technologies quickly and efficiently.

Written by Hou Qingxi, Zhang Hongjie, Liu Wei

Advances in Paper Based Functional Materials Science and Technology

Paper based functional materials, also named converted paper, specialty paper or functional paper, refer to a type of paper which are converted or treated in a special way. As high-tech products, paper based functional materials are widely used in package, label, food, business communication, decoration, printing, filtration, advanced insulation, safety, etc. Compared to traditional paper grades, paper based functional materials have arouse wide attention in recent years for its high-tech, high added value, low productivity, varieties and wide application. This report summarized the importance of paper functional materials to paper industry and its development in recent five years. In addition, the gap of specialty paper in R&D and industry development at home and abroad was also analyzed. Finally, the development trend and R&D direction of paper based functional material was proposed. This report consists of four parts:

1. Introduction

In this part, paper based functional materials was defined. Additionally, some basic converting methods, the characteristics of the specialty paper industry and the overall scientific and technical progress in recent years were also introduced.

2. The scientific and technical progress of paper based functional materials

Firstly, the technology development of cellulosic fiber based specialty paper, high performance fiber based specialty paper and nanocellulose based functional material were summarized. Cellulosic fiber is regarded as a promising material in specialty paper due to its advantages of low cost, safety and environmental friendliness. In recent years, food package paper, medical device package paper and label paper have become hot topic in the field of packaging. The functionality and safety of paper are still the focus of this area, such as the development of grease-proof and water proof chemicals, migration of contamination substances, environmentally-friendly coating formula. The specialty paper used for decoration mainly focused on the increase of

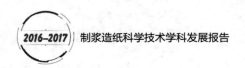

filler retention, paper strength and color fastness. Regarding to the paper used for tobacco, how to effectively reduce the feed amount of tar and carbon monoxide, improve paper permeability and smoking taste is still a key focus due to the increased attention in health and environment. In the field of business communication, the innovation of carbonless copy paper reflected in anti-counterfeiting technology of base paper and printing process, while the progress in thermal paper mainly focused on coating technology and novel chromogenic reaction system, multi-functionality. Besides, the development of some specialty paper such as stainless steel backing paper, electrolytic capacitor paper and air filter paper which are used in various industry, was also presented.

Compared to cellulosic fiber, high performance fiber with excellent mechanical strength, insulation properties and temperature tolerance has been widely used in advanced insulation, rail transit, aerospace, wind power generation as structural and functional materials. In this report, the characteristics of representative high performance fiber, such as aramid fiber, carbon fiber, polyimide fiber, alumina silicate fiber were introduced and the technical problems during preparing high performance fiber based specialty paper were also discussed. In addition, key technologies for high performance fiber based specialty paper, including development of differential fibers, long fiber dispersion and approaching system, inclined-wire forming with ultra-low concentration and hot pressing technology were discussed. Five representative paper grades, including aramid fiber paper, aramid fiber/mica insulation paper, high-temperature resistant polyimide fiber paper, high performance paper based friction material and aramid honeycomb material and corresponding technical bottleneck were reviewed in this report.

The development of nano-technology promotes the application of nanocrystalline cellulose (NCC) and nanofibrillated cellulose (NFC) in paper functional materials, which mainly reflected on the improvement in fines retention, paper strength and barrier to air and water vapor of paper. In this part, paper based transparent touch material, paper based transparent conductive electrode material, nano-cellulose based magnetic paper, nano-cellulose based ultra-light aerogel, nano-cellulose based ultrafiltration membrane, nano-cellulose based composite material, nano-cellulose based battery separator paper were also introduced.

Secondly, the influence of the development of paper based functional material to paper industry was analyzed. Specialty paper as one of the most active branches in paper industry attracted a large amount capital in recent years. Capacity for independent innovation of specialty paper mill was further strengthened. According to incomplete statistics, 165 national patents, 22 prizes at the provincial level or above, 1264 published paper related to specialty paper in recent five years can be searched. Most paper grades can be produced domestically and get recognized in foreign countries. Especially, great breakthrough has been made in the technology of high performance fiber based specialty paper. High-end product represented by aramid fiber paper had been recognized by foreign market gradually.

3. Comparison of the specialty paper in R&D and industry development at home and abroad

In this part, the gap in innovation and industry development of specialty paper at home and abroad was analyzed. Small and medium enterprises dominated the specialty paper industry in China, which resulted in small industry scale, the lack of intellectual property rights protection and the input of innovation funds and talents. Besides, some core technology are still dependent heavily on import. Therefore, great efforts in specialty paper innovation of China are still need compared to developed countries.

4. Development trend and R&D direction of paper based functional material

In the "13th Five-Year" period, the missions of paper industry in China focus on the adjustment of the industry structure, increase in the quality and efficiency of products, reduction in pollution emissions, and energy saving. High performance paper based materials as an important fundamental raw material, will be developed energetically. In future years, the development of paper based functional materials need to consider urbanization, consumption upgrade, customization, health requirement and key state projects. In terms of equipment for specialty paper, energy saving, cost reduction, high efficiency are still the key focus.

Based on the characteristics of specialty paper and development trend, five suggestions were proposed. ① Enhance discipline intersection, create demand and expand the application scope of products. ② Enhance the cooperation of industry and university, establish new mode of independent innovation. ③ Enhance the input of R&D and awareness of intellectual property rights protection. ④ Develop qualified talents. ⑤ Change traditional thinking mode and cultivate innovate culture.

Written by Zhang Meiyun, Song Shunxi, Yang Bin

Advances in Pulp and Papermaking Equipment Science and Technology

In recent years, the papermaking industry in China has been developing sustainably and healthily through eliminating backward production capacity and adjusting the structures of raw materials and products, and China is gradually moving forward from the biggest paper production country in the world to the papermaking powerhouse. During these changes, the rapid progress of pulping and papermaking equipment science and technology has been playing a very important role.

The progresses in the science and technology about pulp and paper equipment in China have been made around the followings:

(1) better process functions of special equipment, bigger stand-alone capacity of each machine, more energy-saving and cost-reducing, more compacting volume and more durable parts cost, based on which to continue to introduce new or improved key components or completed machines.

(2) the new equipment with sets of linkage, continuous and high speed running, intelligent control and fault self-diagnosing, and the integration of machine, electricity, instrument and computer, so as to realize intelligent operation process based on information fusion of equipment and process technology in the development direction of intelligent manufacturing, green manufacturing and service-oriented manufacturing.

(3) The concept, outline and developing direction of "paper industry 4.0" has been clearly identified as three modules, that is, On Efficiency, On Care CM and Smart Service.

The achievements made in recent years in the science and technology about pulp and paper equipment in China are as followings:

(1) there have been the world's leading pulp and paper technology and equipment, for example, pulping equipments for continuous cooking, oxygen delignification, preparation of chlorine

dioxide, pulp bleaching, chemical and mechanical pulping and deinking; high speed paper machines with hydraulic headbox, OptiFormer, shoe press, single tier dryer, super-calender on line and soft calendar; crescent sanitary paper machine at high speed and energy saving with large diameter steel lift cylinder; and the deep waste water treatment system; automatic train control system with QCS, DCS, MCC and PLC for paper machine at the speed of more than1500m/min; and the mechanical fault self-diagnosing system.

(2) there have been bigger capacity and improved stability and reliability of outfit equipment in production line, for example, complete equipment for waste paper processing of 300,000 t/a, complete equipment for deinking waste paper of 150,000 t/a, pulping line for non-wood fiber raw material of 300,000 t/a, sulfate bleached pulping line for bamboo raw material of 150,000 t/a, packing board line of 300,000 t/a, culture paper production line of 200,000 t/a, tissue production line of 20,000 t/a, and etc.

(3) the international layout for pulping and papermaking equipment export has been planned and put into effectwith the export increasing rate of 20% each year and with the change from small and single to the complete equipment as well as from low value-added components to medium and large sized machine outlet.

(4) there have been combined closely between science research and technical innovation, for example, the new centricleaners (high consistence wastepaper pulp centricleaners with dissolved air water system and high consistency cleaner with guide vane, which are especially available to the high consistency cleaning with energy and water saving) developed based on scientific research of purification separating principle, separating power and separating resistance between pulp fiber and impurity; the new type of vertical hydraulic pulper with drum-shaped and spiral baffles on the wall was innovated based on the research of internal flow field flow rule and pulping principle with the mechanical and hydraulic force.

A lot of pulp and paper equipment made by our country has reached or approached to the international advanced level in the world. But, in general speaking, there is still a wide gap for Chinese pulp and paper equipment science and technology to catch up with the international advanced standards. The main research and development in future includes: the fluidization technology of medium or high consistency pulp; the technology and equipment of mixing, washing, concentrating and screening for medium or high consistency pulp with energy saving and high efficiency; the technology and equipment of pulping of waste paper with energy saving and high efficiency; all key technologies related with high speed paper machine including the high speed delivering and dispersing technology of medium or high consistency pulp, the fast forming and dewatering technology in forming section and press section, the high efficiency dry and high speed delivering technology of web in dry section, the driving and harmony control technology of branches, the fast web inspection and quality check technology, the web calendaring technology, and the running condition monitoring and fault diagnosis technology for paper machine; and advanced materials and manufacture technique used for making the key components.

All kinds of equipment aforementioned need to be developed in seriation and large scale with higher degree of modernization, automation and informatization so as to meet the demands of the fast developing paper industry in China.

Written by Zhang Hui, Wang Shumei, Cheng Jinlan, Wang Chen, Hu Nan

Advances in Chemicals Used in Paper Industry Science and Technology

The development space of China's paper industry is still huge. The increase of consumption in medium and high-grade paper, together with the increased core competitiveness, offers a valuable opportunity for the development of the paper chemicals industry. At present, most paper chemicals have been localized in China, and the cost performance of some chemicals has surpassed the imported products. However, the practical production capacity of functional and procedural paper chemicals is still low, the categories of high-performance chemical products remain scarce, especially for chemicals of converted paper which are still depended on imports.

In this special research, the status quo and development of China's paper chemicals was expounded, the domestic and foreign chemicals were compared and analyzed, and the existing problems in the related research of the paper chemicals in our country were dissected. The basic research, product development and key technologies of high performance and functional paper chemicals were reported in detail. Finally, this paper forecasts the development of pulp chemicals, papermaking chemicals, processing paper chemicals, specialty paper chemicals and papermaking wastewater treatment chemicals respectively.

Written by Shen Yiding, Fei Guiqiang

Advances in Pulp and Paper Pollution Control Science and Technology

Through "10th five-year plan", "11th five-year plan" and "12th five-year plan", Paper industry in China has realized leap development and China has become the biggest paper production and consumption country in the world, ranked as advanced country in paper industry with highest total amount of paper produced and used. Environmental pollutions coming from paper industry are still very serious in China, especially water pollution, which has been the focus of industrial pollution control. The pollution prevention and control of paper industry not only become a hot topic in paper industry and the whole society, but also the critical point for the survival and development of papermaking enterprises.

During the period of "12th Five-Year Plan", with the promulgation of relevant policies and regulations, the emergence of new technologies for energy conservation and emission reduction and comprehensive utilization, the rapid construction of environmental protection and technology innovation platforms, the development of relevant talent team, paper industry in China presents a benign change trend on reduction of resource consumption and pollutant emission. Meanwhile, the research and application of the prevention and pollution control technology in paper industry have been very active, and a large number of outstanding scientific and technological achievements have emerged, which has laid the foundation for the rapid development of the prevention and pollution control in China paper industry.

This specialist report mainly introduces the current situation and development, roles and

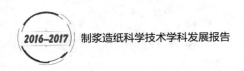

achievements of pollution control science and technology in China paper industry, from different topics including the treatment of black liquor and paper wastewater, the resource utilization of solid waste, the treatment of waste gas, the control of noise, and the reduction of persistent organic pollutants. The report also compares the differences in paper industry pollution control technology between domestic and abroad which focus on material structure, scale concentration, paper wastewater discharge standard, pollution control equipment level and environment management system. Finally, the report look ahead the development trend of China paper industry pollution prevention and control new technology from different aspect including the new non-wood pulp cooking technology, process waste liquid treatment technology, the new wastewater treatment technology and solid waste resource utilization technology. The report also puts forward the further research suggestions on paper wastewater composition and the environmental impact after biochemical treatment, secondary environmental impact of wastewater advanced treatment, treatment technology of pulping middle-stage wastewater and environmental hazards of waste paper papermaking process.

Written by Cheng Yanjun, Wang Jie, Yue Bing,
Liu Feng, Hou Yanan, Chen Yue, Xiao Xiaojian

索　引

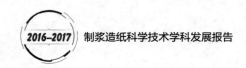

Y

压榨技术　14，22，57，66，103，105，117，
　118

Z

造纸工业　4.0　16，47，94，107，116

纸幅成形　14，116，159

纸加工　15，62，63

纸浆漂白　11，21，39，123

纸料制备　12，48，68